理工系の
微分・積分入門

服部哲也 著

Calculus

学術図書出版社

【謝辞】

　本書の執筆にあたり多くの方々にアドバイスやご協力をいただきました．原稿を読んで御指摘をいただいた白井慎一先生，アドバイスをいただいた石川恒男先生，御指摘をいただきアンケートに協力していただいた大阪工業大学数学教室のスタッフと微積分担当非常勤講師の方々，逐一相談にのっていただいた塚本達也先生，原稿読みを含めて様々な形で御指導して下さった廣畑哲也先生，出版にあたって様々な面でサポートしていただいた学術図書出版社の高橋秀治氏に心より感謝します．

2009 年 9 月

著　者

【各章の構成】

・　応用例／応用項目／応用分野

・　各節　　定義，定理など
　　　　　　例題　→　問題　→　類題（章末）
　　　　　　　　　　　　　→　応用問題／発展／トピックス（章末）

＊　証明は略証を中心に定理の箇所または巻末付録に記述．
　　証明を省いた定理は多数．

＊　各問題番号横の (A), (B), (C), (BC), ... などは難易度を表す．
　　A が「易」，C が「難」，B はその間．
　　BC などの表記は「B と C の間」または「B と C が混在」を意味する．

種々の公式

【微分公式】

	関数	導関数	条件など
積	$f(x)g(x)$	$\Big(f(x)g(x)\Big)' = f'(x)g(x) + f(x)g'(x)$	
商	$\dfrac{f(x)}{g(x)}$	$\left(\dfrac{f(x)}{g(x)}\right)' = \dfrac{f'(x)g(x) - f(x)g'(x)}{\{g(x)\}^2}$	$g(x) \neq 0$

	関数	導関数	条件など	合成関数の場合
ベキ	x^α	$(x^\alpha)' = \alpha x^{\alpha-1}$	α は実数	$\Big(f(x)^\alpha\Big)' = \alpha\{f(x)\}^{\alpha-1}f'(x)$
	$\sqrt{x}$	$(\sqrt{x})' = \dfrac{1}{2\sqrt{x}}$		$\left(\sqrt{f(x)}\right)' = \dfrac{f'(x)}{2\sqrt{f(x)}}$
指数関数	e^x	$(e^x)' = e^x$		$\left(e^{f(x)}\right)' = e^{f(x)}f'(x)$
	a^x	$(a^x)' = a^x \log a$	$a > 0,\ a \neq 1$	$\left(a^{f(x)}\right)' = \log a \cdot a^{f(x)} f'(x)$
対数関数	$\log x$	$(\log x)' = \dfrac{1}{x}$		$(\log f(x))' = \dfrac{f'(x)}{f(x)}$
	$\log |x|$	$(\log |x|)' = \dfrac{1}{x}$		$(\log |f(x)|)' = \dfrac{f'(x)}{f(x)}$
	$\log_a x$	$(\log_a x)' = \dfrac{1}{x \log a}$	$a > 0,\ a \neq 1$	$(\log_a f(x))' = \dfrac{f'(x)}{\log a \cdot f(x)}$
	$\log_a |x|$	$(\log_a |x|)' = \dfrac{1}{x \log a}$	$a > 0,\ a \neq 1$	$(\log_a |f(x)|)' = \dfrac{f'(x)}{\log a \cdot f(x)}$
三角関数	$\sin x$	$(\sin x)' = \cos x$		$(\sin f(x))' = \cos f(x) \cdot f'(x)$
	$\cos x$	$(\cos x)' = -\sin x$		$(\cos f(x))' = -\sin f(x) \cdot f'(x)$
	$\tan x$	$(\tan x)' = \dfrac{1}{\cos^2 x}$		$(\tan f(x))' = \dfrac{f'(x)}{\cos^2 f(x)}$
逆三角関数	$\sin^{-1} x$	$(\sin^{-1} x)' = \dfrac{1}{\sqrt{1-x^2}}$		$(\sin^{-1} f(x))' = \dfrac{f'(x)}{\sqrt{1-\{f(x)\}^2}}$
	$\cos^{-1} x$	$(\cos^{-1} x)' = \dfrac{-1}{\sqrt{1-x^2}}$		$(\cos^{-1} f(x))' = \dfrac{-f'(x)}{\sqrt{1-\{f(x)\}^2}}$
	$\tan^{-1} x$	$(\tan^{-1} x)' = \dfrac{1}{1+x^2}$		$(\tan^{-1} f(x))' = \dfrac{f'(x)}{1+\{f(x)\}^2}$

【積分公式 1】

被積分関数	条件など	(C は積分定数)
k	k は定数	$\int k\,dx = kx + C$
x^α	$\alpha \neq -1$	$\int x^\alpha\,dx = \dfrac{1}{\alpha+1}x^{\alpha+1} + C$
$\dfrac{1}{x}$		$\int \dfrac{1}{x}\,dx = \log|x| + C$
$\dfrac{1}{\sqrt{x}}$		$\int \dfrac{1}{\sqrt{x}}\,dx = 2\sqrt{x} + C$
e^x		$\int e^x\,dx = e^x + C$
a^x	$a > 0, a \neq 1$	$\int a^x\,dx = \dfrac{a^x}{\log a} + C$
$\sin x$		$\int \sin x\,dx = -\cos x + C$
$\cos x$		$\int \cos x\,dx = \sin x + C$
$\dfrac{1}{\cos^2 x}$		$\int \dfrac{1}{\cos^2 x}\,dx = \tan x + C$
$\dfrac{1}{\sin^2 x}$		$\int \dfrac{1}{\sin^2 x}\,dx = -\dfrac{1}{\tan x} + C$
$\dfrac{1}{x^2 - a^2}$	$a > 0$	$\int \dfrac{1}{x^2 - a^2}\,dx = \dfrac{1}{2a}\log\left|\dfrac{x-a}{x+a}\right| + C$
$\dfrac{1}{x^2 + a^2}$	$a > 0$	$\int \dfrac{1}{x^2 + a^2}\,dx = \dfrac{1}{a}\tan^{-1}\dfrac{x}{a} + C$
$\dfrac{1}{\sqrt{a^2 - x^2}}$	$a > 0$	$\int \dfrac{1}{\sqrt{a^2 - x^2}}\,dx = \sin^{-1}\dfrac{x}{a} + C$
$\dfrac{1}{\sqrt{\alpha + x^2}}$	α は実数	$\int \dfrac{1}{\sqrt{\alpha + x^2}}\,dx = \log|x + \sqrt{\alpha + x^2}| + C$
$\sqrt{a^2 - x^2}$	$a > 0$	$\int \sqrt{a^2 - x^2}\,dx = \dfrac{1}{2}\left(x\sqrt{a^2 - x^2} + a^2 \sin^{-1}\dfrac{x}{a}\right) + C$
$\sqrt{\alpha + x^2}$	α は実数	$\int \sqrt{\alpha + x^2}\,dx = \dfrac{1}{2}\left(x\sqrt{\alpha + x^2} + \alpha \log\left|x + \sqrt{\alpha + x^2}\right|\right) + C$

(∗) $\boxed{\int \log x\,dx = x\log x - x + C}$

【積分公式2】

* $\displaystyle\int f(x)\,dx = F(x) + C$ とする.

(1) $\displaystyle\int f(ax+b)\,dx = \frac{1}{a}F(ax+b) + C \qquad (a \neq 0)$

(2) $\displaystyle\int f(g(x))g'(x)\,dx = F(g(x)) + C$

(3) 【置換積分法】 $\quad x = g(t)$ と変換すると $\displaystyle\int f(x)\,dx = \int f(g(t))g'(t)\,dt$

(4) 【部分積分法】 $\displaystyle\int f(x)g(x)\,dx = F(x)g(x) - \int F(x)g'(x)\,dx$

$\displaystyle\left(\int f'(x)g(x)\,dx = f(x)g(x) - \int f(x)g'(x)\,dx\right)$

【初等関数の公式】

【指数法則】 $\quad (a > 0,\ p, q\ は実数)$

(1) $a^p a^q = a^{p+q}$, $\quad \dfrac{a^p}{a^q} = a^{p-q}$ $\qquad$ (2) $(a^p)^q = a^{pq}$

(3) $(ab)^p = a^p b^p$, $\quad \left(\dfrac{a}{b}\right)^p = \dfrac{a^p}{b^p}$ $\qquad \left(a^{-p} = \dfrac{1}{a^p} = \left(\dfrac{1}{a}\right)^p\right)$

【対数の性質】 $\quad (真数 > 0,\ 底 > 0,\ 底 \neq 1,\ n\ は自然数,\ r\ は実数)$

(0) $\log_a 1 = 0$, $\quad \log_a a = 1$

(1) $\log_a MN = \log_a M + \log_a N$ $\qquad$ (2) $\log_a \dfrac{M}{N} = \log_a M - \log_a N$

(3) $\log_a M^r = r \log_a M$ $\qquad$ (4) $\log_a \dfrac{1}{N} = -\log_a N$, $\quad \log_a \sqrt[n]{M} = \dfrac{1}{n}\log_a M$

(5) $\log_a b = \dfrac{\log_c b}{\log_c a}$ $\qquad$ (6) $\log_a b = \dfrac{1}{\log_b a}$

【三角関数の性質1】

(1) $\sin^2\theta + \cos^2\theta = 1$ $\qquad$ (2) $\tan\theta = \dfrac{\sin\theta}{\cos\theta}$ $\qquad$ (3) $1 + \tan^2\theta = \dfrac{1}{\cos^2\theta}$

(4) （負角公式） $\sin(-\theta) = -\sin\theta$, $\cos(-\theta) = \cos\theta$, $\tan(-\theta) = -\tan\theta$

(5) （余角公式） $\sin\left(\dfrac{\pi}{2} - \theta\right) = \cos\theta$, $\cos\left(\dfrac{\pi}{2} - \theta\right) = \sin\theta$, $\tan\left(\dfrac{\pi}{2} - \theta\right) = \dfrac{1}{\tan\theta}$

(6) （補角公式） $\sin(\pi - \theta) = \sin\theta$, $\cos(\pi - \theta) = -\cos\theta$, $\tan(\pi - \theta) = -\tan\theta$

IV

【三角関数の性質 2】 ((1), (2), (3) は加法定理)

(1) $\sin(\alpha+\beta) = \sin\alpha\cos\beta + \cos\alpha\sin\beta$, $\sin(\alpha-\beta) = \sin\alpha\cos\beta - \cos\alpha\sin\beta$

(2) $\cos(\alpha+\beta) = \cos\alpha\cos\beta - \sin\alpha\sin\beta$, $\cos(\alpha-\beta) = \cos\alpha\cos\beta + \sin\alpha\sin\beta$

(3) $\tan(\alpha+\beta) = \dfrac{\tan\alpha + \tan\beta}{1 - \tan\alpha\tan\beta}$, $\tan(\alpha-\beta) = \dfrac{\tan\alpha - \tan\beta}{1 + \tan\alpha\tan\beta}$

(4) (和積公式)

$\sin\alpha\cos\beta = \dfrac{1}{2}\{\sin(\alpha+\beta) + \sin(\alpha-\beta)\}$, $\sin A + \sin B = 2\sin\dfrac{A+B}{2}\cos\dfrac{A-B}{2}$

$\cos\alpha\sin\beta = \dfrac{1}{2}\{\sin(\alpha+\beta) - \sin(\alpha-\beta)\}$, $\sin A - \sin B = 2\cos\dfrac{A+B}{2}\sin\dfrac{A-B}{2}$

$\cos\alpha\cos\beta = \dfrac{1}{2}\{\cos(\alpha+\beta) + \cos(\alpha-\beta)\}$, $\cos A + \cos B = 2\cos\dfrac{A+B}{2}\cos\dfrac{A-B}{2}$

$\sin\alpha\sin\beta = -\dfrac{1}{2}\{\cos(\alpha+\beta) - \cos(\alpha-\beta)\}$, $\cos A - \cos B = -2\sin\dfrac{A+B}{2}\sin\dfrac{A-B}{2}$

(5) (2倍角公式)

$\sin 2\theta = 2\sin\theta\cos\theta$

$\cos 2\theta = \cos^2\theta - \sin^2\theta = 1 - 2\sin^2\theta = 2\cos^2\theta - 1$

$\tan 2\theta = \dfrac{2\tan\theta}{1 - \tan^2\theta}$

(6) (半角公式)　　$\sin^2\dfrac{\theta}{2} = \dfrac{1 - \cos\theta}{2}$, $\cos^2\dfrac{\theta}{2} = \dfrac{1 + \cos\theta}{2}$, $\tan^2\dfrac{\theta}{2} = \dfrac{1 - \cos\theta}{1 + \cos\theta}$

(7) (3倍角公式)　　$\sin 3\theta = 3\sin\theta - 4\sin^3\theta$, $\cos 3\theta = -3\cos\theta + 4\cos^3\theta$

(8) (合成)　$a\sin\theta + b\cos\theta = \sqrt{a^2+b^2}\,\sin(\theta+\alpha)$, $\cos\alpha = \dfrac{a}{\sqrt{a^2+b^2}}$, $\sin\alpha = \dfrac{b}{\sqrt{a^2+b^2}}$

【その他の公式】

【2次方程式の解の公式】

$ax^2 + bx + c = 0\ (a \neq 0)$ の解は　　$x = \dfrac{-b \pm \sqrt{b^2 - 4ac}}{2a}$

$ax^2 + 2bx + c = 0\ (a \neq 0)$ の解は　　$x = \dfrac{-b \pm \sqrt{b^2 - ac}}{a}$

【2項定理】　　$(a+b)^n = \displaystyle\sum_{k=0}^{n} {}_nC_k a^{n-k} b^k = a^n + {}_nC_1 a^{n-1}b + {}_nC_2 a^{n-2}b^2 + \cdots + b^n$

ここで　${}_nC_k = \dfrac{n!}{k!(n-k)!}$, $n! = n(n-1)(n-2)\cdots 1$　　($0! = 1$ とする)

関数のグラフ／曲線

曲線1　関数のグラフ $y = f(x)$

(1)　$y = x^n$

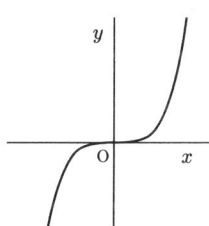

n：奇数（3以上）　　n：偶数

(2)　$y = \dfrac{1}{x}$

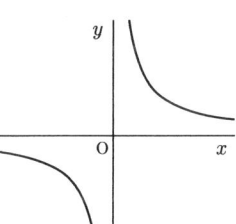

(3)　$y = \sqrt{x}$ 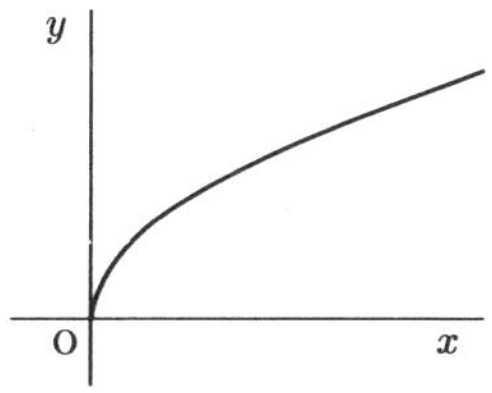　　(4)　$y = e^x$ 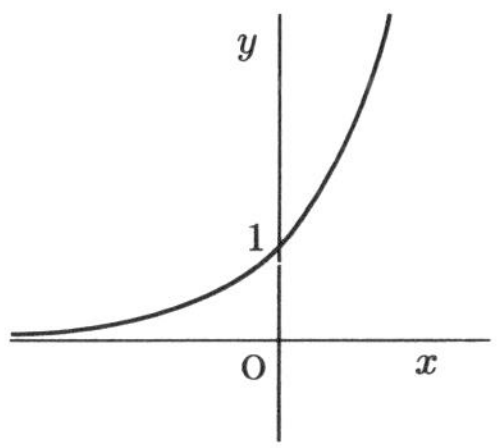　　(5)　$y = \log x$

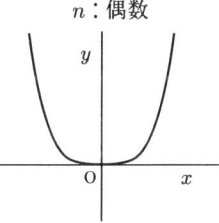

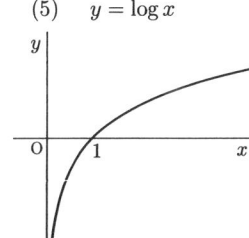

(6)　$y = a^x$

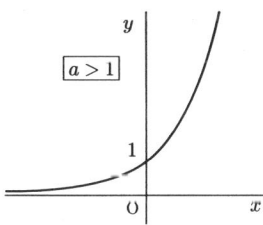

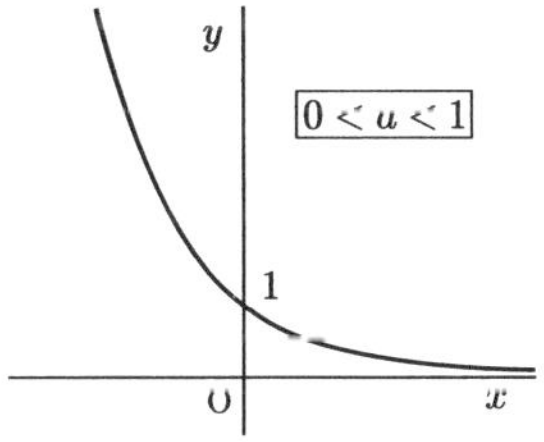

$a > 1$　　　　$0 < a < 1$

(7)　$y = \log_a x$

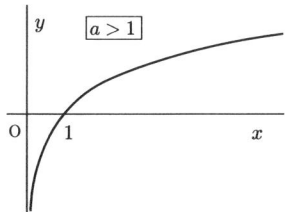

$a > 1$

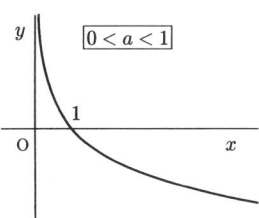

$0 < a < 1$

(8)　$y = \sin x$　,　$y = \cos x$

(9)　$y = \tan x$

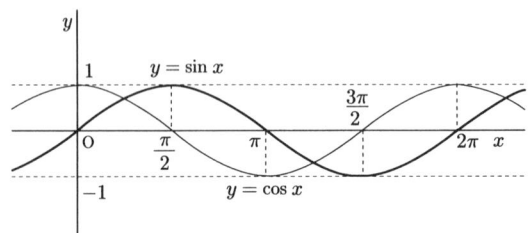
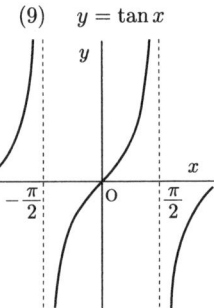

(10)　$y = \sin^{-1} x$　　(11)　$y = \cos^{-1} x$　　(12)　$y = \tan^{-1} x$

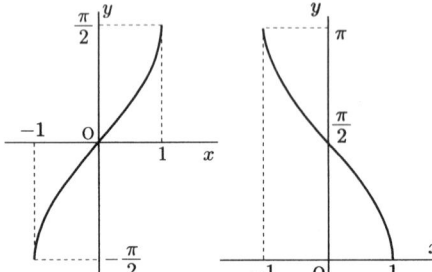
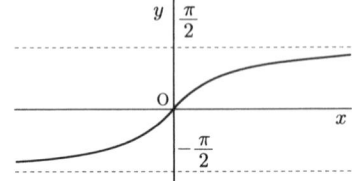

(13)　$y = \sinh x$　,　$y = \cosh x$　　(14)　$y = \tanh x$

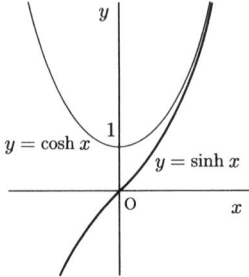
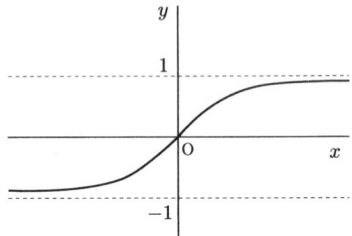

(15)　$x = a \log \dfrac{a + \sqrt{a^2 - y^2}}{y} - \sqrt{a^2 - y^2}$

（$x \geqq 0$, a は正定数：トラクトリクス）
tractrix

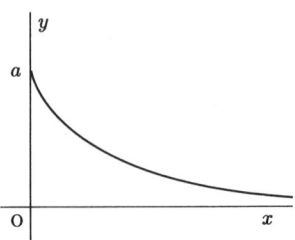

VII

(16)　$y = e^{-ax} \sin bx$ $(a, b > 0)$　　　(17)　$y = e^{ax} \sin bx$ $(a, b > 0)$

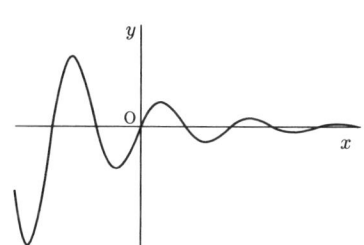
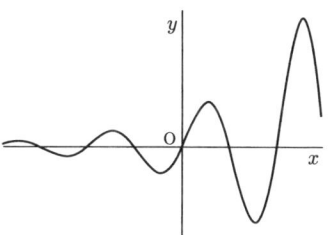

曲線2　$f(x,y) = 0$

(1)　$\dfrac{x^2}{a^2} + \dfrac{y^2}{b^2} = 1$ $(a, b > 0)$：楕円　　(2)　$\dfrac{x^2}{a^2} - \dfrac{y^2}{b^2} = 1$ $(a, b > 0)$：双曲線

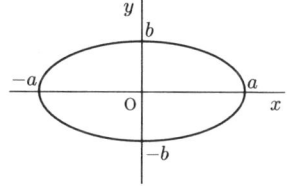
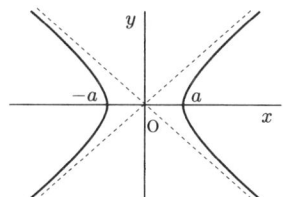

(3)　2次曲線　$ax^2 + 2bxy + by^2 + hx + ky + \ell = 0$　（左辺は2次式）
　　（直線，点，空集合など特殊な場合を除く）

　　$b^2 - ac < 0$　のとき　楕円（円を含む）
　　$b^2 - ac = 0$　のとき　放物線
　　$b^2 - ac > 0$　のとき　双曲線

(4)　$x^3 - 3axy + y^3 = 0$　　　　　　(5)　$x^{2/3} + y^{2/3} = a^{2/3}$
　　（$a > 0$；デカルト Descartes の正葉線）　　（$a > 0$；アステロイド Asteroid）

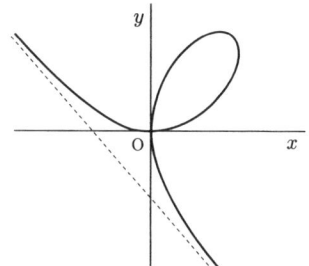
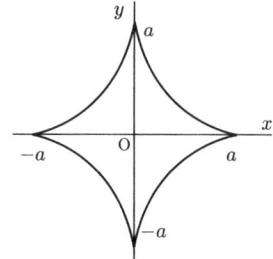

VIII

(6) $x^4 - x^2y + y^3 = 0$ (7) $x^5 - 2x^2y + y^5 = 0$

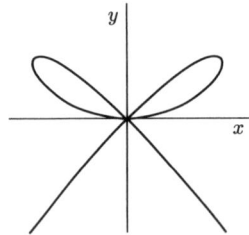
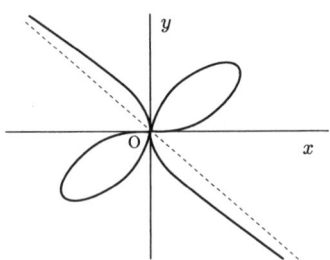

曲線 3　$x = x(t),\ y = y(t)$：パラメータ表示

(1) $x = a(t - \sin t),\ y = a(1 - \cos t)$ (2) $x = a\cos^3 t,\ y = a\sin^3 t$

　　　$(a > 0\,;\,$サイクロイド Cycloid$)$　　　　　　$(a > 0\,;\,$アステロイド Asteroid$)$

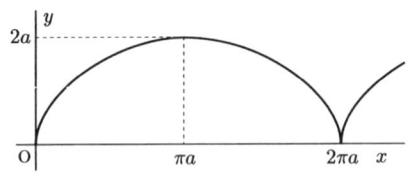
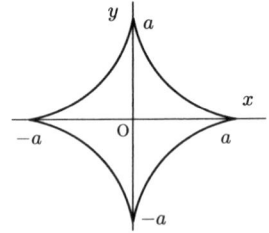

(3) $x = a(2\cos t - \cos 2t)$ (4) $x = 4\cos t - \cos 4t$
　　　$y = a(2\sin t - \sin 2t)$　　　　　　　　$y = 4\sin t - \sin 4t$
　　　$(a > 0\,;\,$カージオイド Cardiod$)$

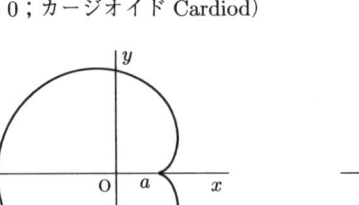
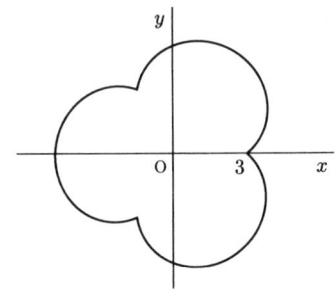

曲線 4　$r = r(\theta)$：極表示

(1)　2 次曲線　$r = \dfrac{k}{1 + \varepsilon \cos\theta}$　($k > 0,\ \varepsilon \geqq 0$：離心率)

$0 \leqq \varepsilon < 1$（楕円，円）　　　　$\varepsilon = 1$（放物線）　　　　$\varepsilon > 1$（双曲線）

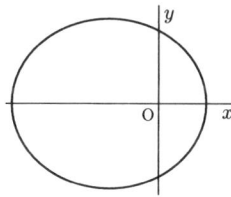 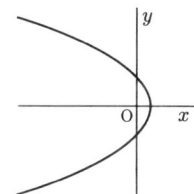 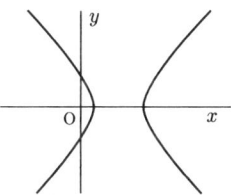

(2)　$r = \theta$
（アルキメデス Archimedes のスパイラル）

(3)　$r^2 = \theta$（放物らせん）

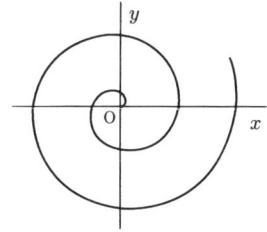 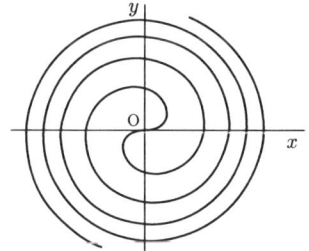

(4)　$r = \sin 2\theta$

(5)　$r = \sin 3\theta$

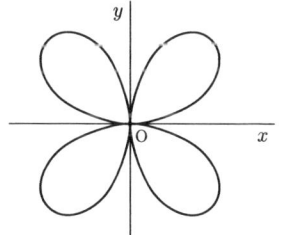 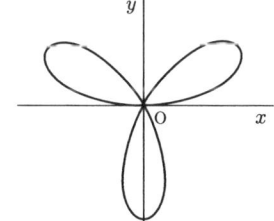

目 次

種々の公式 ... I

関数のグラフ／曲線 ... V

第1章 基礎事項（初等関数，極限） 1
- 1.1 関数 ... 1
- 1.2 関数の極限と数列の極限 ... 4
- 1.3 初等関数1（多項式関数／ベキ関数）... 7
- 1.4 初等関数2（有理関数／無理関数）... 13
- 1.5 初等関数3（指数関数／対数関数）... 14
- 1.6 初等関数4（三角関数）... 19
- 1.7 初等関数5（逆三角関数）... 25
- 1.8 初等関数6（双曲線関数）... 30
- 1.9 極限の性質と連続関数 ... 31
- 1.10 類題 ... 33

第2章 微分 35
- 2.1 微分係数 ... 36
- 2.2 導関数 ... 37
- 2.3 初等関数の導関数 ... 40
- 2.4 パラメータ表示された関数の導関数 ... 48
- 2.5 陰関数とその導関数 ... 50
- 2.6 高次導関数（高階導関数）... 51
- 2.7 微分係数（再）... 54
- 2.8 接線（再）... 55
- 2.9 不定形の極限 ... 56
- 2.10 マクローリン（Maclaurin）近似 ... 60
- 2.11 テイラー（Taylor）近似 ... 66
- 2.12 増減，極値問題 ... 67
- 2.13 等式／不等式の証明（微分法の応用として）... 72

2.14	関数のグラフ／凹凸／変曲点	72
2.15	類題／発展／応用	75

第3章　不定積分　82

3.1	原始関数と不定積分	82
3.2	不定積分の基本的性質	85
3.3	$\int f(ax+b)\,dx \quad (a \neq 0) \quad$ （準公式 I）	86
3.4	$\int f(g(x))g'(x)\,dx \quad$ （準公式 II）	87
3.5	置換積分法（変数変換）	88
3.6	部分積分法	90
3.7	有理関数の不定積分	92
3.8	類題／発展／応用	95

第4章　定積分（Riemann 積分）　100

4.1	定積分（リーマン Riemann 積分）の定義	101
4.2	定積分の性質	103
4.3	定積分の計算（不定積分の利用）	103
4.4	置換積分法（変数変換）	107
4.5	部分積分法	109
4.6	広義積分（特異積分）	111
4.7	定積分の応用1（面積，回転体の体積，曲線の長さ）	115
4.8	類題／発展／応用	120

第5章　多変数関数と偏導関数　124

5.1	多変数関数	125
5.2	極限と連続性	126
5.3	偏微分係数と偏導関数	128
5.4	高次偏導関数	131
5.5	合成関数と連鎖律（2変数）	134
5.6	極座標（2次元）	135
5.7	2変数テイラー近似（2次まで）	138
5.8	全微分と接平面	139
5.9	2変数関数の極値問題 I	141
5.10	2変数関数の極値問題 II（条件付き極値問題）	145
5.11	3変数関数について（偏導関数，極座標）	147

5.12 類題／発展／応用 153

第6章　重積分　　157
　　6.1 2重積分の定義 157
　　6.2 2重積分の性質 159
　　6.3 領域と不等式，縦線型領域，横線型領域 160
　　6.4 2重積分の計算（累次積分：縦線型の場合） 166
　　6.5 2重積分の計算（累次積分：横線型の場合） 168
　　6.6 積分の順序交換 169
　　6.7 変換（ヤコビアン，1次変換，極座標変換） 170
　　6.8 2重積分の変数変換 175
　　6.9 2重積分の応用（体積，曲面積，重心） 178
　　6.10 3重積分 I（定義と計算方法） 182
　　6.11 3重積分 II（変数変換） 184
　　6.12 類題／発展／応用 187

付録A　各章補足　　193
　　A.1 1章補足 193
　　A.2 2章補足 194
　　A.3 3章補足 198
　　A.4 4章補足 200
　　A.5 5章補足 203
　　A.6 6章補足 207

付録B　問題の答え／応用問題の略解　　210
　　B.1 問題の答え 210
　　B.2 類題の答え 219
　　B.3 章末問題の略解，方針（発展／応用／トピックス） 230

付録C　参考文献　　237

第1章　基礎事項（初等関数，極限）

【区間などの記号】

$\mathbf{R}$	実数全体の集合	
$[a,b]$	$a \leqq x \leqq b$ となる x の集合	（有界）閉区間
(a,b)	$a < x < b$ となる x の集合	（有界）開区間
$[a,b)$	$a \leqq x < b$	
$(a,b]$	$a < x \leqq b$	
$[a,\infty)$	$x \geqq a$	
(a,∞)	$x > a$	
$(-\infty,b]$	$x \leqq b$	無限区間
$(-\infty,b)$	$x < b$	（5種類）
$(-\infty,\infty)$	$\mathbf{R}$	

1.1 関数

【1変数関数】

実数 x に実数 y が対応しているとき，その対応規則を f，x の範囲を D とする：
$$f : D \ni x \longmapsto y \in \mathbf{R}$$
この対応規則 f と範囲 D をあわせて「関数」という．x を独立変数，y を従属変数，D を「定義域」，y の値の範囲を「値域」といい，関数を

$$\boxed{y = f(x) \quad (D)}$$

と表す．また平面上の集合 $\{(x, f(x)) \mid x \in D\}$ を関数 $y = f(x)\ (D)$ の「グラフ」という．

ex.　$y = \sqrt{x}\ (x \geqq 0)$

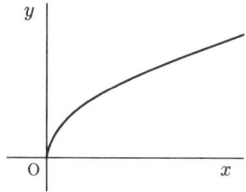

【定義域の例】
　定義域を省く場合は $y=f(x)$ が意味をもつ最大の範囲を定義域とする．

- $y = \dfrac{h(x)}{g(x)}$ の場合　　　定義域：$g(x) \neq 0$（となる x 全体）

- $y = \sqrt{g(x)}$ の場合　　　定義域：$g(x) \geq 0$（となる x 全体）

- $y = \log_a g(x)$ の場合　　　定義域：$g(x) > 0$（となる x 全体）

　　$(a > 0, a \neq 1$ とする$)$

【ex.1.1】　$y = \sqrt{1-x^2}$ の定義域を求めよ．

「解」　$1 - x^2 \geq 0$　より　$-1 \leq x \leq 1$
　定義域は　$-1 \leq x \leq 1$（となる x 全体）　　（または　区間 $[-1, 1]$）

【問題 1.1】(A)　定義域を求めよ．

(1) $y = \dfrac{x^2}{x-3}$　　　(2) $y = \sqrt{x^2 - 3x}$　　　(3) $y = \log_2(2 + x - x^2)$

【合成関数】
　2つの関数 $f(x), g(x)$ に対し　$x \mapsto f(x) \mapsto g(f(x))$　つまり
$$x \longmapsto g(f(x))$$
という対応規則による関数を $(g \circ f)(x)$ と表す．(f, g の「合成関数」)

$$\boxed{(g \circ f)(x) = g(f(x))}$$

また，3つの関数 f, g, h の合成は
$$(h \circ g \circ f)(x) = \Big(h \circ (g \circ f) \Big)(x)$$
と定める．このとき　$(h \circ g \circ f)(x) = \Big(h \circ (g \circ f) \Big)(x) = \Big((h \circ g) \circ f \Big)(x)$
が成り立つ．

【ex.1.2】 $f(x) = \sqrt{x}$, $g(x) = 2x + 1$ のとき, $(g \circ f)(x)$, $(f \circ g)(x)$, および $(g \circ g)(x)$ を求めよ.（定義域は省いてよい）

「解」 $(g \circ f)(x) = g(f(x)) = g(\sqrt{x}) = 2\sqrt{x} + 1$

$(f \circ g)(x) = f(g(x)) = f(2x+1) = \sqrt{2x+1}$

$(g \circ g)(x) = g(g(x)) = g(2x+1) = 2(2x+1) + 1 = 4x + 3$

【問題 1.2】(A)　次の合成関数を求めよ.（定義域は省いてよい）
(1) $f(x) = x^2 + x + 1$, $g(x) = \dfrac{1}{x}$ のとき　$(g \circ f)(x)$, $(f \circ g)(x)$ を求めよ.
(2) $f(x) = \dfrac{x+1}{x-1}$, $g(x) = \sqrt{x-1}$ のとき
　　$(g \circ f)(x)$, $(f \circ g)(x)$, $(f \circ f)(x)$, および $(f \circ f \circ f)(x)$ を求めよ.

【逆関数】　関数 $y = f(x)$ （D）の値域を R とする.

・ 1 対 1 関数
　R の点 y に対して $y = f(x)$ となる D の点 x がただ 1 つのとき
　関数 f は「1 対 1 関数」という.

・ 1 対 1 関数について, 逆向きの対応:
$$R \ni y \longmapsto x \in D$$
で定まる関数を「f の逆関数」といい,
f^{-1} と表す.

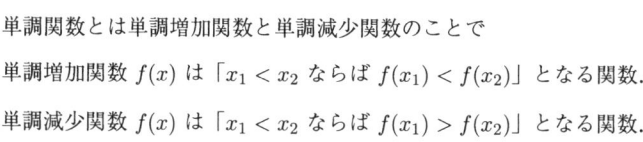

(∗)　単調関数は 1 対 1 関数. したがって逆関数が存在する.

　　単調関数とは単調増加関数と単調減少関数のことで
　　単調増加関数 $f(x)$ は「$x_1 < x_2$ ならば $f(x_1) < f(x_2)$」となる関数.
　　単調減少関数 $f(x)$ は「$x_1 < x_2$ ならば $f(x_1) > f(x_2)$」となる関数.

【ex.1.3】

$y = x^2 \ (x \geqq 0)$ の逆関数は $y = \sqrt{x}$

$y = x^2 \ (x \leqq 0)$ の逆関数は $y = -\sqrt{x}$

（元の関数，逆関数ともに独立変数は x，従属変数は y で表した）

【逆関数の性質】

(1) $y = f^{-1}(x) \iff x = f(y)$

(2) $f(f^{-1}(x)) = x$, $f^{-1}(f(x)) = x$

(3) $y = f(x)$ のグラフと $y = f^{-1}(x)$ のグラフは直線 $y = x$ について対称．

1.2 関数の極限と数列の極限

点 a を含む開区間を「点 a の近傍」という．関数 $f(x)$ が点 a の近傍で定義されているとする（点 a で未定義でもかまわない）．

- $x \neq a$ で x が a に限りなく近づくとき「$x \to a$」と表す．
- $x \to a$ のとき $f(x)$ の値が一定値 ℓ に限りなく近づく（一致を含む）ならば

$$\lim_{x \to a} f(x) = \ell \quad \text{または} \quad f(x) \to \ell \ (x \to a)$$

と表し「関数 $f(x)$ は ℓ に収束する」といい，ℓ を「極限値」という．

【ex.1.4】 $\displaystyle\lim_{x \to 1}(x^2 - x) = 0$

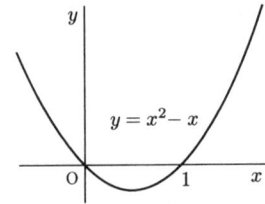

- $x \to a$ のとき $f(x)$ の値がいくらでも大きくなれば

  $\lim_{x \to a} f(x) = \infty$ と表し「$f(x)$ は ∞ に発散する」という.

- $x \to a$ のとき $f(x)$ の値がいくらでも小さくなれば¶

  $\lim_{x \to a} f(x) = -\infty$ と表し「$f(x)$ は $-\infty$ に発散する」という.

（∗）収束しないとき「発散する」といい「$\infty, -\infty$ に発散する」も含む.

【その他の極限】

$\quad x$ が限りなく大きくなるとき「$x \to \infty$」

$\quad x$ が限りなく小さくなるとき「$x \to -\infty$」

$\quad x > a$ で x が a に限りなく近づくとき「$x \to a+0$」

$\quad x < a$ で x が a に限りなく近づくとき「$x \to a-0$」 と表す.

$\qquad\qquad$ 特に $a=0$ のとき $\quad x \to 0+0$ を「$x \to +0$」と表し,

$\qquad\qquad\qquad\qquad x \to 0-0$ を「$x \to -0$」と表す.

これらについても同様に極限を定義する.

$\quad x \to \infty$ のとき $f(x)$ の値が一定値 ℓ に限りなく近づくならば

$\qquad\boxed{\lim_{x \to \infty} f(x) = \ell}\qquad$ または $\qquad\boxed{f(x) \to \ell \;\; (x \to \infty)}$

と表し「関数 $f(x)$ は ℓ に収束する」といい, ℓ を「極限値」という.
「∞ に発散する」「$-\infty$ に発散する」「発散する」についても同様.
また $x \to -\infty,\; x \to a+0,\; x \to a-0$ の場合も同様.

¶ 「小さくなる」は「負の値で絶対値が大きくなる」の意味である. 以降, $-\infty$ を扱うときはこの意味で使う.

《片側極限》

$x \to a+0$ のときの極限 $\lim_{x \to a+0} f(x)$ を「右側極限」,
$x \to a-0$ のときの極限 $\lim_{x \to a-0} f(x)$ を「左側極限」という.

これらをあわせて「片側極限」という. 区別するとき $\lim_{x \to a} f(x)$ を「両側極限」という.

【ex.1.5】 グラフが右図のような関数 $f(x)$ の場合
$$\lim_{x \to 1+0} f(x) = 0$$
$$\lim_{x \to 1-0} f(x) = 1$$

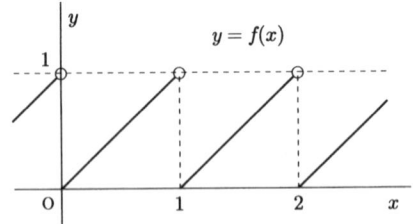

【問題 1.3】(A) 【ex.1.5】の設定で $\lim_{x \to +0} f(x)$, $\lim_{x \to -0} f(x)$, $\lim_{x \to \frac{3}{2}} f(x)$ を求めよ.

【数列の極限】(巻末付録 A.1 参照)

各自然数 n に数 a_n が対応しているとき $\{a_n\}$ を「数列」という.

$\boxed{\text{ex.}}$ $a_n = \dfrac{1}{n}$ ($n = 1, 2, 3, ...$)

・ n が限りなく大きくなるとき ($n \to \infty$)

a_n の値が一定値 ℓ に限りなく近づく (一致を含む) ならば

$\boxed{\lim_{n \to \infty} a_n = \ell}$ または $\boxed{a_n \to \ell \ (n \to \infty)}$

と表し「数列 $\{a_n\}$ は ℓ に収束する」といい, ℓ を「極限値」という.

・ $n \to \infty$ のとき a_n の値がいくらでも大きくなれば

$\boxed{\lim_{n \to \infty} a_n = \infty}$ と表し「$\{a_n\}$ は ∞ に発散する」という.

・ $n \to \infty$ のとき a_n の値がいくらでも小さくなれば

$\boxed{\lim_{n \to \infty} a_n = -\infty}$ と表し「$\{a_n\}$ は $-\infty$ に発散する」という.

1.3 初等関数1（多項式関数／ベキ関数）

（∗） $y = a_n x^n + a_{n-1} x^{n-1} + \cdots + a_1 x + a_0$ （ $a_0, ..., a_n$ は定数, $a_n \neq 0$ ）

の形の関数（定義域は **R**）を「n 次多項式関数」という．

（∗） $y = x^\alpha$ （α は定数）の形の関数を「ベキ関数」という．

(1)　1次関数　$y = ax + b$ $(a \neq 0)$　（定義域は **R**）

グラフは直線を表す．
直線 $y = ax + b$ は
傾き a, y 切片 b の直線．

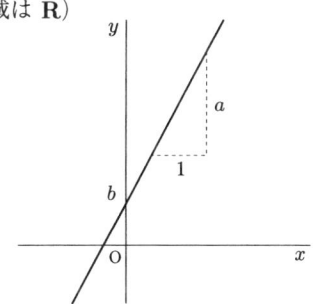

(2)　2次関数　$y = ax^2 + bx + c$ $(a \neq 0)$　（定義域は **R**）

グラフは放物線を表し，平方完成により頂点と対称軸が分かる．

「平方完成」　2次式を「定数 $(1次式)^2$+定数」に変形すること．

$$\begin{aligned}ax^2 + bx + c &= a\left(x^2 + \frac{b}{a}x\right) + c \\ &= a\left(x + \frac{b}{2a}\right)^2 + c - a \cdot \frac{b^2}{4a^2} \\ &= a\left(x + \frac{b}{2a}\right)^2 + \frac{4ac - b^2}{4a}\end{aligned}$$

頂点 $\left(-\dfrac{b}{2a}, \dfrac{4ac - b^2}{4a}\right)$, 対称軸 $x = -\dfrac{b}{2a}$

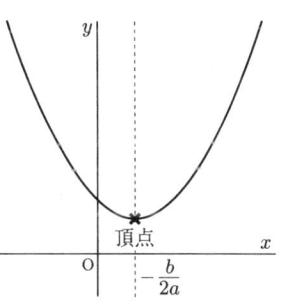

（補）　多項式関数，有理関数，ベキ関数，指数関数，対数関数，三角関数，逆三角関数，およびこれらの有限回の四則演算と合成によって得られる関数を「初等関数」という．

「判別式」　$D = b^2 - 4ac$

D の符号により x 軸との共有点の個数が分かる．$D > 0$ のとき共有点 2 個，$D = 0$ のとき共有点 1 個，$D < 0$ のとき共有点はなく，関数の値は定符号となる．

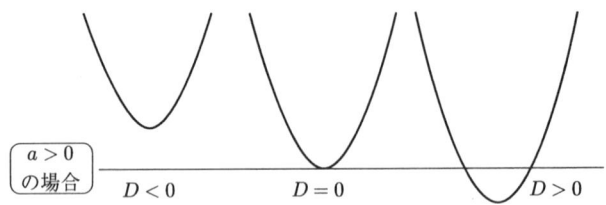

(3)　$y = x^n$ （$n \geqq 2$：自然数）　　（定義域は $\mathbf{R}$）

　　n が偶数　　　　　　　　　　　n が奇数

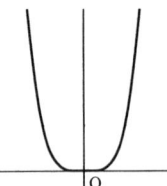 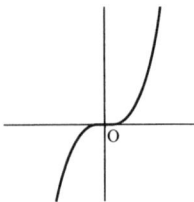

(4)　$y = x^{-n}$ （n：自然数）　$\boxed{y = x^{-n} = \dfrac{1}{x^n}}$　（定義域は $x \neq 0$）

（＊）$n = 1$ のときグラフは直角双曲線．

　　n が偶数　　　　　　　　　　　n が奇数

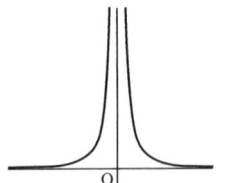 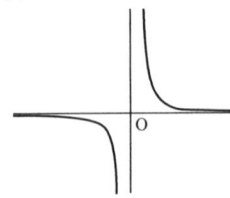

【ベキ（累乗）について】　　（a は実数とする）

・　整数乗の場合（$n = 1, 2, \ldots$ とする）

$$a^n = a \times a \times \cdots \times a \quad (n\text{個の積}) \quad : 正の整数の場合$$

$$a^{-n} = \frac{1}{a^n} \quad : 負の整数の場合（ただし a \neq 0）$$

$$a^0 = 1 \quad (\text{ただし } a \neq 0)$$

と定める．0^0 は定義しない．

ex.　$2^5 = 32$,　$3^{-2} = \dfrac{1}{3^2} = \dfrac{1}{9}$,　$\pi^0 = 1$

【問題 1.4】(A)　次の値を求めよ．　(1)　10^3　(2)　2^{-4}　(3)　5^{-3}

《非常に大きい数, 0 に近い数》

非常に大きい数や 0 に近い正の数は次の形で表される：

$$a \times 10^n \quad (n \text{ は整数}, 1 \leqq a < 10)$$

ex.（文献 [1]）

1 光年 $\fallingdotseq 9.46 \times 10^{15}$ m , 1 パーセク (pc) $\fallingdotseq 3.086 \times 10^{16}$ m

1 天文単位 (AU) $\fallingdotseq 1.496 \times 10^{11}$ m , 太陽の半径 $\fallingdotseq 6.96 \times 10^8$ m

1 ナノメートル (nm) $= 10^{-9}$ m , 電子の質量 $\fallingdotseq 9.11 \times 10^{-28}$ g

　　　　　1 AU $\fallingdotseq$ 地球と太陽の距離
　　　　　1 パーセクは天体から 1 AU の距離を見る角度が
　　　　　1 秒 (1/3600 度) となる距離

【問題 1.5】(A)　地球と太陽の距離は約 1.5×10^{11} m，光速は約 3.0×10^8 m/s である．太陽の光が地球に届くまでにかかるおおよその時間を求めよ．

・ $1/n$ 乗の場合（$n = 2, 3, \ldots$ とする）

実数 a に対し，n 乗して a になる数を「a の n 乗根」という．ここでは，n 乗根を実数の範囲で考える．

n が奇数のとき

実数 a の n 乗根は 1 つで，これを $\sqrt[n]{a}$ と表す．

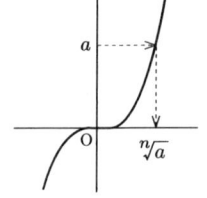

n が偶数のとき

$a > 0$ に対し a の 正の n 乗根 を $\sqrt[n]{a}$ と表す．
$a = 0$ のときは $\sqrt[n]{0} = 0$ と定める．
$a < 0$ のとき a の n 乗根はない．
通常 $n = 2$ のときは $\sqrt{a}$ と表す．

自然数 $n\,(\geqq 2)$ に対し $\boxed{a^{1/n} = \sqrt[n]{a}}$ と定める．

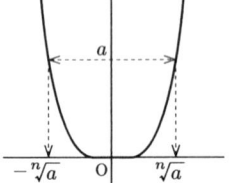

ex. $16^{1/4} = \sqrt[4]{16} = 2$, $(-27)^{1/3} = \sqrt[3]{-27} = -3$

【問題 1.6】(A) 次の値を求めよ． (1) $81^{1/2}$ (2) $125^{1/3}$ (3) $(-8)^{1/3}$

・ 有理数乗の場合

有理数は $\dfrac{m}{n}$ （n：自然数，m：整数）の形の実数．

$\underline{a > 0 \text{ の場合のみ考え}}$， $\boxed{a^{m/n} = (a^m)^{1/n}}$ と定める．

このとき $\boxed{a^{m/n} = (a^{1/n})^m \;,\; a^{-m/n} = \dfrac{1}{a^{m/n}}}$ も成り立つ．

ex. $8^{2/3} = \sqrt[3]{8^2} = \sqrt[3]{64} = 4$, $27^{-4/3} = (\sqrt[3]{27})^{-4} = 3^{-4} = \dfrac{1}{3^4} = \dfrac{1}{81}$

$9^{-\frac{1}{2}} = (\sqrt{9})^{-1} = 3^{-1} = \dfrac{1}{3}$, $9^{-\frac{1}{2}} = \dfrac{1}{9^{1/2}} = \dfrac{1}{\sqrt{9}} = \dfrac{1}{3}$

・　無理数乗の場合

無理数 p に対し,
$$p_1 < p_2 < p_3 < \cdots < p_n < \cdots < p, \quad \lim_{n\to\infty} p_n = p, \quad 各 p_n は有理数$$
となる数列 $\{p_n\}$ を用いて $\boxed{a^p = \lim_{n\to\infty} a^{p_n}}$ と定める. 数列の選び方に依らず定まる.

ex.　$5^{\sqrt{2}}$　$(p = \sqrt{2}\,)$

$p_1 = 1.4$,　$p_2 = 1.41$,　$p_3 = 1.414$,　$p_4 = 1.4142$, ...

と数列 $\{p_n\}$ を選び, $5^{\sqrt{2}} = \lim_{n\to\infty} 5^{p_n}$ と定める.

$$5^{1.4} = 9.51826\cdots$$
$$5^{1.41} = 9.67269\cdots$$
$$5^{1.414} = 9.73517\cdots$$
$$5^{1.4142} = 9.73830\cdots$$
$$5^{1.41421} = 9.73846\cdots$$
$$5^{1.414213} = 9.73850\cdots$$
$$\cdots$$
$$5^{\sqrt{2}} = 9.738517\cdots$$

以上で a^p　($a > 0$, p は実数) が定義された.

【定理 1.1】　$p > 0$ のとき $a, b > 0$ に対して　$\boxed{a < b \iff a^p < b^p}$

【定理 1.2】(【指数法則】)　　$a, b > 0$, p, q : 実数とする

$$\boxed{\begin{aligned}&(1)\quad a^p a^q = a^{p+q} ,\quad \frac{a^p}{a^q} = a^{p-q}\\&(2)\quad (a^p)^q = a^{pq}\\&(3)\quad (ab)^p = a^p b^p ,\quad \left(\frac{a}{b}\right)^p = \frac{a^p}{b^p}\\&\quad 特に\quad a^{-p} = \frac{1}{a^p} = \left(\frac{1}{a}\right)^p\end{aligned}}$$

【ex.1.6】 $2^3 \cdot 2^{-5/2} = 2^{3-\frac{5}{2}} = 2^{1/2} = \sqrt{2}$

$(\sqrt[4]{49})^2 = \{(49)^{1/4}\}^2 = 49^{1/2} = (7^2)^{1/2} = 7$

【ex.1.7】 次の値を簡単な形で表せ． (1) $\dfrac{3^{-4} \times 27^2}{9}$ (2) $\sqrt[3]{54} \times \sqrt[3]{4}$

「解」 (1) $\dfrac{3^{-4} \times 27^2}{9} = \dfrac{3^{-4} \times (3^3)^2}{3^2} = 3^{-4} \cdot 3^6 \cdot 3^{-2} = 3^{-4+6-2} = 3^0 = 1$

(2) $\sqrt[3]{54} \times \sqrt[3]{4} = (3^3 \times 2)^{1/3} \cdot (2^2)^{1/3} = (3^3)^{1/3} \cdot 2^{1/3} \cdot 2^{2/3}$

$= 3^1 \cdot 2^{\frac{1}{3}+\frac{2}{3}} = 3 \cdot 2^1 = 6$

【問題 1.7】 (AB) 次の式を簡単にせよ．

(1) $64^{\frac{1}{3}}$ (2) $32^{\frac{2}{5}}$ (3) $36^{-\frac{3}{2}}$

(4) $(\sqrt[4]{81})^2$ (5) $\left\{\left(\dfrac{81}{25}\right)^{-\frac{4}{3}}\right\}^{\frac{3}{8}}$ (6) $\dfrac{\sqrt{8}}{\sqrt[3]{2}} \div \sqrt[6]{16}$

(7) $\dfrac{(2^2 \times 5^{-1})^{\frac{1}{3}} \times 2^{-\frac{5}{3}}}{\sqrt[3]{25}}$ (8) $\left(\sqrt[6]{4} - \dfrac{6}{\sqrt[3]{4}}\right)^3$

【ex.1.8】 $a^4 a^{-3} = a^{4+(-3)} = a^1 = a$, $(a^3)^{-2} = a^{3 \cdot (-2)} = a^{-6}$

$\dfrac{\sqrt{a^5}}{a^2} = a^{\frac{5}{2}-2} = a^{1/2}$

$\sqrt[3]{a^2 b} \cdot \sqrt[3]{ab^5} = (a^2 b)^{\frac{1}{3}} \cdot (ab^5)^{\frac{1}{3}} = a^{\frac{2}{3}} b^{\frac{1}{3}} a^{\frac{1}{3}} b^{\frac{5}{3}} = a^{\frac{2}{3}+\frac{1}{3}} b^{\frac{1}{3}+\frac{5}{3}} = ab^2$

【ex.1.9】 $\dfrac{\sqrt[3]{a^2 b} \cdot \sqrt{ab}}{\sqrt[6]{ab^5}}$ を簡単にせよ．

「解」 $\dfrac{\sqrt[3]{a^2 b} \cdot \sqrt{ab}}{\sqrt[6]{ab^5}} = (a^2 b)^{\frac{1}{3}} \cdot (ab)^{\frac{1}{2}} \cdot (ab^5)^{-\frac{1}{6}} = a^{\frac{2}{3}} b^{\frac{1}{3}} a^{\frac{1}{2}} b^{\frac{1}{2}} a^{-\frac{1}{6}} b^{-\frac{5}{6}}$

$= a^{\frac{2}{3}+\frac{1}{2}-\frac{1}{6}} b^{\frac{1}{3}+\frac{1}{2}-\frac{5}{6}} = a^1 b^0$

$= a$

【問題 1.8】(A)　次の式を a^r の形で表せ.

(1) $\sqrt[3]{a^7}$　　　　(2) $\sqrt[5]{a^{-3}}$　　　　(3) $\dfrac{1}{\sqrt[3]{a^4}}$

【問題 1.9】(AB)　次の式を簡単にし，指数を使って表せ.

(1) $\dfrac{a^6}{a^2}$　　(2) $\dfrac{a^{-5}}{a^{-3}}$　　(3) $(a^{-5})^{-2}$　　(4) $(ab^{-1})^{-3}$

(5) $\left(\dfrac{a^{-2}}{b}\right)^{-3}$　(6) $\sqrt{a\sqrt{a}}$　(7) $\left(a^{-\frac{27}{4}}\right)^{\frac{2}{3}}\sqrt{a^3}$　(8) $\dfrac{\sqrt[3]{a^2 b}\cdot\sqrt[4]{a^3 b^2}}{\sqrt[12]{a^5 b^{-2}}}$

(5)　$y = x^{1/n}$　$(n = 2, 3, ...)$

$x \longmapsto \sqrt[n]{x}$ という対応による関数.
総称して「ベキ根関数」ともいう.

(6)　ベキ関数　$y = x^\alpha$　(α：実数)

$x \longmapsto x^\alpha$ という対応による関数.
定義域は一般には $x > 0$ であるが
α の値によって変化する.

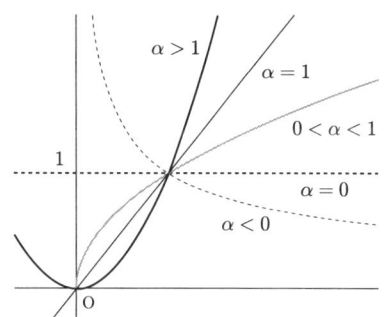

1.4　初等関数2（有理関数／無理関数）

【有理関数】　$\dfrac{\text{多項式}}{\text{多項式}}$　で定まる関数を「有理関数」という.

　　ex.　$y = \dfrac{x^2}{x-2}$　（定義域：$x \neq 2$），　$y = \dfrac{x^3 - 2x - 3}{x^4 + 1}$　（定義域：$\mathbf{R}$）

【無理関数】　ベキ根関数と多項式関数の有限回の四則演算と合成による（根号が残る）関数を「無理関数」という.

　　ex.　$y = \sqrt{x}$　$(x \geq 0)$，　$y = (-3x+1)\sqrt[3]{2x-1}$　$(\mathbf{R})$

1.5 初等関数 3（指数関数／対数関数）

【指数関数】 | $y = a^x$ 定義域：$\mathbf{R}$ | （ただし $a > 0,\ a \neq 1$）

$y = a^x$（$a > 0,\ a \neq 1$） を「a を底とする指数関数」という．

- 定義域は $\mathbf{R}$，値域は $y > 0$.
- グラフは $(0, 1)$ を通り，x 軸が漸近線となる．

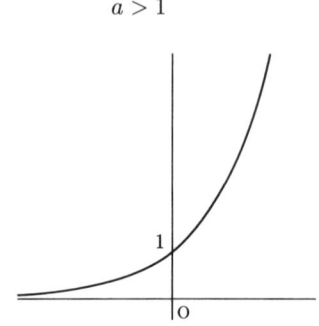

$a > 1$

右上がり（単調増加）

$0 < a < 1$

右下がり（単調減少）

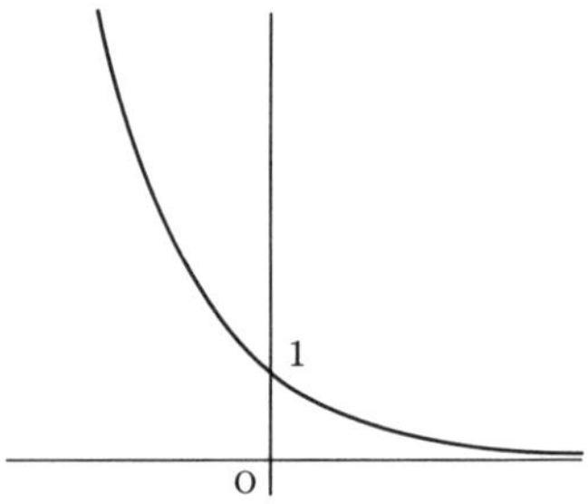

- $a > 1$ のとき $\displaystyle\lim_{x \to -\infty} a^x = 0$ ，$0 < a < 1$ のとき $\displaystyle\lim_{x \to \infty} a^x = 0$

（＊） 後に $e = 2.718\cdots$ となる定数を定義し，$y = e^x$ を単に「指数関数」ともいう．$e^x = \exp(x)$ とも表す．この定数 e は点 $(0, 1)$ でグラフと接する直線 (＝接線) の傾きが 1 となる指数関数の底である．

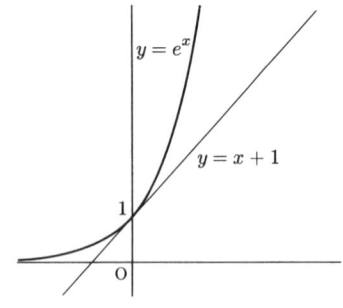

【対数について】

 $a > 0, a \neq 1$ とする．任意の正の数 M に対して $a^p = M$ となる数 p を $\boxed{\log_a M}$ と表し「a を底とする M の対数」という．また M を $\log_a M$ の「真数」という．

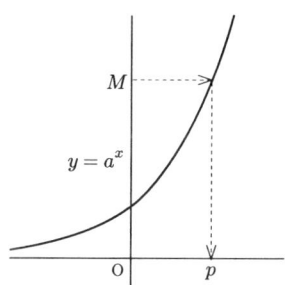

$$\boxed{\begin{array}{l} a > 0, a \neq 1, M > 0 \text{ のとき} \\ \log_a M = p \iff a^p = M \end{array}}$$

ex.　$2^4 = 16$ より　$\log_2 16 = 4$,　$10^3 = 1000$ より　$\log_{10} 1000 = 3$

ex.　$\log_4 1024 = x$ とおくと　$4^x = 1024$,　$2^{2x} = 2^{10}$ だから
　　$2x = 10, x = 5$　　よって　$\log_4 1024 = 5$

ex.　$\log_2 x = -3$ をみたす真数 x は　$x = 2^{-3} = \dfrac{1}{8}$

【問題 1.10】(A)　次の x の値を求めよ．

(1) $\log_3 9 = x$　　(2) $\log_{10} \sqrt[5]{0.01} = x$　　(3) $\log_{\sqrt{2}} 8 = x$

(4) $\log_5 x = -1$　　(5) $\log_2(x+1) = 4$　　(6) $\log_x 4 = \dfrac{2}{3}$

【定理 1.3】(【対数の基本性質】)　$M, N > 0$，r は実数，n は自然数とする．
$$(a > 0, a \neq 1)$$

$$\boxed{\begin{array}{ll} (0) & \log_a 1 = 0 \ , \quad \log_a a = 1 \\ (1) & \log_a MN = \log_a M + \log_a N \\ (2) & \log_a \dfrac{M}{N} = \log_a M - \log_a N \\ (3) & \log_a M^r = r \log_a M \\ (4) & \log_a \dfrac{1}{N} = -\log_a N \ , \quad \log_a \sqrt[n]{M} = \dfrac{1}{n} \log_a M \end{array}}$$

ex. $\log_{10} 1 = 0$, $\quad \log_4 64 = \log_4 4^3 = 3\log_4 4 = 3$

$\log_2 \dfrac{\sqrt{2}}{3} = \log_2 \sqrt{2} - \log_2 3 = \dfrac{1}{2}\log_2 2 - \log_2 3 = \dfrac{1}{2} - \log_2 3$

【ex.1.10】 次の式の値を求めよ．

(1) $\log_2 \dfrac{2\sqrt{2}}{3} + \log_2 48$ \qquad (2) $\dfrac{\log_5 16 \; \log_2 9}{\log_2 27 \; \log_5 8}$

「解」
(1) $\log_2 \dfrac{2\sqrt{2}}{3} + \log_2 48 = \log_2 \left(\dfrac{2\sqrt{2}}{3} \cdot 48\right) = \log_2 (32\sqrt{2})$

$= \log_2 (2^5 \cdot 2^{\frac{1}{2}}) = \log_2 2^{\frac{11}{2}}$

$= \dfrac{11}{2} \log_2 2 = \dfrac{11}{2}$

(2) $\dfrac{\log_5 16 \; \log_2 9}{\log_2 27 \; \log_5 8} = \dfrac{\log_5 2^4 \; \log_2 3^2}{\log_2 3^3 \; \log_5 2^3} = \dfrac{(4\log_5 2)(2\log_2 3)}{(3\log_2 3)(3\log_5 2)} = \dfrac{8\log_5 2 \; \log_2 3}{9\log_2 3 \; \log_5 2}$

$= \dfrac{8}{9}$

【問題 1.11】 (AB) 次の式の値を求めよ．

(1) $\log_8 4 + \log_8 16$ \quad (2) $\log_3 4 + \log_3 \dfrac{1}{36}$ \quad (3) $\log_5 \sqrt{10} - \dfrac{1}{2}\log_5 2$

(4) $\log_2 \dfrac{4}{5} + \log_2 20$ \quad (5) $\dfrac{\log_{10} 16}{\log_{10} 64}$ \quad (6) $\log_3 (\log_2 \sqrt[3]{2})$

【定理 1.4】(【底の変換公式】)　$a,b,c > 0$, $a \neq 1$, $c \neq 1$ のとき，次の式が成り立つ．

$$\log_a b = \dfrac{\log_c b}{\log_c a}$$

【系 1.5】　$a,b > 0$, $a \neq 1$, $b \neq 1$ のとき，次の式が成り立つ．

$$\log_a b = \dfrac{1}{\log_b a}$$

【ex.1.11】 $\log_8 \sqrt{32}$ の値を求めよ．

「解」
$$\log_8 \sqrt{32} = \frac{\log_2 \sqrt{32}}{\log_2 8} = \frac{\frac{1}{2}\log_2 32}{\log_2 8} = \frac{1}{2} \cdot \frac{\log_2 2^5}{\log_2 2^3} = \frac{1}{2} \cdot \frac{5\log_2 2}{3\log_2 2} = \frac{1}{2} \cdot \frac{5}{3} = \frac{5}{6}$$

【問題 1.12】(AB) 次の式の値を求めよ．

(1) $\log_9 27$ 　　(2) $\dfrac{\log_{10} 8}{\log_{10} 64}$ 　　(3) $\log_2 24 \cdot \log_3 8 - \dfrac{9}{2}\log_3 4$

【対数関数】 $\boxed{y = \log_a x \quad (x > 0)}$ 　（ただし $a > 0$, $a \neq 1$）

a を底とする指数関数 $y = a^x$ (**R**) の逆関数を「a を底とする対数関数」といい，$\boxed{y = \log_a x}$ と表す．

・ 定義域は $x > 0$，値域は **R** である．
・ 次の関係がある：

$\boxed{y = \log_a x \iff x = a^y}$ 　　$\boxed{a^{\log_a x} = x, \quad \log_a a^x = x}$

・ グラフは $(1, 0)$ を通り，y 軸が漸近線となる．

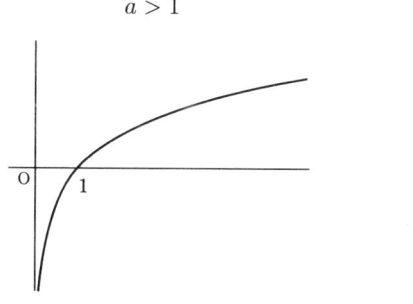
$a > 1$
右上がり（単調増加）

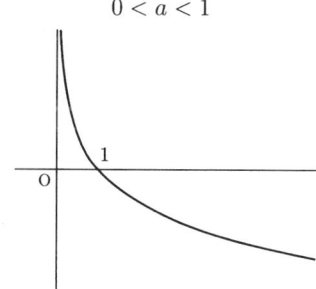
$0 < a < 1$
右下がり（単調減少）

・ $a > 1$ のとき $\displaystyle\lim_{x \to +0} \log_a x = -\infty$，$0 < a < 1$ のとき $\displaystyle\lim_{x \to +0} \log_a x = \infty$

【常用対数】　$\log_{10} M$

10 を底とする対数 $\log_{10} M$ を「常用対数」という．

　ex.（マグニチュードとエネルギーの関係，文献 [1]）
　　$\log_{10} E = 4.8 + 1.5M$　　M：マグニチュード，E：地震波のエネルギー (J)
　ex.（音の強さレベル，文献 [1]）　音の強さが I のとき，その強さのレベルを
　　$10\log_{10}(I/I_0)$ で表す．I_0 は基準値．

【自然対数】　$\log_e M$

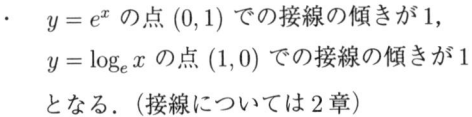

を「ネイピア数」「ネイピアの e」
または「自然対数の底」という．e は無理数で，次の性質をもつ．

- $e = \lim_{n\to\infty}\left(1+\dfrac{1}{n}\right)^n = \lim_{x\to\pm\infty}\left(1+\dfrac{1}{x}\right)^x$
- $e^\alpha = \lim_{n\to\infty}\left(1+\dfrac{\alpha}{n}\right)^n = \lim_{x\to\pm\infty}\left(1+\dfrac{\alpha}{x}\right)^x$
　　$= \lim_{x\to 0}(1+\alpha x)^{1/x}$　　（α は実数）

　（$\lim_{n\to\infty}$ … は数列の極限，$\lim_{x\to\pm\infty}$ … などは関数の極限）

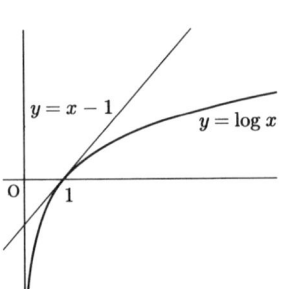

- $y = e^x$ の点 $(0,1)$ での接線の傾きが 1，
　$y = \log_e x$ の点 $(1,0)$ での接線の傾きが 1
　となる．（接線については 2 章）

e を底とする対数 $\log_e M$ を「自然対数」といい，底を省略して $\log M$ と表す．
$\ln M$ と表すことも多い：　$\boxed{\log M = \ln M = \log_e M}$

$$\boxed{\begin{array}{l} y = \log x \iff x = e^y \\ e^{\log x} = x \quad,\quad \log e^x = x \end{array}}$$

（∗）理学／工学などでは常用対数も底を省略して　$\log_{10} M = \log M$　と表すことが
　　多い．混同しないように注意する必要がある．

1.6 初等関数4（三角関数）

【弧度法】 角の大きさを単位円上の弧の長さで表す方法

原点中心，半径1の円を「単位円」という．単位円上で，長さ1の弧に対する中心角を1ラジアン（rad）と定める．$\alpha = 1$ ラジアン（rad）とおくと
$1 : 2\pi = \alpha : 360°$ より $\quad \alpha = \dfrac{180°}{\pi} \fallingdotseq 57.2958°$

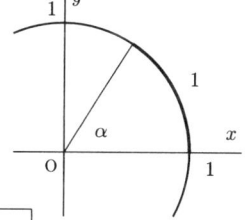

（＊）半径 R，中心角 θ (rad) の弧の長さは $R\theta$．

$$\boxed{\theta \text{ ラジアン} = \dfrac{180\theta}{\pi} \text{ 度}\ ,\ a \text{ 度} = \dfrac{a\pi}{180} \text{ ラジアン}}$$

ex.

度	0°	30°	45°	60°	90°	180°	360°
ラジアン	0	$\dfrac{\pi}{6}$	$\dfrac{\pi}{4}$	$\dfrac{\pi}{3}$	$\dfrac{\pi}{2}$	π	2π

【問題 1.13】 (A) (1) $120°, 15°, 75°$ をラジアンで表せ．
(2) $\dfrac{3}{4}\pi, \dfrac{2}{5}\pi, \dfrac{7}{12}\pi$ を度で表せ．

【一般角】 角の大きさが実数全体に拡張された角

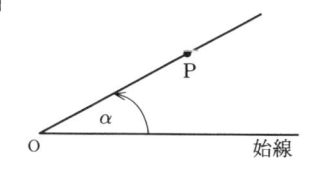

原点 O を中心として半直線 OP を回転させるとき半直線 OP を「動径」といい，初期状態の半直線（x 軸右半分）を始線という．
動径 OP の回転角に　反時計回りを「正の向き」
　　　　　　　　　時計回りを「負の向き」
と符号を定め，角の大きさを実数全体に拡張する．こうして拡張された角を「一般角」という．一般角 α に対する動径を「角 α の動径」といい $\boxed{\alpha + 2n\pi\ (n \text{ は整数})}$ の動径も，角 α の動径と一致する．また点 P に対して，動径 OP に対応する回転角を「点 P の偏角」という．

（＊）以降，一般角を弧度法で考え，単位「ラジアン（rad）」は省略する．

【三角関数の定義】

一般角 θ に対して，θ の動径と単位円との交点を $P(x,y)$ とし，直線 $x=1$ と直線 OP との交点を $T(1,t)$ とする．このとき

$$\boxed{\sin\theta = y, \quad \cos\theta = x, \quad \tan\theta = \frac{y}{x}}$$

と定める．$\boxed{\tan\theta = t}$ でもある．順に
「サイン, コサイン, タンジェント」
　(sine)　(cosine)　(tangent)」
と読みそれぞれ「正弦, 余弦, 正接」という．
これらをまとめて「三角関数」という．

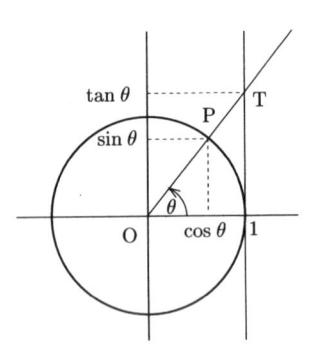

	$\sin\theta$	$\cos\theta$	$\tan\theta$
定義域	**R**	**R**	$\theta \neq \frac{\pi}{2} + n\pi$ (n:整数)
値域	$-1 \leq \sin\theta \leq 1$	$-1 \leq \cos\theta \leq 1$	**R**

(∗) 上の定義は「三角比」の拡張であり，代表的な直角三角形の三角比からある程度の値を求めることができる．

ex. $\sin 2\pi = \sin 0 = 0$ ， $\cos 2\pi = \cos 0 = 1$ ， $\tan 2\pi = \tan 0 = 0$
$\sin\frac{\pi}{3} = \frac{\sqrt{3}}{2}$ ， $\cos\frac{\pi}{3} = \frac{1}{2}$ ， $\tan\frac{\pi}{3} = \sqrt{3}$

【問題 1.14】(A) 次の三角関数の値を求め，表を完成させよ．

θ	$-\frac{\pi}{2}$	$-\frac{\pi}{3}$	$-\frac{\pi}{4}$	$\frac{\pi}{6}$	$\frac{\pi}{4}$	$\frac{\pi}{2}$	$\frac{2}{3}\pi$	$\frac{5}{6}\pi$	π
$\sin\theta$									
$\cos\theta$									
$\tan\theta$									

【三角関数の基本性質】

【定理 1.6】（三角関数の相互関係）

$$(1)\ \sin^2\theta + \cos^2\theta = 1 \quad (2)\ \tan\theta = \frac{\sin\theta}{\cos\theta} \quad (3)\ 1 + \tan^2\theta = \frac{1}{\cos^2\theta}$$

（＊） n が自然数のとき $\sin^n x = (\sin x)^n$ の意味．$\cos^n x, \tan^n x$ も同様．

【定理 1.7】（負角／補角／余角の公式など）

(1) n が整数のとき

$$\sin(\theta + 2n\pi) = \sin\theta \ ,\ \cos(\theta + 2n\pi) = \cos\theta \ ,\ \tan(\theta + n\pi) = \tan\theta$$

(2) （負角公式）

$\sin(-\theta) = -\sin\theta$

$\cos(-\theta) = \cos\theta$

$\tan(-\theta) = -\tan\theta$

(3)

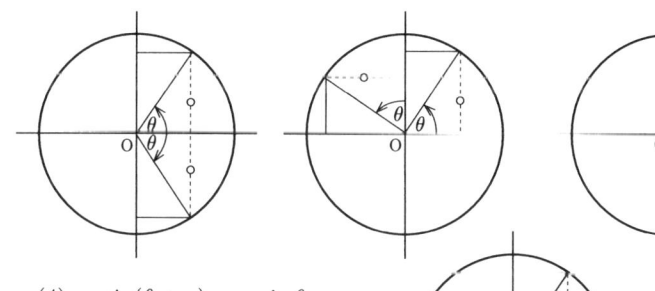

$\sin\left(\theta + \dfrac{\pi}{2}\right) = \cos\theta$

$\cos\left(\theta + \dfrac{\pi}{2}\right) = -\sin\theta$

$\tan\left(\theta + \dfrac{\pi}{2}\right) = -\dfrac{1}{\tan\theta}$

(3)′ （余角公式）

$\sin\left(\dfrac{\pi}{2} - \theta\right) = \cos\theta$

$\cos\left(\dfrac{\pi}{2} - \theta\right) = \sin\theta$

$\tan\left(\dfrac{\pi}{2} - \theta\right) = \dfrac{1}{\tan\theta}$

(4) $\sin(\theta + \pi) = -\sin\theta$

$\cos(\theta + \pi) = -\cos\theta$

$\tan(\theta + \pi) = \tan\theta$

(4)′ （補角公式）

$\sin(\pi - \theta) = \sin\theta$

$\cos(\pi - \theta) = -\cos\theta$

$\tan(\pi - \theta) = -\tan\theta$

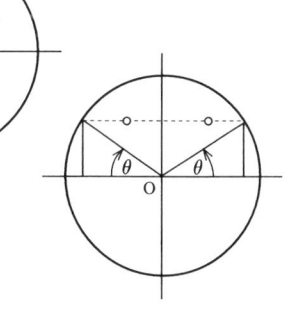

【ex.1.12】 次の等式を示せ： $\dfrac{1}{1+\sin\theta}+\dfrac{1}{1-\sin\theta}=2(1+\tan^2\theta)$

「解」 (左辺) $=\dfrac{(1-\sin\theta)+(1+\sin\theta)}{(1+\sin\theta)(1-\sin\theta)}=\dfrac{2}{1-\sin^2\theta}=\dfrac{2}{\cos^2\theta}$
$=2(1+\tan^2\theta)=$ (右辺)

【問題 1.15】(B) 次の等式を示せ．

(1) $\dfrac{\cos\theta}{1-\sin\theta}+\dfrac{1-\sin\theta}{\cos\theta}=\dfrac{2}{\cos\theta}$ (2) $\tan\theta+\dfrac{1}{\tan\theta}=\dfrac{1}{\sin\theta\cos\theta}$

(3) $\sin^2(\theta+\pi)+\sin^2\left(\theta+\dfrac{3}{2}\pi\right)=1$

【加法定理など】

【定理 1.8】(加法定理)

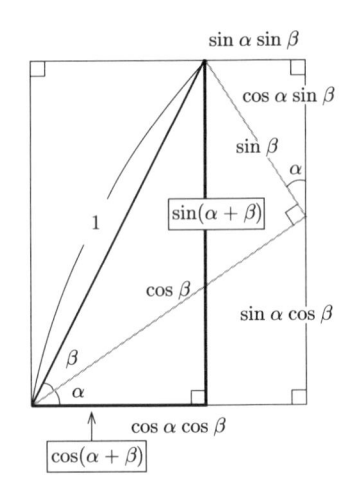

[1]
$\sin(\alpha+\beta)=\sin\alpha\cos\beta+\cos\alpha\sin\beta$
$\sin(\alpha-\beta)=\sin\alpha\cos\beta-\cos\alpha\sin\beta$

[2]
$\cos(\alpha+\beta)=\cos\alpha\cos\beta-\sin\alpha\sin\beta$
$\cos(\alpha-\beta)=\cos\alpha\cos\beta+\sin\alpha\sin\beta$

[3]
$\tan(\alpha+\beta)=\dfrac{\tan\alpha+\tan\beta}{1-\tan\alpha\tan\beta}$
$\tan(\alpha-\beta)=\dfrac{\tan\alpha-\tan\beta}{1+\tan\alpha\tan\beta}$

【定理 1.9】(和積の公式)

$\sin\alpha\cos\beta=\dfrac{1}{2}\{\sin(\alpha+\beta)+\sin(\alpha-\beta)\}$, $\sin A+\sin B=2\sin\dfrac{A+B}{2}\cos\dfrac{A-B}{2}$

$\cos\alpha\sin\beta=\dfrac{1}{2}\{\sin(\alpha+\beta)-\sin(\alpha-\beta)\}$, $\sin A-\sin B=2\cos\dfrac{A+B}{2}\sin\dfrac{A-B}{2}$

$\cos\alpha\cos\beta=\dfrac{1}{2}\{\cos(\alpha+\beta)+\cos(\alpha-\beta)\}$, $\cos A+\cos B=2\cos\dfrac{A+B}{2}\cos\dfrac{A-B}{2}$

$\sin\alpha\sin\beta=-\dfrac{1}{2}\{\cos(\alpha+\beta)-\cos(\alpha-\beta)\}$, $\cos A-\cos B=-2\sin\dfrac{A+B}{2}\sin\dfrac{A-B}{2}$

【定理 1.10】（2倍角の公式）

$$\sin 2\theta = 2\sin\theta\cos\theta$$
$$\cos 2\theta = \cos^2\theta - \sin^2\theta = 1 - 2\sin^2\theta = 2\cos^2\theta - 1$$
$$\tan 2\theta = \frac{2\tan\theta}{1 - \tan^2\theta}$$

（∗）　$\sin^2\theta = \dfrac{1 - \cos 2\theta}{2}$, $\cos^2\theta = \dfrac{1 + \cos 2\theta}{2}$　の形で使うこともある．

【問題 1.16】(A)　次の式の値を求めよ．
(1)　$\sin\dfrac{5}{12}\pi$　　(2)　$\cos\dfrac{5}{12}\pi$　　$\left(\dfrac{5\pi}{12} = \dfrac{(2+3)\pi}{12}\right)$

【問題 1.17】(AB)　次の等式を示せ．
(1)　$(\sin\theta + \cos\theta)^2 = 1 + \sin 2\theta$　　(2)　$\cos^4\theta - \sin^4\theta = \cos 2\theta$

【問題 1.18】(B)　$\sin\theta + \sin\left(\theta + \dfrac{2}{3}\pi\right) + \sin\left(\theta + \dfrac{4}{3}\pi\right)$　を簡単にせよ．

【定理 1.11】（三角関数の合成）

$$a\sin\theta + b\cos\theta = \sqrt{a^2 + b^2}\,\sin(\theta + \alpha)$$
ただし　$\cos\alpha = \dfrac{a}{\sqrt{a^2 + b^2}}$
　　　　$\sin\alpha = \dfrac{b}{\sqrt{a^2 + b^2}}$

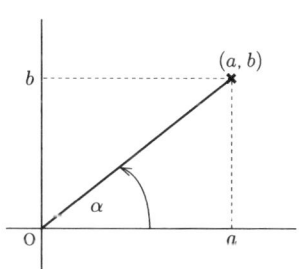

（∗）　$a\sin\theta + b\cos\theta$　を　$r\sin(\theta + \alpha)$
　　　の形に変形することを「三角関数の合成」という．

ex.　$\sin\theta + \sqrt{3}\cos\theta = 2\sin\left(\theta + \dfrac{\pi}{3}\right)$

【問題 1.19】(B)　次の式を $r\sin(\theta + \alpha)$ の形に変形せよ．
(1)　$\sin\theta + \cos\theta$　　(2)　$\sin\theta - \cos\theta$　　(3)　$\sqrt{3}\sin\theta - \cos\theta$

(∗) 以降，独立変数は主に x を用いる．$y = \sin x$ など．

【三角関数のグラフ】

《 $y = \sin x$, $y = \cos x$ のグラフ 》

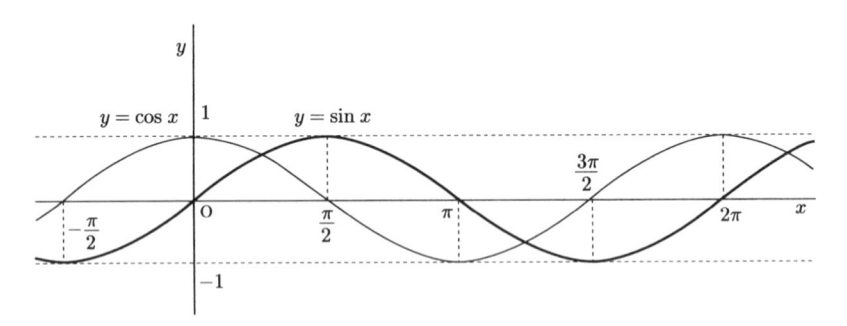

(∗) 周期性がある（周期 2π）．また，$\cos x = \sin\left(x + \dfrac{\pi}{2}\right)$ より $y = \cos x$ のグラフは $y = \sin x$ のグラフを x 方向に $-\dfrac{\pi}{2}$ だけ平行移動したもの．

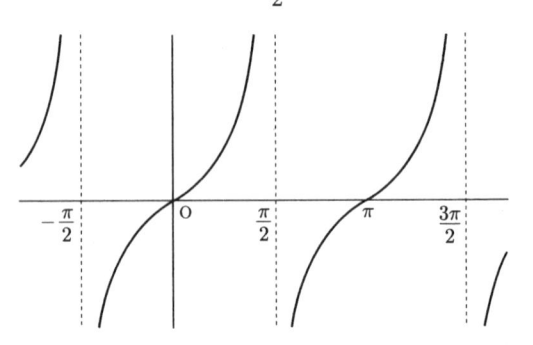

《 $y = \tan x$ のグラフ 》

(∗) 周期性がある（周期 π）．$x = \pm\dfrac{\pi}{2}, \pm\dfrac{3}{2}\pi, \pm\dfrac{5}{2}\pi, \ldots$ は漸近線．
$$\lim_{x \to \frac{\pi}{2}-0} \tan x = \infty, \quad \lim_{x \to -\frac{\pi}{2}+0} \tan x = -\infty$$

【補足】 以下の関数も三角関数である．
　　　　（順に「コセカント／セカント／コタンジェント」と読む）

$$\operatorname{cosec} x = \frac{1}{\sin x}, \qquad \sec x = \frac{1}{\cos x}, \qquad \cot x = \frac{1}{\tan x}$$

1.7 初等関数 5（逆三角関数）

三角関数の逆の対応（逆関数）を考えたいが，$y = \sin x, y = \cos x, y = \tan x$ はいずれも周期性があり，y の値を 1 つ定めても対応する x の値は無限個ある．そこで次のように範囲を制限する：

$y = \sin x \quad \left(-\dfrac{\pi}{2} \leqq x \leqq \dfrac{\pi}{2}\right)$
$\qquad y = \cos x \quad (0 \leqq x \leqq \pi)$

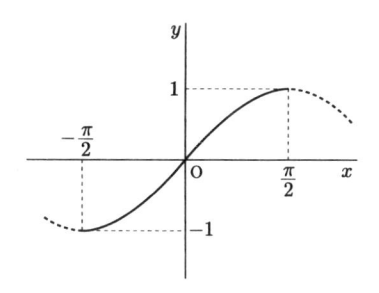

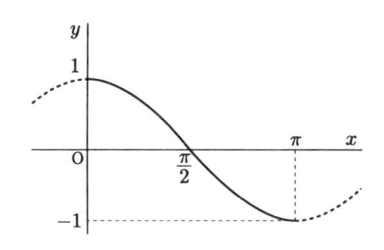

$y = \tan x \quad \left(-\dfrac{\pi}{2} < x < \dfrac{\pi}{2}\right)$

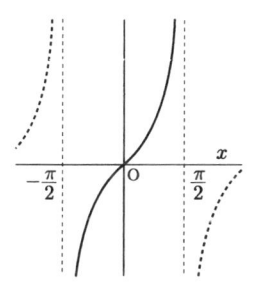

$-1 \leqq a \leqq 1$ となる数 a に対し，
$$\sin \theta = a$$
となる θ が $-\dfrac{\pi}{2} \leqq \theta \leqq \dfrac{\pi}{2}$ で 1 つ定まる．これを $\boxed{\sin^{-1} a}$ と表す．
（「アークサイン a」と読む）

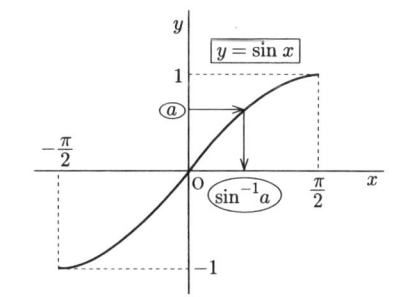

$$\boxed{\theta = \sin^{-1} a \iff \begin{cases} \sin \theta = a \\ -\dfrac{\pi}{2} \leqq \theta \leqq \dfrac{\pi}{2} \end{cases}}$$

$-1 \leqq a \leqq 1$ となる数 a に対し，
$$\cos\theta = a$$
となる θ が $0 \leqq \theta \leqq \pi$ で 1 つ定まる．これを $\boxed{\cos^{-1} a}$ と表す．
（「アーク コサイン a」と読む）

$$\boxed{\theta = \cos^{-1} a \iff \begin{cases} \cos\theta = a \\ 0 \leqq \theta \leqq \pi \end{cases}}$$

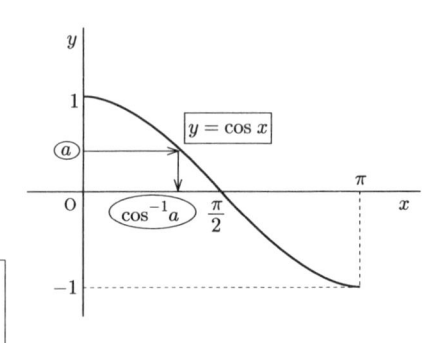

実数 a に対し， $\tan\theta = a$ となる θ が $-\dfrac{\pi}{2} < \theta < \dfrac{\pi}{2}$ で 1 つ定まる．これを $\boxed{\tan^{-1} a}$ と表す．
（「アーク タンジェント a」と読む）

$$\boxed{\theta = \tan^{-1} a \iff \begin{cases} \tan\theta = a \\ -\dfrac{\pi}{2} < \theta < \dfrac{\pi}{2} \end{cases}}$$

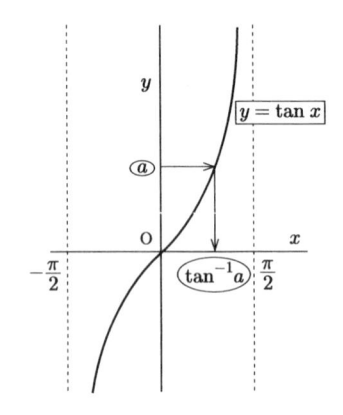

（補）　$\sin^{-1} a$ は $\mathrm{Sin}^{-1} a$, $\arcsin a$, $\mathrm{Arcsin}\, a$,
　　　　$\cos^{-1} a$ は $\mathrm{Cos}^{-1} a$, $\arccos a$, $\mathrm{Arccos}\, a$,
　　　　$\tan^{-1} a$ は $\mathrm{Tan}^{-1} a$, $\arctan a$, $\mathrm{Arctan}\, a$　という記号を用いることもある．

また，$\theta = \tan^{-1} a$ を $\dfrac{\pi}{2} < \theta < \dfrac{3\pi}{2}$ など他の範囲で定義することもある．
$\sin^{-1} a$, $\cos^{-1} a$ も同様に他の範囲で定義することがある．

具体的な値は範囲に注意しながら，単位円を描いて調べればよい．

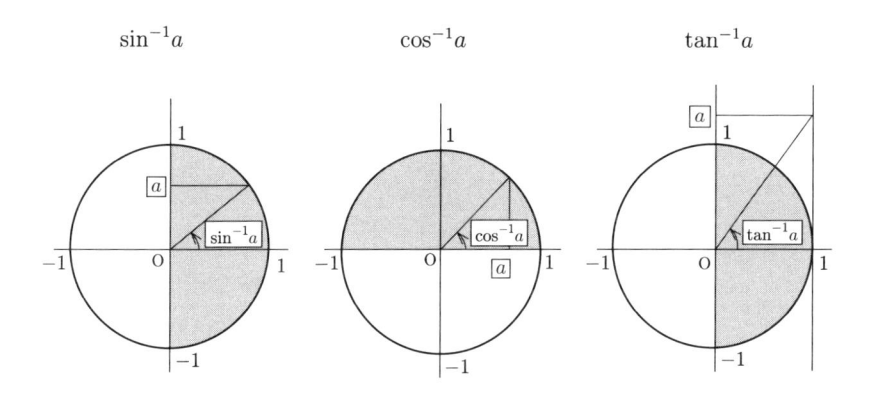

$\sin^{-1} a$　　　　　　　$\cos^{-1} a$　　　　　　　$\tan^{-1} a$

【ex.1.13】　$\sin^{-1}\dfrac{1}{2}$, $\cos^{-1}\left(-\dfrac{1}{2}\right)$, $\tan^{-1} 1$　の値を求めよ．

「解」
- $\sin^{-1}\dfrac{1}{2} = \theta$ とおく．$\sin\theta = \dfrac{1}{2}$, $-\dfrac{\pi}{2} \leqq \theta \leqq \dfrac{\pi}{2}$ より　$\theta = \dfrac{\pi}{6}$
- $\cos^{-1}\left(-\dfrac{1}{2}\right) = \theta$ とおく．$\cos\theta = -\dfrac{1}{2}$, $0 \leqq \theta \leqq \pi$ より　$\theta = \dfrac{2}{3}\pi$
- $\tan^{-1} 1 = \theta$ とおく．$\tan\theta = 1$, $-\dfrac{\pi}{2} < \theta < \dfrac{\pi}{2}$ より　$\theta = \dfrac{\pi}{4}$

【問題 1.20】(A) 次の値を求めよ．

(1) $\sin^{-1} 0$　　(2) $\sin^{-1} 1$　　(3) $\sin^{-1}\dfrac{\sqrt{3}}{2}$　　(4) $\sin^{-1}\left(-\dfrac{1}{\sqrt{2}}\right)$

(5) $\cos^{-1} 0$　　(6) $\cos^{-1} 1$　　(7) $\cos^{-1}\dfrac{1}{2}$　　(8) $\cos^{-1}\left(-\dfrac{\sqrt{3}}{2}\right)$

(9) $\tan^{-1} 0$　　(10) $\tan^{-1}(-1)$　　(11) $\tan^{-1}\sqrt{3}$　　(12) $\tan^{-1}\left(-\dfrac{1}{\sqrt{3}}\right)$

【ex.1.14】 $\sin^{-1}\dfrac{3}{5} = \cos^{-1}x$ をみたす x の値を求めよ．

「解」 $\sin^{-1}\dfrac{3}{5} = \theta$ とおくと $\sin\theta = \dfrac{3}{5}$, $-\pi/2 \leqq \theta \leqq \pi/2$

また $\theta = \cos^{-1}x$ より $x = \cos\theta$, $0 \leqq \theta \leqq \pi$

したがって $0 \leqq \theta \leqq \pi/2$, $x = \cos\theta \geqq 0$ となり

$x = \cos\theta = \sqrt{1 - \sin^2\theta} = \sqrt{1 - (3/5)^2} = \sqrt{\dfrac{16}{25}} = \dfrac{4}{5}$

【ex.1.15】 $\sin^{-1}x + \cos^{-1}x = \dfrac{\pi}{2}$ $(-1 \leqq x \leqq 1)$ を示せ．

「解」 $\sin^{-1}x = \theta$ とおくと $\sin\theta = x$, $-\pi/2 \leqq \theta \leqq \pi/2$

$0 \leqq \pi/2 - \theta \leqq \pi$ であり $\cos(\pi/2 - \theta) = \sin\theta = x$

したがって $\pi/2 - \theta = \cos^{-1}x$, $\theta + \cos^{-1}x = \pi/2$

$\sin^{-1}x + \cos^{-1}x = \pi/2$ $(-1 \leqq x \leqq 1)$

【問題 1.21】 (B) 次の式の x の値を求めよ．

(1) $\cos^{-1}\dfrac{1}{5} = \sin^{-1}x$ (2) $\sin^{-1}\dfrac{\sqrt{3}}{2} = 2\tan^{-1}x$

(3) $\tan^{-1}\sqrt{5} = \cos^{-1}2x$

【問題 1.22】 (B) 次の等式を示せ．

(1) $\tan^{-1}\dfrac{1}{2} + \tan^{-1}\dfrac{1}{3} = \dfrac{\pi}{4}$

(2) $\cos(\sin^{-1}x) = \sqrt{1 - x^2}$ $(-1 \leqq x \leqq 1)$

(3) $\cos^2(\tan^{-1}x) = \dfrac{1}{1 + x^2}$ (x は実数)

以下の，三角関数の逆関数を「逆三角関数」という．

【逆正弦関数： $y = \sin^{-1} x$ 】

$x \longmapsto \sin^{-1} x$ の対応で関数を定める．

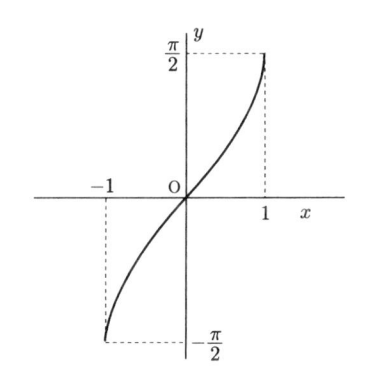

| 定義域： $-1 \leqq x \leqq 1$ |
| 値域　： $-\dfrac{\pi}{2} \leqq y \leqq \dfrac{\pi}{2}$ |

これは $y = \sin x \ (-\pi/2 \leqq x \leqq \pi/2)$
の逆関数である．

【逆余弦関数： $y = \cos^{-1} x$ 】

$x \longmapsto \cos^{-1} x$ の対応で関数を定める．

| 定義域： $-1 \leqq x \leqq 1$ |
| 値域　： $0 \leqq y \leqq \pi$ |

これは $y = \cos x \ (0 \leqq x \leqq \pi)$
の逆関数である．

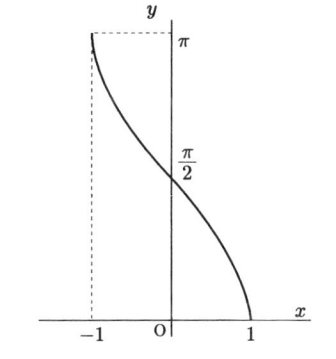

【逆正接関数： $y = \tan^{-1} x$ 】

$x \longmapsto \tan^{-1} x$ の対応で関数を定める．

| 定義域： $\mathbf{R}$ |
| 値域　： $-\dfrac{\pi}{2} < y < \dfrac{\pi}{2}$ |

これは $y = \tan x \ (-\pi/2 < x < \pi/2)$
の逆関数である．

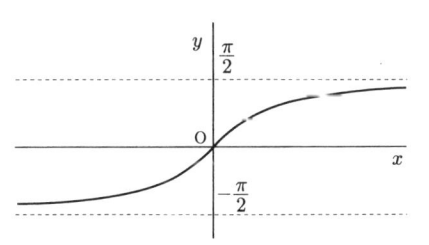

$$\lim_{x \to \infty} \tan^{-1} x = \frac{\pi}{2}$$

$$\lim_{x \to -\infty} \tan^{-1} x = -\frac{\pi}{2}$$

《逆三角関数》 ・・・ 三角関数の逆関数

- $y = \sin^{-1} x \iff \sin y = x \quad \left(-\dfrac{\pi}{2} \leqq y \leqq \dfrac{\pi}{2},\ -1 \leqq x \leqq 1\right)$
- $y = \cos^{-1} x \iff \cos y = x \quad \left(0 \leqq y \leqq \pi,\ -1 \leqq x \leqq 1\right)$
- $y = \tan^{-1} x \iff \tan y = x \quad \left(-\dfrac{\pi}{2} < y < \dfrac{\pi}{2},\ x \in \mathbf{R}\right)$

1.8　初等関数6（双曲線関数）

【双曲線関数】

$y = \sinh x = \dfrac{e^x - e^{-x}}{2}$ ：双曲線正弦関数，定義域 $\mathbf{R}$，値域 $\mathbf{R}$
　　　　　　　　　　　　（ハイパボリック (hyperbolic) サイン）

$y = \cosh x = \dfrac{e^x + e^{-x}}{2}$ ：双曲線余弦関数，定義域 $\mathbf{R}$，値域 $y \geqq 1$
　　　　　　　　　　　　（ハイパボリック コサイン）

$y = \tanh x = \dfrac{e^x - e^{-x}}{e^x + e^{-x}}$ ：双曲線正接関数，定義域 $\mathbf{R}$，値域 $-1 < y < 1$
　　　　　　　　　　　　（ハイパボリック タンジェント）

これらを「双曲線関数」という．グラフは次のようになる．

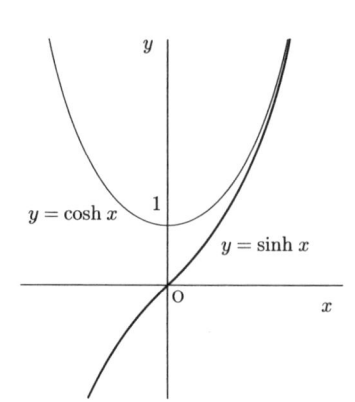

$y = \sinh x,\ y = \cosh x$　　　　　$y = \tanh x$
　　　　　　　　　　　　　　　　　　$y = \pm 1$ は漸近線

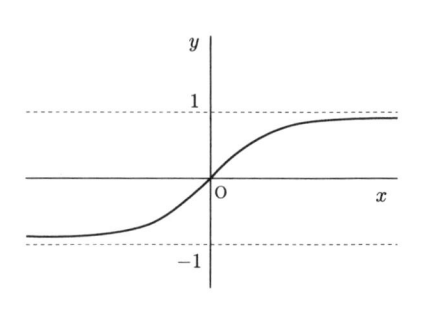

1.9 極限の性質と連続関数

【定理 1.12】 両側極限と片側極限について次のことが成り立つ.
$$\lim_{x \to a} f(x) = \ell \iff \lim_{x \to a+0} f(x) = \ell \text{ かつ } \lim_{x \to a-0} f(x) = \ell$$

【定理 1.13】（極限の基本的性質） $\lim_{x \to a} f(x) = \ell$, $\lim_{x \to a} g(x) = k$ とする.

(1) $\lim_{x \to a} c f(x) = c \lim_{x \to a} f(x) = c\ell$ （c は定数）

(2) $\lim_{x \to a} (f(x) \pm g(x)) = \lim_{x \to a} f(x) \pm \lim_{x \to a} g(x) = \ell \pm k$ （複号同順）

(3) $\lim_{x \to a} (f(x) g(x)) = \lim_{x \to a} f(x) \lim_{x \to a} g(x) = \ell k$

(4) $\lim_{x \to a} \dfrac{f(x)}{g(x)} = \dfrac{\lim_{x \to a} f(x)}{\lim_{x \to a} g(x)} = \dfrac{\ell}{k}$ （ただし $\lim_{x \to a} g(x) \neq 0$）

(5) $x = a$ の近傍で $f(x) \leqq g(x)$ ならば $\lim_{x \to a} f(x) \leqq \lim_{x \to a} g(x)$

(6) $x = a$ の近傍で $f(x) \leqq h(x) \leqq g(x)$ かつ $\lim_{x \to a} f(x) = \lim_{x \to a} g(x) = \ell$
 ならば $\lim_{x \to a} h(x) = \ell$ ・・・「はさみうちの原理」

(∗) 上の性質は $x \to a+0$, $x \to a-0$, $x \to \infty$, $x \to -\infty$ の場合でも同様に成り立つ.

【連続性】 関数 $f(x)$ が $x = a$ の近傍で定義されていて,
$$\lim_{x \to a} f(x) = f(a)$$
が成り立つとき「関数 $f(x)$ は $x = a$ で連続である」という.
さらに, 区間 I の各点で連続のとき「関数 $f(x)$ は I で連続である」という.

(∗) 区間 $[a,b]$ の端点 a, b では各々 $\lim_{x \to a+0} f(x) = f(a)$, $\lim_{x \to b-0} f(x) = f(b)$ のとき連続であるという.

【連続関数の例】 第1章で定義した<u>初等関数は定義域で連続</u>.

ex. $f(x) = \sin(x^2 + 1)$ （**R**）, $f(x) = \sqrt{4 - x^2}$ （$-2 \leqq x \leqq 2$）

【ex.1.16】 次の極限値を求めよ．

(1) $\displaystyle\lim_{x\to 2}\sqrt{\dfrac{x}{x^2+5}}$ (2) $\displaystyle\lim_{x\to 0}\dfrac{e^x}{\cos x+1}$ (3) $\displaystyle\lim_{x\to 1}\dfrac{x^2-1}{x-1}$

(4) $\displaystyle\lim_{x\to 0}x^2\sin\dfrac{1}{x}$

....

「解」 (1) $\displaystyle\lim_{x\to 2}\sqrt{\dfrac{x}{x^2+5}}=\sqrt{\dfrac{2}{2^2+5}}=\dfrac{\sqrt{2}}{3}$

(2) $\displaystyle\lim_{x\to 0}\dfrac{e^x}{\cos x+1}=\dfrac{e^0}{\cos 0+1}=\dfrac{1}{2}$

(3) $\displaystyle\lim_{x\to 1}\dfrac{x^2-1}{x-1}=\lim_{x\to 1}\dfrac{(x-1)(x+1)}{x-1}=\lim_{x\to 1}(x+1)=1+1=2$

(4) $-1\leqq\sin\dfrac{1}{x}\leqq 1$ より $-x^2\leqq x^2\sin\dfrac{1}{x}\leqq x^2$

さらに $\displaystyle\lim_{x\to 0}(-x^2)=0$, $\displaystyle\lim_{x\to 0}x^2=0$ より $\displaystyle\lim_{x\to 0}x^2\sin\dfrac{1}{x}=0$

【問題 1.23】 (AB) 次の極限値を求めよ．

(1) $\displaystyle\lim_{x\to 1}\dfrac{x+1}{x^2+2}$ (2) $\displaystyle\lim_{x\to -1}\sqrt{\dfrac{x+2}{x^2+1}}$ (3) $\displaystyle\lim_{x\to 1}\dfrac{x^3-1}{x-1}$

(4) $\displaystyle\lim_{x\to 0}\dfrac{\sqrt{x+1}-1}{x}$ (5) $\displaystyle\lim_{x\to 0}\dfrac{e^x}{\sin x+\cos x}$ (6) $\displaystyle\lim_{x\to +0}x\sin\dfrac{1}{x}$

(7) $\displaystyle\lim_{x\to \infty}\dfrac{\sin x}{x+1}$ (8) $\displaystyle\lim_{x\to +0}e^{-1/x}$ (9) $\displaystyle\lim_{x\to \infty}\left(1+\dfrac{2}{x}\right)^x$

【定理 1.14】(最大値／最小値の存在)

関数 $f(x)$ が閉区間 $[a,b]$ で連続ならば，$[a,b]$ で最大値，最小値をもつ．

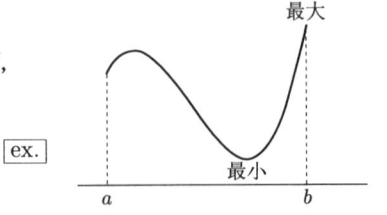

ex.

1.10 類題　＊ 類題の番号は問題の番号に対応している．

[類題 1.1] (A)　定義域を求めよ．
(1) $y = \dfrac{x}{x+2}$ 　　(2) $y = \log_2(3-x^2)$ 　　(3) $y = \sqrt{\dfrac{x}{x-2}}$

[類題 1.2] (A)　次の合成関数を求めよ．（定義域は省いてよい）
(1) $f(x) = x^2$, $g(x) = \dfrac{2}{\sqrt{x}}$ のとき　$(g \circ f)(x)$, $(f \circ g)(x)$ を求めよ．
(2) $f(x) = \dfrac{2x+1}{x-2}$ のとき　$(f \circ f)(x)$ を求めよ．

[類題 1.3] (AB)　次の極限値を求めよ．　(1) $\lim\limits_{x \to +0} \dfrac{x}{|x|}$　(2) $\lim\limits_{x \to -0} \dfrac{x}{|x|}$　(3) $\lim\limits_{x \to -2} \dfrac{x}{|x|}$

[類題 1.4] (A)　次の値を求めよ．　(1) 3^4　(2) 2^{-6}　(3) $\left(\dfrac{1}{5}\right)^0$

[類題 1.5] (A)　太陽の質量は約 2×10^{30} kg，半径は約 7×10^8 m である．太陽のおおよその密度（平均密度；kg/m^3）を求めよ．

[類題 1.6] (A)　次の値を求めよ．　(1) $64^{1/2}$　(2) $81^{1/4}$　(3) $(-216)^{1/3}$

[類題 1.7] (A)　次の式を簡単にせよ．
(1) $8^{\frac{2}{3}}$　　(2) $25^{-\frac{3}{2}}$　　(3) $(\sqrt[4]{144})^2$
(4) $\left\{\left(\dfrac{27}{8}\right)^{-\frac{2}{5}}\right\}^{\frac{5}{6}}$　　(5) $\dfrac{\sqrt{48}}{\sqrt[3]{9}} \times \sqrt[6]{3}$　　(6) $\dfrac{(2^4 \times 7^{-1})^{\frac{1}{3}}}{2\sqrt[3]{49} \times \sqrt[6]{4}}$

[類題 1.8] (A)　次の式を a^r の形で表せ．　(1) $\sqrt[5]{a^2}$　(2) $\dfrac{1}{\sqrt{a}}$

[類題 1.9] (AB)　次の式を簡単にし，指数を使って表せ．
(1) $\dfrac{a^5}{a^3}$　　(2) $(a^3)^{-3}$　　(3) $(a^3 b^{-2})^{-2}$　　(4) $\left(\dfrac{a}{b^2}\right)^{-3}$
(5) $\sqrt{a\sqrt{a\sqrt{a}}}$　　(6) $\sqrt[6]{a}\left(\sqrt[4]{a^7}\right)^{-\frac{2}{3}}$　　(7) $\dfrac{\sqrt{ab} \cdot \sqrt[3]{a^2 b}}{\sqrt[6]{ab^4}}$

[類題 1.10] (A)　次の x の値を求めよ．
(1) $\log_2 16 = x$　　(2) $\log_{10} \sqrt{0.001} = x$　　(3) $\log_8 \dfrac{1}{2} = x$
(4) $\log_3 x = -2$　　(5) $\log_3(2x+3) = 3$　　(6) $\log_x 9 = -\dfrac{2}{3}$

[類題 1.11] (AB)　次の式の値を求めよ．
(1) $\log_3 18 + \log_3 \dfrac{9}{2}$　　(2) $\log_2 6 + \log_2 16 - \log_2 3$
(3) $\log_5 \sqrt{2} - \dfrac{1}{2}\log_5 10$　　(4) $\log_2 \dfrac{6}{\sqrt{5}} + \dfrac{1}{2}\log_2 10 - \log_2 3\sqrt{2}$
(5) $\dfrac{\log_2 81 \cdot \log_{10} 8}{\log_{10} 32 \cdot \log_2 9}$　　(6) $\log_2(1 + 6\log_2 \sqrt{2})$

[類題 1.12] (AB) 次の式の値を求めよ．
(1) $\log_{25} 5$　　　　(2) $\log_2 9 \cdot \log_3 8$　　　　(3) $\frac{1}{2}\log_2 12 \cdot \log_3 4 - 2\log_3 2$

[類題 1.13] (A) (1) $150°, 36°$ を弧度法で表せ．　(2) $\frac{2}{3}\pi, \frac{\pi}{12}$ を度で表せ．

[類題 1.14] (A) $\sin\left(-\frac{\pi}{6}\right), \cos\left(-\frac{\pi}{6}\right), \tan\left(-\frac{\pi}{6}\right)$ の値を求めよ．

[類題 1.15] (AB) 次の等式を示せ．
(1) $1 + \frac{1}{\tan^2 \theta} = \frac{1}{\sin^2 \theta}$　　　　(2) $\frac{\tan^2 \theta \cos^2 \theta}{1 + \cos \theta} = 1 - \cos \theta$

[類題 1.16] (AB) $\cos \alpha = \frac{2}{3}, \sin \beta = \frac{1}{3}, 0 < \alpha < \frac{\pi}{2} < \beta < \pi$ のとき $\sin(\alpha + \beta), \cos(\alpha + \beta)$ の値を求めよ．

[類題 1.17] (AB) 次の等式を示せ．
(1) $\frac{2\tan \theta}{1 + \tan^2 \theta} = \sin 2\theta$　　　　(2) $\frac{1 - \cos 2\theta}{1 + \cos 2\theta} = \tan^2 \theta$

[類題 1.18] (B) $3\theta = 2\theta + \theta$ を利用して，次の等式を示せ．（【3倍角の公式】）
$$\sin 3\theta = 3\sin \theta - 4\sin^3 \theta \quad , \quad \cos 3\theta = -3\cos \theta + 4\cos^3 \theta$$

[類題 1.19] (B) 次の式を $r\sin(\theta + \alpha)$ の形に変形せよ．
(1) $\sqrt{3}\sin \theta + \cos \theta$　　　(2) $-\sin \theta + \cos \theta$　　　(3) $3\sin \theta + 4\cos \theta$

[類題 1.20] (A) 次の値を求めよ．　(1) $\sin^{-1}\left(-\frac{1}{2}\right)$　(2) $\cos^{-1}\frac{\sqrt{2}}{2}$　(3) $\tan^{-1}\frac{1}{\sqrt{3}}$

[類題 1.21] (B) 次の式の x の値を求めよ．
(1) $\sin^{-1}\frac{1}{3} = \cos^{-1} x$　　(2) $\tan^{-1}(-2) = \sin^{-1} x$　　(3) $2\tan^{-1} 3 = \cos^{-1} x$

[類題 1.22] (B) 次の等式を示せ．
(1) $\sin^{-1}\frac{3}{5} + \sin^{-1}\frac{5}{13} = \cos^{-1}\frac{33}{65}$　　(2) $\tan^{-1} x + \tan^{-1}(1/x) = \frac{\pi}{2} \ (x > 0)$

[類題 1.23] (AB) 次の極限を求めよ．
(1) $\lim_{x \to 0} \frac{x+2}{x^2+1}$　　(2) $\lim_{x \to 1} \frac{x^4-1}{x-1}$　　(3) $\lim_{x \to \infty}(\sqrt{x^2+1} - x)$

(4) $\lim_{x \to 0} \frac{e^{2x+1}}{1+\tan^{-1} x}$　　(5) $\lim_{x \to 0} x^2 \cos \frac{1}{x}$　　(6) $\lim_{x \to -\infty} \frac{\cos x}{x^2}$

(7) $\lim_{x \to +0} \log x$　　(8) $\lim_{x \to -\infty} e^x$　　(9) $\lim_{x \to \infty}\left(1 - \frac{1}{x}\right)^x$

第 2 章　　微　分

応用例

- 極大／極小問題　⟶　最大／最小問題

  統計的推定（最尤法，最小2乗法，回帰分析）

  ex.　集団感染日時の推定

- 曲線の形状，凹凸，曲率

  ex.　放物線の曲がる度合いはどれくらい？

- 関数の近似や級数表現　～　テイラー近似，マクローリン近似

  　　　　　　　　　　　　　　テイラー展開，マクローリン展開

- 変化率　ex.　速度，加速度，反応速度，天体運動の面積速度，...

- 現象の定式化（モデル化）　～　微分方程式

  ex.　薬効の変化，年代推定の原理，人工透析装置の原理，電気回路

  　　　化学反応速度，惑星の運動，温度変化，...

章末／巻末参照

- アステロイド，トラクトリクス　　・　相加相乗平均の不等式
- π, e の近似計算　　・　光の屈折（フェルマーの原理）　　・　惑星の軌道
- 正規分布／対数正規分布／ロジスティック分布を表す関数　　・　曲率／曲率半径

応用項目，応用分野

- 積分，偏微分，重積分（3～6章），

  ベクトル解析，微分方程式　　　　　⟶　物理学，工学，経済学など

- 確率論，統計学（⟶　データ解析）

2.1 微分係数

【微分係数】
点 a の近傍（a を含む開区間）で定義された関数 $y = f(x)$ について

$$\lim_{h \to 0} \frac{f(a+h) - f(a)}{h} \left(= \lim_{x \to a} \frac{f(x) - f(a)}{x - a} \right)$$

が存在するとき「関数 $f(x)$ は $x = a$ で微分可能である」という．また，この極限値を「$x = a$ での $f(x)$ の微分係数（微係数）」といい $f'(a)$ と表す：

$$\boxed{f'(a) = \lim_{h \to 0} \frac{f(a+h) - f(a)}{h}}$$

(∗) $\dfrac{f(a+h) - f(a)}{h}$ を x が a から $a+h$ まで変化したときの「平均変化率」という．

(∗) 微分係数は1点での変化率を表す．

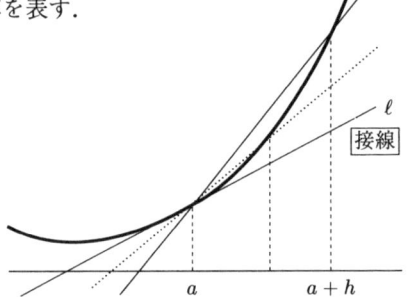

【接線】（**2.8** 後述）
上図のように点 $(a, f(a))$ と点 $(a+h, f(a+h))$ を結ぶ直線 ℓ_h を考えると ℓ_h の傾きが平均変化率で，$h \to 0$ のとき1つの直線 ℓ に近づいていく．この直線 ℓ を「点 $(a, f(a))$ での接線」という．接線の傾きが微分係数であり，接線 ℓ の方程式は次の形： $\boxed{y - f(a) = f'(a)(x - a)}$

【定理 2.1】 関数 $f(x)$ が $x = a$ で微分可能ならば $x = a$ で連続である．

$$\left(\lim_{h \to 0}(f(a+h) - f(a)) = \lim_{h \to 0} h \cdot \lim_{h \to 0} \frac{f(a+h) - f(a)}{h} = 0 \times f'(a) = 0 \right)$$

2.2 導関数

関数 $y = f(x)$ が区間 I の各点で微分可能であるとき「$f(x)$ は I で微分可能である」という．このとき I の各点 x にその点での微分係数を対応させる関数：$x \longmapsto f'(x)$ (I) を「$f(x)$ の導関数」といい，次の記号で表す：

$$y' , \quad f'(x) , \quad (f(x))' , \quad \frac{dy}{dx} , \quad \frac{df(x)}{dx} , \quad \frac{d}{dx}f(x)$$

定義を書き直すと

$$\boxed{f'(x) = \lim_{h \to 0} \frac{f(x+h) - f(x)}{h} = \lim_{x \to a} \frac{f(x) - f(a)}{x - a}}$$

また，$f(x)$ の導関数を求めることを「$f(x)$ を微分する」という．

【ex.2.1】

$$\boxed{\begin{array}{l} (c)' = 0 \quad (\text{定数関数}) \\ (x)' = 1 \\ (x^n)' = nx^{n-1} \quad (n = 2, 3, \ldots) \end{array}}$$

- $f(x) = c$（定数関数）のとき $\quad (c)' = \lim_{h \to 0} \dfrac{c - c}{h} = \lim_{h \to 0} 0 = 0$
- $f(x) = x$ のとき $\quad (x)' = \lim_{h \to 0} \dfrac{(x+h) - x}{h} = \lim_{h \to 0} 1 = 1$
- $f(x) = x^n$ $(n = 1, 2, \ldots)$ のとき　2項定理より

    $(x^n)' = \lim_{h \to 0} \dfrac{(x+h)^n - x^n}{h} = \lim_{h \to 0} (nx^{n-1} + {}_nC_2 x^{n-2} h + \cdots + h^{n-1}) = nx^{n-1}$

（補）《微分》　微分可能関数 $y = f(x)$ に対し点 x を固定し，

x での微小変化量 Δx に対し，y の微小変化量を $\Delta y = f(x + \Delta x) - f(x)$　とすると

$\lim_{\Delta x \to 0} \dfrac{\Delta y}{\Delta x} = f'(x)$　より　$\boxed{\Delta y = f'(x) \Delta x + \varepsilon , \quad \lim_{\Delta x \to 0} \dfrac{\varepsilon}{\Delta x} = 0}$　が成り立つ．

これを　$\boxed{dy = f'(x)\, dx}$　と表し，関数 $y = f(x)$ の「微分」という．

【定理 2.2】（導関数の性質）　微分可能な関数 $f(x), g(x)$ について

(1) $\bigl(cf(x)\bigr)' = cf'(x)$　　（c は定数）

(2) $\bigl(f(x) \pm g(x)\bigr)' = f'(x) \pm g'(x)$　　（複号同順）

(3) $\bigl(f(x)g(x)\bigr)' = f'(x)g(x) + f(x)g'(x)$　　　【積の微分公式】

(4) $\left(\dfrac{f(x)}{g(x)}\right)' = \dfrac{f'(x)g(x) - f(x)g'(x)}{\{g(x)\}^2}$　　$(g(x) \neq 0)$　【商の微分公式】

(5) $\left(\dfrac{1}{g(x)}\right)' = -\dfrac{g'(x)}{\{g(x)\}^2}$　　$(g(x) \neq 0)$

【ex.2.2】　次の関数を微分せよ．

(1) $y = 3x^3 + 2x^2 - 1$　　(2) $y = (4x+1)(x^3+1)$

(3) $y = \dfrac{x^3}{x^2+1}$　　(4) $y = \dfrac{1}{2x+1}$

「解」

(1) $y' = 3 \times 3x^2 + 2 \times 2x - 0 = 9x^2 + 4x = x(9x+4)$

(2) $y' = (4x+1)'(x^3+1) + (4x+1)(x^3+1)' = 4(x^3+1) + (4x+1) \cdot 3x^2$
$= 16x^3 + 3x^2 + 4$

(3) $y' = \dfrac{(x^3)'(x^2+1) - x^3(x^2+1)'}{(x^2+1)^2} = \dfrac{3x^2(x^2+1) - x^3 \cdot 2x}{(x^2+1)^2} = \dfrac{x^2(x^2+3)}{(x^2+1)^2}$

(4) $y' = -\dfrac{(2x+1)'}{(2x+1)^2} = -\dfrac{2}{(2x+1)^2}$

【問題 2.1】(A)　次の関数を微分せよ．

(1) $y = x^3 - 3x + 4$　　　　　　(2) $y = x^5 - 2x^2 + 3$

(3) $y = (2x+1)(x^4-2)$　　　　(4) $y = (2x^2+1)(3x^6-1)$

(5) $y = \dfrac{x-2}{3x+1}$　　　　　　　(6) $y = \dfrac{x}{x^2+x+1}$

(7) $y = \dfrac{1}{x^2+1}$　　　　　　　(8) $y = \dfrac{3}{x-2}$

【定理 2.3】 （合成関数の微分公式）

微分可能な関数 $y = f(u)$ と $u = g(x)$ の合成関数 $y = f(g(x))$ について

$$\{f(g(x))\}' = f'(g(x))g'(x) \quad , \quad \frac{dy}{dx} = \frac{dy}{du} \cdot \frac{du}{dx}$$

（＊） $f'(g(x))$ は $f'(u)$ に $u = g(x)$ を代入した合成関数．

【ex.2.3】 次の関数を微分せよ．
(1) $y = (x^2 + 1)^5$　　(2) $y = (x^3 + 1)(3x + 1)^4$　　(3) $y = \left(\dfrac{x}{3x+1}\right)^4$

「解」

(1) $y' = 5(x^2+1)^4(x^2+1)' = 5(x^2+1)^4 \cdot 2x = 10x(x^2+1)^4$

(2) $y' = (x^3+1)'(3x+1)^4 + (x^3+1)\{(3x+1)^4\}'$

　　$= 3x^2(3x+1)^4 + (x^3+1) \cdot 4(3x+1)^3(3x+1)'$

　　$= 3x^2(3x+1)^4 + 12(x^3+1)(3x+1)^3$

　　$= 3(3x+1)^3(7x^3 + x^2 + 4)$

(3) $y' = 4\left(\dfrac{x}{3x+1}\right)^3 \left(\dfrac{x}{3x+1}\right)'$

　　$= 4\left(\dfrac{x}{3x+1}\right)^3 \dfrac{1 \cdot (3x+1) - x(3x+1)'}{(3x+1)^2}$

　　$= 4\left(\dfrac{x}{3x+1}\right)^3 \dfrac{3x+1-3x}{(3x+1)^2}$

　　$= \dfrac{4}{(3x+1)^2}\left(\dfrac{x}{3x+1}\right)^3 = \dfrac{4x^3}{(3x+1)^5}$

【問題 2.2】 (AB)　次の関数を微分せよ．

(1) $y = (x^3 - 4)^6$　　　　　　　　(2) $y = (x^5 - 2x + 1)^8$

(3) $y = (x^4 + 1)(2x + 1)^6$　　　　(4) $y = (x^2 + 1)^5(3x^5 - 1)^3$

(5) $y = \left(\dfrac{x-1}{3x+1}\right)^5$　　　　　　　(6) $y = \dfrac{x}{(x^2 + x + 1)^3}$

(7) $y = \dfrac{1}{(x^3 + 1)^4}$　　　　　　　(8) $y = \left(\dfrac{2}{5x+1}\right)^8$

【定理 2.4】（逆関数の微分公式）

単調で微分可能な関数 $y = f(x)$ が $f'(x) \neq 0$ であるとき，その逆関数 $x = f^{-1}(y)$ も y について微分可能で

$$\left(f^{-1}(y)\right)' = \frac{1}{f'(x)} \quad , \quad \frac{dx}{dy} = \frac{1}{\dfrac{dy}{dx}}$$

2.3　初等関数の導関数

[1. 多項式関数, 有理関数]

$$\begin{aligned}&(c)' = 0 \quad \text{（定数関数）}\\&(x)' = 1\\&(x^n)' = nx^{n-1} \quad (n = 2, 3, \dots)\end{aligned}$$

ex.　$(2x^3 - x + 5)' = 6x^2 - 1$

$\left(\dfrac{x^3}{x^2+1}\right)' = \dfrac{3x^2(x^2+1) - x^3 \cdot 2x}{(x^2+1)^2} = \dfrac{x^2(x^2+3)}{(x^2+1)^2}$

[2. ベキ関数]

【ベキ関数の微分公式】

$$(x^\alpha)' = \alpha x^{\alpha-1} \quad (\alpha \text{ は実数})$$

（*）定義域は一般に $x > 0$ である．公式の証明は後述．

（*）特に $\sqrt{x}$ の導関数は

$$(\sqrt{x})' = \frac{1}{2\sqrt{x}}$$

【ex.2.4】 次の関数を微分せよ．

(1) $y = \dfrac{1}{x^6}$ (2) $y = \dfrac{2}{x\sqrt{x}}$

(3) $y = \sqrt{5x+2}$ (4) $y = x^3\sqrt{2x-3}$ (5) $y = \dfrac{\sqrt[3]{2x^2+1}}{x^2}$

「解」

(1) $y' = (x^{-6})' = -6x^{-7} \ \left(= -\dfrac{6}{x^7}\right)$

(2) $y' = \left(2x^{-\frac{3}{2}}\right)' = 2\left(-\dfrac{3}{2}\right)x^{-\frac{3}{2}-1} = -3x^{-\frac{5}{2}} \ \left(= -\dfrac{3}{x^2\sqrt{x}}\right)$

(3) $y' = \dfrac{1}{2\sqrt{5x+2}} \cdot (5x+2)' = \dfrac{5}{2\sqrt{5x+2}}$

(4) $y' = (x^3)'\sqrt{2x-3} + x^3\left(\sqrt{2x-3}\right)'$

$= 3x^2\sqrt{2x-3} + x^3 \cdot \dfrac{1}{2\sqrt{2x-3}} \cdot (2x-3)'$

$= 3x^2\sqrt{2x-3} + \dfrac{x^3}{\sqrt{2x-3}} = \dfrac{x^2\{3(2x-3)+x\}}{\sqrt{2x-3}}$

$= \dfrac{x^2(7x-9)}{\sqrt{2x-3}}$

(5) $y' = \dfrac{\left\{(2x^2+1)^{\frac{1}{3}}\right\}'x^2 - (2x^2+1)^{\frac{1}{3}}(x^2)'}{x^4}$

$= \dfrac{\dfrac{x^2}{3}(2x^2+1)^{-\frac{2}{3}}(2x^2+1)' - 2x(2x^2+1)^{\frac{1}{3}}}{x^4}$

$= \dfrac{4x^2(2x^2+1)^{-\frac{2}{3}} - 6(2x^2+1)^{\frac{1}{3}}}{3x^3} = \dfrac{4x^2 - 6(2x^2+1)}{3x^3(2x^2+1)^{2/3}}$

$= \dfrac{-2(4x^2+3)}{3x^3(2x^2+1)^{2/3}}$

【問題 2.3】(AB) 次の関数を微分せよ．

(1) $y = \dfrac{2}{x^5}$ (2) $y = x^{-\frac{1}{4}}$ (3) $y = \dfrac{2}{x^2+x+1}$

(4) $y = \dfrac{1}{x^2\sqrt{x}}$ (5) $y = \sqrt{x^2+1}$ (6) $y = \dfrac{1}{\sqrt{x^3+1}}$

(7) $y = x^2\sqrt{3x+2}$ (8) $y = (2x+5)^6\sqrt{4x+1}$ (9) $y = \dfrac{\sqrt[3]{x^2+2}}{x^3}$

3. 対数関数，指数関数

【対数関数，指数関数の微分公式】

$$(\log |x|)' = \frac{1}{x} \quad (x \neq 0)$$
$$(\log x)' = \frac{1}{x} \quad (x > 0)$$
$$(e^x)' = e^x$$
$$(a^x)' = a^x \log a \quad (a > 0, \ a \neq 1)$$

- $\log x \ (x > 0)$ について
$$(\log x)' = \lim_{h \to 0} \frac{\log(x+h) - \log x}{h} = \lim_{h \to 0} \frac{1}{h} \log\left(1 + \frac{h}{x}\right) = \frac{1}{x} \lim_{h \to 0} \frac{x}{h} \log\left(1 + \frac{h}{x}\right)$$
$$= \frac{1}{x} \lim_{k \to 0} \frac{1}{k} \log(1+k) = \frac{1}{x} \lim_{k \to 0} \log(1+k)^{1/k} \quad \left(k = \frac{h}{x} \text{ とおいた}\right)$$
$$= \frac{1}{x} \log e = \frac{1}{x}$$

- $x < 0$ のとき $\log |x| = \log(-x)$ より $(\log |x|)' = (\log(-x))' = \frac{1}{-x}(-x)' = \frac{1}{x}$
$x > 0$ のときの証明とあわせて $(\log |x|)' = \frac{1}{x} \ (x \neq 0)$

- $\log e^x = x$ が成り立ち，両辺を微分すると $\dfrac{(e^x)'}{e^x} = 1$ したがって $(e^x)' = e^x$

- $a^x = e^{x \log a}$ より $(a^x)' = e^{x \log a}(x \log a)' = a^x \log a$

(∗) $\log_a |x| \ (x \neq 0)$ の導関数は底の変換公式より $\log_a |x| = \dfrac{\log |x|}{\log a}$
と変形して微分すればよい．$\log_a x = \dfrac{\log x}{\log a} \ (x > 0)$ も同様．

$$(\log_a |x|)' = \frac{1}{x \log a} \ (x \neq 0) \ , \quad (\log_a x)' = \frac{1}{x \log a} \ (x > 0)$$

【ex.2.5】 ベキ関数の微分公式： $(x^\alpha)' = \alpha x^{\alpha-1}$ (α は実数) を示す．
$x^\alpha = e^{\log x^\alpha} = e^{\alpha \log x}$ となるから
$$(x^\alpha)' = \left(e^{\alpha \log x}\right)' = e^{\alpha \log x}(\alpha \log x)' = e^{\alpha \log x} \cdot \frac{\alpha}{x} = x^\alpha \cdot \frac{\alpha}{x} = \alpha x^{\alpha-1}$$

【ex.2.6】 次の関数を微分せよ．
(1) $y = e^{2x}$ (2) $y = \log(1-x^2)$ (3) $y = x^3 e^{-x}$ (4) $y = \left(\dfrac{\log x}{x}\right)^5$

「解」

(1) $y' = (e^{2x})' = e^{2x}(2x)' = 2e^{2x}$

(2) $y' = \{\log(1-x^2)\}' = \dfrac{1}{1-x^2} \cdot (1-x^2)' = \dfrac{2x}{x^2-1}$

(3) $y' = (x^3)' e^{-x} + x^3 (e^{-x})' = 3x^2 e^{-x} + x^3 e^{-x}(-x)' = 3x^2 e^{-x} - x^3 e^{-x}$
$= x^2(3-x)e^{-x}$

(4) $y' = 5\left(\dfrac{\log x}{x}\right)^4 \left(\dfrac{\log x}{x}\right)' = 5\left(\dfrac{\log x}{x}\right)^4 \dfrac{(\log x)' \cdot x - \log x \cdot (x)'}{x^2}$
$= 5\left(\dfrac{\log x}{x}\right)^4 \dfrac{\dfrac{1}{x} \cdot x - \log x \cdot 1}{x^2}$
$= 5\left(\dfrac{\log x}{x}\right)^4 \dfrac{1 - \log x}{x^2}$

【問題 2.4】(B) 次の関数を微分せよ．

(1) $y = e^{-3x}$ (2) $y = \log(x^2 + 1)$ (3) $y = \log|2x - 1|$

(4) $y = x^5 e^{-2x}$ (5) $y = x\log(1 - 2\sqrt{x}\,)$ (6) $y = \dfrac{e^{1/x}}{1+x^2}$

(7) $y = \log(x + \sqrt{x^2+1}\,)$

【対数微分法】　$y = f(x)$ の両辺の対数をとり： 　$\log y = \log f(x)$
これを微分して導関数を求める方法を「対数微分法」という．

$$\log y = \log f(x) \quad \Longrightarrow \quad \dfrac{y'}{y} = \{\log f(x)\}'$$

関数の値が負になるときは　$\log |y| = \log |f(x)|$　を考えればよい．

【ex.2.7】 関数 $y = x^x \ (x > 0)$ を微分せよ．

「解」 $y = x^x$ より $\log y = \log x^x = x \log x$
両辺微分すると $\dfrac{y'}{y} = (x)' \log x + x(\log x)' = 1 \cdot \log x + x \cdot \dfrac{1}{x} = \log x + 1$
したがって， $y' = y(\log x + 1) = x^x(\log x + 1)$

【問題 2.5】(B) 次の関数を微分せよ． (1) $y = x^{2x}$ (2) $y = (x+1)^x$

4. 三角関数，逆三角関数

【三角関数の微分公式】

$$(\sin x)' = \cos x$$
$$(\cos x)' = -\sin x$$
$$(\tan x)' = \dfrac{1}{\cos^2 x}$$

【定理 2.5】 $\quad \displaystyle\lim_{x \to 0} \dfrac{\sin x}{x} = 1$

(証) 文字を変えて $\displaystyle\lim_{\theta \to 0} \dfrac{\sin \theta}{\theta} = 1$ を示す．
$0 < \theta < \pi/2$ のとき右図における，
三角形 △ OAB, 扇形 OAB, 三角形 △ OAT の
面積比較から $\dfrac{1}{2} \sin \theta < \dfrac{\theta}{2} < \dfrac{1}{2} \tan \theta$. これより
$\sin \theta < \theta < \tan \theta = \dfrac{\sin \theta}{\cos \theta}$ となり $\cos \theta < \dfrac{\sin \theta}{\theta} < 1 \ (0 < \theta < \pi/2)$.
$-\pi/2 < \theta < 0$ のときは $0 < -\theta < \pi/2$ だから $\cos(-\theta) < \dfrac{\sin(-\theta)}{-\theta} < 1$ より
$\cos \theta < \dfrac{\sin \theta}{\theta} < 1 \ (-\pi/2 < \theta < 0)$, したがって
$$\cos \theta < \dfrac{\sin \theta}{\theta} < 1 \quad (0 < |\theta| < \pi/2)$$
が成り立ち, $\displaystyle\lim_{\theta \to 0} \cos \theta = 1$, $\displaystyle\lim_{\theta \to 0} 1 = 1$ より $\displaystyle\lim_{\theta \to 0} \dfrac{\sin \theta}{\theta} = 1$

- $(\sin x)'$ について　　$(\sin x)' = \lim_{h \to 0} \dfrac{\sin(x+h) - \sin x}{h}$

  和積の公式【定理 1.9】より　$\sin(x+h) - \sin x = 2\cos\left(x + \dfrac{h}{2}\right) \sin \dfrac{h}{2}$

  $h/2 = t$ とおいて $\lim_{t \to 0} \dfrac{\sin t}{t} = 1$ を使うと

  $$(\sin x)' = \lim_{t \to 0} \dfrac{2\cos(x+t)\sin t}{2t} = \lim_{t \to 0} \cos(x+t) \cdot \lim_{t \to 0} \dfrac{\sin t}{t} = \cos x$$

- $(\cos x)'$ について　　$\cos x = \sin\left(x + \dfrac{\pi}{2}\right)$, $\sin x = -\cos\left(x + \dfrac{\pi}{2}\right)$ より

  $(\cos x)' = \left\{\sin\left(x + \dfrac{\pi}{2}\right)\right\}' = \cos\left(x + \dfrac{\pi}{2}\right) \cdot \left(x + \dfrac{\pi}{2}\right)' = \cos\left(x + \dfrac{\pi}{2}\right) = -\sin x$

- $(\tan x)' = \left(\dfrac{\sin x}{\cos x}\right)' = \dfrac{\cos x \cdot \cos x - \sin x \cdot (-\sin x)}{\cos^2 x} = \dfrac{\cos^2 x + \sin^2 x}{\cos^2 x} = \dfrac{1}{\cos^2 x}$

【ex.2.8】　次の関数を微分せよ．

(1) $y = \sin(x^2 + 1)$　　　(2) $y = \log(\tan x)$　　　(3) $y = e^{-x}\cos 2x$

(4) $y = \dfrac{\sin x}{3 + \cos x}$

....

「解」(1)　$y' = \cos(x^2+1) \cdot (x^2+1)' = 2x\cos(x^2+1)$

(2)　$y' = \dfrac{(\tan x)'}{\tan x} = \dfrac{1}{\tan x} \cdot \dfrac{1}{\cos^2 x} = \dfrac{1}{\sin x \cos x} \ \left(= \dfrac{2}{\sin 2x}\right)$

(3)　$y' = (e^{-x})' \cos 2x + e^{-x}(\cos 2x)'$
$= e^{-x}(-x)' \cos 2x + e^{-x}(-\sin 2x)(2x)'$
$= -e^{-x}\cos 2x - 2e^{-x}\sin 2x$
$= -e^{-x}(\cos 2x + 2\sin 2x)$

(4)　$y' = \dfrac{(\sin x)'(3 + \cos x) - \sin x\,(3+\cos x)'}{(3+\cos x)^2}$
$= \dfrac{\cos x\,(3+\cos x) - \sin x\,(-\sin x)}{(3+\cos x)^2} = \dfrac{3\cos x + \cos^2 x + \sin^2 x}{(3+\cos x)^2}$
$= \dfrac{3\cos x + 1}{(3+\cos x)^2}$

【問題 2.6】(B)　次の関数を微分せよ．

(1) $y = \sin(x^3)$　　　　(2) $y = \log(\cos x)$　　　　(3) $y = x\tan 2x$

(4) $y = e^{-x}\sin 2x$　　　(5) $y = e^{2x}(\sin x - 3\cos x)$　　(6) $y = \dfrac{\cos x}{2 + \sin x}$

(7) $y = \dfrac{\sin x}{\sqrt{1 + \cos^2 x}}$　　(8) $y = (\sin x)^x$

【逆三角関数の微分公式】

$$(\sin^{-1}x)' = \frac{1}{\sqrt{1-x^2}} \qquad (-1 < x < 1)$$

$$(\cos^{-1}x)' = \frac{-1}{\sqrt{1-x^2}} \qquad (-1 < x < 1)$$

$$(\tan^{-1}x)' = \frac{1}{1+x^2}$$

- $(\sin^{-1}x)'$ について
  逆関数の関係から　$\sin(\sin^{-1}x) = x$　が成り立ち，両辺を微分すると
  $$\cos(\sin^{-1}x)(\sin^{-1}x)' = 1 \ , \ (\sin^{-1}x)' = \frac{1}{\cos(\sin^{-1}x)}$$
  $\sin^{-1}x = \theta \ (-\pi/2 < \theta < \pi/2)$ とおくと　$x = \sin\theta, \ \cos\theta > 0$ で，
  $\cos(\sin^{-1}x) = \cos\theta = \sqrt{1-\sin^2\theta} = \sqrt{1-x^2}$　となり　$(\sin^{-1}x)' = \dfrac{1}{\sqrt{1-x^2}}$

- $(\cos^{-1}x)'$ について
  $\sin^{-1}x + \cos^{-1}x = \dfrac{\pi}{2}$　(【ex.1.15】)　を利用する．
  $$(\cos^{-1}x)' = \left(\frac{\pi}{2} - \sin^{-1}x\right)' = -(\sin^{-1}x)' = \frac{-1}{\sqrt{1-x^2}}$$

- $(\tan^{-1}x)'$ について
  逆関数の関係から　$\tan(\tan^{-1}x) = x$　が成り立ち，両辺を微分すると
  $$\frac{1}{\cos^2(\tan^{-1}x)}(\tan^{-1}x)' = 1 \ , \ (\tan^{-1}x)' = \cos^2(\tan^{-1}x)$$
  $\tan^{-1}x = \theta \ (-\pi/2 < \theta < \pi/2)$ とおくと　$x = \tan\theta$，
  $\cos^2(\tan^{-1}x) = \cos^2\theta = \dfrac{1}{1+\tan^2\theta} = \dfrac{1}{1+x^2}$　となり　$(\tan^{-1}x)' = \dfrac{1}{1+x^2}$

【ex.2.9】 次の関数を微分せよ．

(1) $y = \sin^{-1} 2x$
(2) $y = (\cos^{-1} 3x)^4$
(3) $y = (x+1)\tan^{-1}\sqrt{x}$
(4) $y = \dfrac{\sin^{-1} x}{1-x^2}$

「解」

(1) $y' = \dfrac{1}{\sqrt{1-(2x)^2}} \cdot (2x)' = \dfrac{2}{\sqrt{1-4x^2}}$

(2) $\begin{aligned} y' &= 4(\cos^{-1} 3x)^3 (\cos^{-1} 3x)' \\ &= 4(\cos^{-1} 3x)^3 \cdot \dfrac{-1}{\sqrt{1-(3x)^2}} \cdot (3x)' \\ &= 4(\cos^{-1} 3x)^3 \cdot \dfrac{-1}{\sqrt{1-9x^2}} \cdot 3 \\ &= -\dfrac{12(\cos^{-1} 3x)^3}{\sqrt{1-9x^2}} \end{aligned}$

(3) $\begin{aligned} y' &= (x+1)' \tan^{-1}\sqrt{x} + (x+1)(\tan^{-1}\sqrt{x})' \\ &= \tan^{-1}\sqrt{x} + (x+1) \cdot \dfrac{1}{1+(\sqrt{x})^2}(\sqrt{x})' \\ &= \tan^{-1}\sqrt{x} + \dfrac{1}{2\sqrt{x}} \end{aligned}$

(4) $\begin{aligned} y' &= \dfrac{(\sin^{-1} x)'(1-x^2) - \sin^{-1} x\,(1-x^2)'}{(1-x^2)^2} \\ &= \dfrac{\dfrac{1}{\sqrt{1-x^2}} \cdot (1-x^2) - \sin^{-1} x \cdot (-2x)}{(1-x^2)^2} \\ &= \dfrac{\sqrt{1-x^2} + 2x\sin^{-1} x}{(1-x^2)^2} \end{aligned}$

【問題 2.7】 (B) 次の関数を微分せよ．

(1) $y = \sin^{-1}(2x+1)$
(2) $y = (\cos^{-1} x)^3$
(3) $y = \tan^{-1}\dfrac{1}{x}$

(4) $y = \log|\sin^{-1} 2x|$
(5) $y = e^{2x}\tan^{-1} x^2$
(6) $y = \dfrac{\tan^{-1} x}{1+x^2}$

(7) $y = \dfrac{1}{1+\cos^{-1} 3x}$
(8) $y = x\sqrt{4-x^2} + 4\sin^{-1}\dfrac{x}{2}$

2.4 パラメータ表示された関数の導関数

x, y がそれぞれ t の関数として表されているとする：

($\sharp$) $\quad \begin{cases} x = \varphi(t) \\ y = \psi(t) \end{cases} \quad (\alpha \leqq t \leqq \beta)$

（Ⅰ） $x = \varphi(t)$ の逆関数 $t = \varphi^{-1}(x)$ が存在するとき関数 $y = \psi\bigl(\varphi^{-1}(x)\bigr)$ を ($\sharp$) によって「パラメータ表示された関数」という．また変数 t を「パラメータ」（媒介変数）という．

（＊） $\varphi'(c) \neq 0$ のとき $t = c$ のある近傍で逆関数 $\varphi^{-1}(x)$ の一意存在が知られている．つまり，$\varphi'(t) \neq 0$ のとき $y = \psi\bigl(\varphi^{-1}(x)\bigr)$ が定義できる．

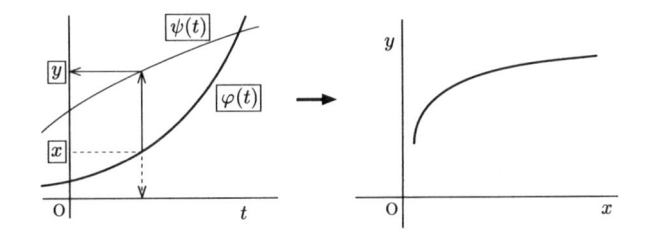

（Ⅱ） 連続な $\varphi(t), \psi(t)$ に対して，t が変化すると平面上の点 (x, y) が連続的に動いて曲線を描く．このとき ($\sharp$) を「曲線のパラメータ表示」という．

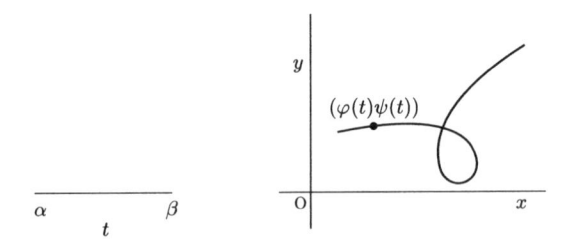

【ex.2.10】（巻頭付録参照）

・サイクロイド（Cycloid）

$\begin{cases} x = t - \sin t \\ y = 1 - \cos t \end{cases} \quad (t \in \mathbf{R})$

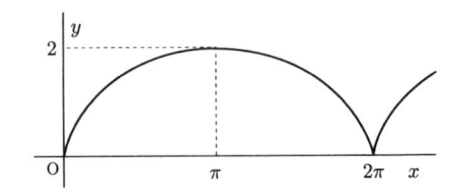

・アステロイド（Asteroid）

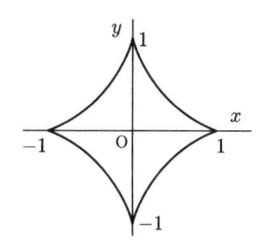

$$\begin{cases} x = \cos^3 t \\ y = \sin^3 t \end{cases} (-\pi < t \leq \pi)$$

【定理 2.6】（パラメータ表示された関数の微分公式）

$$\begin{cases} x = \varphi(t) \\ y = \psi(t) \end{cases} (\alpha \leq t \leq \beta) \quad \text{について，} \varphi'(t) \neq 0 \text{ のとき}$$

$$\boxed{y' = \frac{dy}{dx} = \frac{\dfrac{dy}{dt}}{\dfrac{dx}{dt}} = \frac{\psi'(t)}{\varphi'(t)}}$$

【ex.2.11】 次のパラメータ表示された関数を微分せよ．

(1) $x = t^2$, $y = e^t$ $(t \in \mathbf{R})$

(2) $x = t - \sin t$, $y = 1 - \cos t$ $(t \in \mathbf{R})$

「解」(1) $\dfrac{dx}{dt} = 2t \neq 0$ つまり $t \neq 0$ のとき

$$y' = \frac{dy}{dx} = \frac{\frac{d}{dt}(e^t)}{\frac{d}{dt}(t^2)} = \frac{e^t}{2t} \quad (t \neq 0)$$

(2) $\dfrac{dx}{dt} = 1 - \cos t \neq 0$ つまり $t \neq 2m\pi$ （m は整数）のとき

$$y' = \frac{dy}{dx} = \frac{\frac{d}{dt}(1 - \cos t)}{\frac{d}{dt}(t - \sin t)} = \frac{\sin t}{1 - \cos t} \quad (t \neq 2m\pi, \ m \text{ は整数})$$

(∗) 導関数はパラメータ t を含む形でよい．

【問題 2.8】(B) 次のパラメータ表示された関数を微分せよ．

(1) $x = 2t^3$, $y = \sqrt{t}$ $(t > 0)$

(2) $x = \cos^3 t$, $y = \sin^3 t$ $(0 < t < \pi/2)$

(3) $x = t^2 + t + 1$, $y = e^{-t}$ $(t \in \mathbf{R})$

(4) $x = \cos t$, $y = \sin 3t$ $(-\pi < t < \pi)$

2.5 陰関数とその導関数

$f(x,y)$ を 2 つの変数 x,y を含む式とし，関係式 $f(x,y) = 0$ を考える．

[ex.] $\quad x^2 + y^2 - 1 = 0 \quad , \quad x^3 - 3xy + y^3 = 0$

このとき $\boxed{f(x,y(x)) = 0}$ をみたす関数 $y = y(x)$ を関係式 $f(x,y) = 0$ によって定まる「陰関数」という．

[ex.] 関数 $y = \sqrt{1-x^2}$ は関係式：$x^2 + y^2 - 1 = 0$ によって定まる陰関数の 1 つである．

【ex.2.12】 次の式で定まる陰関数 $y = y(x)$ の導関数を求めよ．

(1) $\quad x^2 + y^2 - 1 = 0 \qquad\qquad$ (2) $\quad e^{xy} = x + y$

....

「解」
(1) $\quad x^2 + (y(x))^2 - 1 = 0$ の両辺を x について微分すると
$\quad 2x + 2y(x)y'(x) = 0 \quad , \quad y'(x) = -\dfrac{x}{y(x)} \quad$ (ただし $y(x) \neq 0$ のとき)

* 通常はこれを次のように記述する．

(1) $\quad x^2 + y^2 - 1 = 0$ の両辺を x について微分すると
$\quad 2x + 2yy' = 0 \quad , \quad y' = -\dfrac{x}{y} \qquad (y \neq 0)$

(2) $\quad e^{xy} = x + y \quad$ の両辺を x について微分すると
$\quad e^{xy}(xy)' = 1 + y' \quad , \quad e^{xy}(y + xy') = 1 + y'$
$\quad y'(xe^{xy} - 1) = 1 - ye^{xy}$
$\quad y' = \dfrac{1 - ye^{xy}}{xe^{xy} - 1} \quad (xe^{xy} \neq 1)$

【問題 2.9】 (B) 次の式で定まる陰関数 $y = y(x)$ の導関数を求めよ．

(1) $\quad x + y^3 = 1 \qquad$ (2) $\quad x^3 - y^3 = 1 \qquad$ (3) $\quad x^3 - 3xy + y^3 = 0$

(4) $\quad \sin(xy^2) = y$

2.6 高次導関数（高階導関数）

関数 $y = f(x)$ に対して $(y')'$, $(f'(x))'$ を「第 2 次導関数」といい，

$$y'' \ , \ \frac{d^2 y}{dx^2} \ , \ f''(x) \ , \ \frac{d^2}{dx^2} f(x)$$

と表す．同様に第 $n-1$ 次導関数の導関数を「第 n 次導関数」といい，

$$y^{(n)} \ , \ \frac{d^n y}{dx^n} \ , \ f^{(n)}(x) \ , \ \frac{d^n}{dx^n} f(x)$$

と表す．つまり $y^{(n)} = (y^{(n-1)})'$ $(n \geqq 2)$ であり，これらを総称して「高次導関数」という．y', $f'(x)$ は「第 1 次導関数」ともいう．また，第 n 次導関数 $f^{(n)}(x)$ の $x = a$ での値 $f^{(n)}(a)$ を「$x = a$ での第 n 次微分係数」といい，これら $(n \geqq 2)$ を総称して「高次微分係数」という．

多項式関数，指数関数，対数関数，三角関数などは定義域で何回でも微分できる．何回でも微分できる関数や十分な高次導関数が存在してそれが連続となる関数を「なめらかな関数」という．以降の定理で関数の微分に関する条件を省く場合，<u>関数はなめらかとする</u>．

【ex.2.13】 次の関数の第 2 次導関数を求めよ．
(1) $y = x^3 - 2x + 1$ (2) $y = e^x \cos 2x$

「解」(1) $y' = 3x^2 - 2$, $y'' = 6x$

(2) $y' = (e^x)' \cos 2x + e^x (\cos 2x)' = e^x \cos 2x + e^x (-\sin 2x)(2x)'$
$= e^x \cos 2x - 2e^x \sin 2x = e^x (\cos 2x - 2 \sin 2x)$
$y'' = e^x (\cos 2x - 2 \sin 2x) + e^x (\cos 2x - 2 \sin 2x)'$
$= e^x (\cos 2x - 2 \sin 2x) + e^x (-2 \sin 2x - 4 \cos 2x)$
$= -e^x (3 \cos 2x + 4 \sin 2x)$

（補） 関数 $f(x)$ の第 n 次導関数が存在し連続のとき「$f(x)$ は C^n 級」という．
関数 $f(x)$ が何回でも微分できるとき「$f(x)$ は C^∞ 級」という．

【問題 2.10】(AB)　次の関数の第 2 次導関数を求めよ．
(1) $y = x^5 - 3x^2 + 1$　　(2) $y = (2x+1)^4$　　(3) $y = e^{-x} \sin x$
(4) $y = \sqrt{x} \log x$

【ex.2.14】(第 n 次導関数の代表例)

$$
\begin{aligned}
&(1)\quad (e^x)^{(n)} = e^x \\
&(2)\quad \{(1+x)^\alpha\}^{(n)} = \alpha(\alpha-1)\cdots(\alpha-n+1)(1+x)^{\alpha-n} \quad (\alpha \neq 0) \\
&(3)\quad \{\log(1+x)\}^{(n)} = \frac{(-1)^{n-1}(n-1)!}{(1+x)^n} \\
&(4)\quad (\sin x)^{(n)} = \sin\left(x + \frac{n\pi}{2}\right) \qquad (5)\quad (\cos x)^{(n)} = \cos\left(x + \frac{n\pi}{2}\right)
\end{aligned}
$$

(1)　$(e^x)' = e^x$, $(e^x)'' = e^x$, $(e^x)^{(3)} = e^x$, $\ldots$, $(e^x)^{(n)} = e^x$

(2)　$\{(1+x)^\alpha\}' = \alpha(1+x)^{\alpha-1}$
　　　$\{(1+x)^\alpha\}'' = \alpha(\alpha-1)(1+x)^{\alpha-2}$
　　　$\{(1+x)^\alpha\}^{(3)} = \alpha(\alpha-1)(\alpha-2)(1+x)^{\alpha-3}$
　　　$\cdots\cdots$
　　　$\{(1+x)^\alpha\}^{(n)} = \alpha(\alpha-1)\cdots(\alpha-n+1)(1+x)^{\alpha-n}$

(3)　$\{\log(1+x)\}' = (1+x)^{-1}$　　(2) の結果 $(\alpha = -1)$ を利用する．
　　　$\{\log(1+x)\}^{(n)} = \{(1+x)^{-1}\}^{(n-1)} = (-1)(-2)\cdots(1-n)(1+x)^{-n} = \dfrac{(-1)^{n-1}(n-1)!}{(1+x)^n}$

(4)　$(\sin x)' = \cos x = \sin\left(x + \dfrac{\pi}{2}\right)$, $(\sin x)'' = \cos\left(x + \dfrac{\pi}{2}\right) = \sin\left(x + \dfrac{\pi}{2} + \dfrac{\pi}{2}\right)$
　　　$(\sin x)^{(3)} = \cos\left(x + \dfrac{\pi}{2} + \dfrac{\pi}{2}\right) = \sin\left(x + \dfrac{\pi}{2} + \dfrac{\pi}{2} + \dfrac{\pi}{2}\right)$
　　　$\cdots\cdots$
　　　$(\sin x)^{(n)} = \sin\left(x + \dfrac{n\pi}{2}\right)$

(5)　(4) と同様．$-\sin x = \cos\left(x + \dfrac{\pi}{2}\right)$ を利用する．

【問題 2.11】(B)　次の関数の第 n 次導関数を求めよ．
(1) $y = e^{3x}$　　　(2) $y = \sin 2x$　　　(3) $y = \log(1-x)$
(4) $y = 2^x$　　　(5) $y = \dfrac{1}{\sqrt{1+x}}$

【定理 2.7】（高次導関数の性質）
(1)　$\{\alpha f(x) \pm \beta g(x)\}^{(n)} = \alpha f^{(n)}(x) \pm \beta g^{(n)}(x)$　　　（複号同順，α, β は定数）
(2)　$\{f(x)g(x)\}^{(n)} = \displaystyle\sum_{k=0}^{n} {}_nC_k\, f^{(n-k)}(x)g^{(k)}(x)$
$= f^{(n)}(x)g(x) + {}_nC_1 f^{(n-1)}(x)g'(x) + {}_nC_2 f^{(n-2)}(x)g''(x)$
$+ {}_nC_3 f^{(n-3)}(x)g^{(3)}(x) + \cdots + f(x)g^{(n)}(x)$

ここで $f^{(0)}(x) = f(x)$ とする．また，(2) を「ライプニッツの公式」という．

【ex.2.15】　関数 $y = x^2 \sin x$ の第 n 次導関数を求めよ．

「解」　ライプニッツの公式より，$n \geqq 3$ のとき
$y^{(n)} = (\sin x)^{(n)} \cdot x^2 + {}_nC_1 (\sin x)^{(n-1)} (x^2)' + {}_nC_2 (\sin x)^{(n-2)} (x^2)'' + 0$
$= \sin\left(x + \dfrac{n\pi}{2}\right) \cdot x^2 + n \sin\left(x + \dfrac{(n-1)\pi}{2}\right) \cdot 2x + \dfrac{n(n-1)}{2} \sin\left(x + \dfrac{(n-2)\pi}{2}\right) \cdot 2$
$= x^2 \sin\left(x + \dfrac{n\pi}{2}\right) + 2nx \sin\left(x + \dfrac{(n-1)\pi}{2}\right) + n(n-1) \sin\left(x + \dfrac{(n-2)\pi}{2}\right)$

この式は $n = 1, 2$ のときも成り立つ．

【問題 2.12】(BC)　次の関数の第 n 次導関数を求めよ．
(1) $y = x^2 e^x$　　　(2) $y = x \cos x$　　　(3) $y = x^3 e^{-x}$
(4) $y = x \log(1-x)$

2.7 微分係数(再)

【ex.2.16】 次の微分係数を求めよ． ((4) の m は自然数)

(1) 関数 $f(x) = x^3 + 3x - 5$ の $x = 0$ での微分係数 $f'(0)$

(2) 関数 $f(x) = e^x \tan^{-1} x$ の $x = 1$ での微分係数 $f'(1)$

(3) 関数 $f(x) = \sin^3 x$ の $x = \pi/4$ での第 2 次微分係数 $f''(\pi/4)$

(4) 関数 $f(x) = \cos x$ の $x = 0$ での第 $2m$ 次微分係数 $f^{(2m)}(0)$

「解」

(1) $f'(x) = 3x^2 + 3$ より $f'(0) = 3 \times 0 + 3 = 3$

(2) $f'(x) = e^x \tan^{-1} x + e^x \cdot \dfrac{1}{1+x^2} = e^x \left(\tan^{-1} x + \dfrac{1}{1+x^2} \right)$

$f'(1) = e^1 \left(\tan^{-1} 1 + \dfrac{1}{1+1} \right) = e \left(\dfrac{\pi}{4} + \dfrac{1}{2} \right) = \dfrac{e(\pi + 2)}{4}$

(3) $f'(x) = 3\sin^2 x (\sin x)' = 3\sin^2 x \cos x$

$f''(x) = 3 \cdot 2\sin x (\sin x)' \cos x + 3\sin^2 x (-\sin x)$

$\quad = 6\sin x \cos^2 x - 3\sin^2 x \sin x$

$\quad = 3\sin x (2\cos^2 x - \sin^2 x) = 3\sin x (3\cos^2 x - 1)$

$f''(\pi/4) = 3 \cdot \dfrac{1}{\sqrt{2}} \left\{ 3\left(\dfrac{1}{\sqrt{2}}\right)^2 - 1 \right\} = \dfrac{3}{2\sqrt{2}} \left(= \dfrac{3\sqrt{2}}{4} \right)$

(4) $f^{(2m)}(x) = \cos\left(x + \dfrac{2m\pi}{2}\right) = \cos(x + m\pi)$

$f^{(2m)}(0) = \cos m\pi = (-1)^m$

【問題 2.13】 (AB) 次の微分係数を求めよ．

(1) $f(x) = x^5 + 2x^4$, $f'(1)$
(2) $f(x) = e^x \cos x$, $f'(0)$
(3) $f(x) = \sin^{-1} x$, $f''(1/2)$
(4) $f(x) = \log(1+x)$, $f^{(n)}(0)$

2.8 接線（再）

曲線 $y = f(x)$ の点 $(a, f(a))$ での接線の方程式は

$$y - f(a) = f'(a)(x - a)$$

【ex.2.17】 次の曲線の指定された点での接線を求めよ．
(1) 曲線 $y = x^3 - 2x + 3$ ，点 $(1, 2)$
(2) 曲線 $y = e^{-x}(x + 2)$ ，点 $(0, 2)$
(3) 曲線 $x^2 - 2y^3 = 2$ ，点 $(2, 1)$

「解」
(1) $f(x) = x^3 - 2x + 3$ とおくと　$f'(x) = 3x^2 - 2$, $f'(1) = 3 - 2 = 1$
　接線の方程式は　$y - 2 = 1 \cdot (x - 1)$ ，　$\underline{y = x + 1}$

(2) $f(x) = e^{-x}(x + 2)$ とおくと
$$f'(x) = -e^{-x}(x + 2) + e^{-x} \cdot 1 = -e^{-x}(x + 1) , \quad f'(0) = -e^0 \cdot 1 = -1$$
　接線の方程式は　$y - 2 = (-1)(x - 0)$ ，　$\underline{y = -x + 2}$

(3) $x^2 - 2y^3 = 2$ で定まる陰関数を $y = f(x)$ とすると
$2x - 2 \cdot 3y^2 y' = 0$　より　$y' = f'(x) = \dfrac{x}{3y^2}$　　$(y \neq 0)$

$(2, 1)$ での接線だから　$f'(2) = \dfrac{2}{3 \cdot 1^2} = \dfrac{2}{3}$

　接線の方程式は　$y - 1 = \dfrac{2}{3}(x - 2)$ ，　$\underline{y = \dfrac{1}{3}(2x - 1)}$

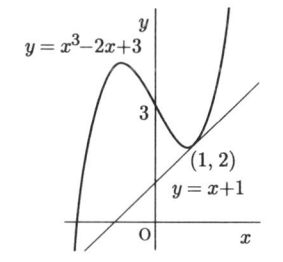

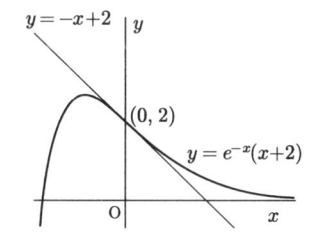

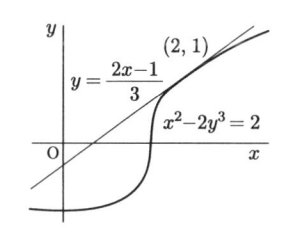

【問題 2.14】(B)　次の曲線の指定された点での接線を求めよ．
(1) 曲線 $y = x^3 - x^2 + 2$ ，点 $(1,2)$　　(2) 曲線 $y = \dfrac{1}{x^2+1}$ ，点 $\left(1, \dfrac{1}{2}\right)$
(3) 曲線 $y = 2xe^x$ ，点 $(1, 2e)$　　(4) 曲線 $y = \sin^2 x$ ，点 $\left(\dfrac{\pi}{4}, \dfrac{1}{2}\right)$
(5) 曲線 $x^2 - y^2 = 1$ ，点 $(\sqrt{2}, 1)$
(6) 曲線 $x = 4\cos^3 t,\ y = 4\sin^3 t\ (0 < t < \pi/2)$ ，点 $(\sqrt{2}, \sqrt{2})$

2.9　不定形の極限

以下に挙げる極限 ((1)〜(5)) を「不定形の極限」という．一般形を $x \to a$ の場合で記すが $x \to \infty,\ x \to -\infty,\ x \to a+0,\ x \to a-0$ の場合も同様．

(1) $\boxed{\dfrac{0}{0}\text{ 型の不定形}}$　$\displaystyle\lim_{x \to a} \dfrac{f(x)}{g(x)}$ 　$(\displaystyle\lim_{x \to a} f(x) = 0,\ \lim_{x \to a} g(x) = 0)$

　　$\boxed{\text{ex.}}$ 　$\displaystyle\lim_{x \to 0} \dfrac{e^x - 1}{\sin x}$ ，　$\displaystyle\lim_{x \to 1} \dfrac{\log x}{x - 1}$

(2) $\boxed{\dfrac{\infty}{\infty}\text{ 型の不定形}}$　$\displaystyle\lim_{x \to a} \dfrac{f(x)}{g(x)}$ 　$(\displaystyle\lim_{x \to a} |f(x)| = \infty,\ \lim_{x \to a} |g(x)| = \infty)$

　　$\boxed{\text{ex.}}$ 　$\displaystyle\lim_{x \to \infty} \dfrac{x^2}{e^x}$ ，　$\displaystyle\lim_{x \to +0} \dfrac{\log x}{\tan(\pi/2 - x)}$

(3) $\boxed{0 \times \infty\text{ 型の不定形}}$ 　$\displaystyle\lim_{x \to a} f(x)g(x)$ 　$(\displaystyle\lim_{x \to a} f(x) = 0,\ \lim_{x \to a} |g(x)| = \infty)$

　　$\boxed{\text{ex.}}$ 　$\displaystyle\lim_{x \to +0} x \log x$ ，　$\displaystyle\lim_{x \to 0} e^{1/x^2} \sin x$

(4) $\boxed{\infty - \infty\text{ 型の不定形}}$ 　$\displaystyle\lim_{x \to a}(f(x) - g(x))$ 　$(\displaystyle\lim_{x \to a} |f(x)| = \lim_{x \to a} |g(x)| = \infty)$

　　$\boxed{\text{ex.}}$ 　$\displaystyle\lim_{x \to \infty}(x - \log x)$ ，　$\displaystyle\lim_{x \to 1}\left(\dfrac{1}{x - 1} - \dfrac{1}{\log x}\right)$

(∗)　$\displaystyle\lim_{x \to a} f(x) = \infty,\ \lim_{x \to a} g(x) = -\infty$ のときは $\displaystyle\lim_{x \to a}(f(x) - g(x)) = \infty$
　　　$\displaystyle\lim_{x \to a} f(x) = -\infty,\ \lim_{x \to a} g(x) = \infty$ のときは $\displaystyle\lim_{x \to a}(f(x) - g(x)) = -\infty$

(5) $\boxed{0^0 , 1^\infty , \infty^0 \text{ 型の不定形}}$　　$\lim_{x \to a} \{f(x)\}^{g(x)}$

0^0 型： $\lim_{x \to a} f(x) = 0, \lim_{x \to a} g(x) = 0$　　$\boxed{\text{ex.}}$　$\lim_{x \to +0} x^x$

1^∞ 型： $\lim_{x \to a} f(x) = 1, \lim_{x \to a} |g(x)| = \infty$　　$\boxed{\text{ex.}}$　$\lim_{x \to +0} (\cos x)^{1/x}$

∞^0 型： $\lim_{x \to a} |f(x)| = \infty, \lim_{x \to a} g(x) = 0$　　$\boxed{\text{ex.}}$　$\lim_{x \to \infty} (x^2 + 1)^{1/x}$

【定理 2.8】(ロピタル (de l'Hôpital) の定理)

点 a を除く a の近傍で，$f(x), g(x)$ が微分可能かつ $g'(x) \neq 0$ とする．
$\lim_{x \to a} \dfrac{f(x)}{g(x)}$ が $\dfrac{0}{0}$ 型または $\dfrac{\infty}{\infty}$ 型の不定形で，$\lim_{x \to a} \dfrac{f'(x)}{g'(x)} = \ell$ が存在するとき

$$\boxed{\lim_{x \to a} \frac{f(x)}{g(x)} = \lim_{x \to a} \frac{f'(x)}{g'(x)} = \ell}$$

(∗) $\ell = \infty, \ell = -\infty$ の場合も成り立つ．
(∗) $x \to \infty, x \to -\infty, x \to a+0, x \to a-0$ の場合も同様．
(∗) 証明は巻末付録 A.2, 補足 2.3 を参照．

【ex.2.18】　次の極限値を求めよ．

(1) $\lim_{x \to 0} \dfrac{e^x - 1}{\sin x}$　　(2) $\lim_{x \to \infty} \dfrac{\log x}{x}$　　(3) $\lim_{x \to \infty} \dfrac{x^2}{e^x}$

|解|

(1) ロピタルの定理を利用する．

$\lim_{x \to 0} \dfrac{e^x - 1}{\sin x}$　$\left(\dfrac{0}{0}\text{ 型の不定形}\right)$

$= \lim_{x \to 0} \dfrac{(e^x - 1)'}{(\sin x)'}$

$= \lim_{x \to 0} \dfrac{e^x}{\cos x} = \dfrac{e^0}{\cos 0}$

$= 1$

(2) ロピタルの定理を利用する．

$\lim_{x \to \infty} \dfrac{\log x}{x}$　$\left(\dfrac{\infty}{\infty}\text{ 型の不定形}\right)$

$= \lim_{x \to \infty} \dfrac{(\log x)'}{(x)'}$

$= \lim_{x \to \infty} \dfrac{1/x}{1} = \lim_{x \to \infty} \dfrac{1}{x}$

$= 0$

(3) ロピタルの定理を2回使う．

$$\lim_{x\to\infty} \frac{x^2}{e^x} \quad \left(\frac{\infty}{\infty} \text{ 型の不定形}\right)$$

$$= \lim_{x\to\infty} \frac{(x^2)'}{(e^x)'} = \lim_{x\to\infty} \frac{2x}{e^x} \quad \left(\frac{\infty}{\infty} \text{ 型の不定形}\right)$$

$$= \lim_{x\to\infty} \frac{(2x)'}{(e^x)'} = \lim_{x\to\infty} \frac{2}{e^x}$$

$$= 0$$

(∗) どんな実数 α に対しても $\displaystyle\lim_{x\to\infty} \frac{x^\alpha}{e^x} = 0$ が成り立つ．

【問題 2.15】(B) 次の極限値を求めよ．

(1) $\displaystyle\lim_{x\to 0} \frac{e^{-x}-1}{x}$ 　　(2) $\displaystyle\lim_{x\to 1} \frac{\log x}{x-1}$ 　　(3) $\displaystyle\lim_{x\to 0} \frac{\sqrt{1+x}-1}{\log(1+x)}$

(4) $\displaystyle\lim_{x\to 0} \frac{e^x-1-x}{1-\cos x}$ 　　(5) $\displaystyle\lim_{x\to\infty} \frac{\log x}{\sqrt{x}}$ 　　(6) $\displaystyle\lim_{x\to +0} \frac{\log x}{\tan(\pi/2-x)}$

(7) $\displaystyle\lim_{x\to\infty} \frac{\log(\log x)}{\sqrt{1+x}}$ 　　(8) $\displaystyle\lim_{x\to 0} \frac{\sin x - x}{x - x\cos x}$

【問題 2.16】(B) 次式の「間違い」を指摘し，極限を求めよ．

(1) $\displaystyle\lim_{x\to +0} \frac{\log x}{x} = \lim_{x\to +0} \frac{1/x}{1} = \lim_{x\to +0} \frac{1}{x} = \infty$

(2) $\displaystyle\lim_{x\to\infty} \frac{2x+\sin x}{x+2\sin x} = \lim_{x\to\infty} \frac{2+\cos x}{1+2\cos x} = \lim_{x\to\infty} \frac{-\sin x}{-2\sin x} = \frac{1}{2}$

その他のタイプの不定形に対しては次のようにしてロピタルの定理を適用する．

(3) $0\times\infty$ 型の不定形

$$\lim_{x\to a} f(x)g(x) = \lim_{x\to a} \frac{f(x)}{1/g(x)} \quad \text{または} \quad \lim_{x\to a} f(x)g(x) = \lim_{x\to a} \frac{g(x)}{1/f(x)}$$

と変形すると $\dfrac{0}{0}$ 型または $\dfrac{\infty}{\infty}$ 型の不定形になる．

(4) $\infty - \infty$ 型の不定形

$$\lim_{x \to a}(f(x)-g(x)) = \lim_{x \to a}\left(\frac{1}{1/f(x)} - \frac{1}{1/g(x)}\right) = \lim_{x \to a}\frac{1/g(x) - 1/f(x)}{(1/f(x))\cdot(1/g(x))}$$

と変形すると $\dfrac{0}{0}$ 型の不定形になる.

(5) 0^0, 1^∞, ∞^0 型の不定形

$$\lim_{x \to a}\{f(x)\}^{g(x)} = \lim_{x \to a}\exp\left(\log\{f(x)\}^{g(x)}\right) = \lim_{x \to a}\exp\left(g(x)\log f(x)\right)$$
$$= \exp\left(\lim_{x \to a}g(x)\log f(x)\right)$$

と変形すると $0 \times \infty$ 型の不定形が現れる. （注）$\exp(x) = e^x$ ，$e^{\log f(x)} = f(x)$

【ex.2.19】 次の極限値を求めよ.

(1) $\lim_{x \to +0} x \log x$ （2）$\lim_{x \to +0} x^x$ （3）$\lim_{x \to 0}\left(\dfrac{1}{x} - \dfrac{1}{\sin x}\right)$

「解」(1) （$0 \times \infty$ 型の不定形） 変形してロピタルの定理を利用する.

$$\lim_{x \to +0} x \log x = \lim_{x \to +0}\frac{\log x}{1/x} \quad \left(\frac{\infty}{\infty} \text{型の不定形}\right)$$
$$= \lim_{x \to +0}\frac{1/x}{-1/x^2} = \lim_{x \to +0}(-x) = 0$$

(2) （0^0 型の不定形）

$x^x = \exp(\log x^x) = \exp(x \log x)$ だから (1) の結果を利用すると

$$\lim_{x \to +0} x^x = \exp(\lim_{x \to +0} x \log x) = e^0 = 1$$

(3) （$\infty - \infty$ 型の不定形） 変形してロピタルの定理を利用する.

$$\lim_{x \to 0}\left(\frac{1}{x} - \frac{1}{\sin x}\right) = \lim_{x \to 0}\frac{\sin x - x}{x \sin x} \quad \left(\frac{0}{0} \text{型の不定形}\right)$$
$$= \lim_{x \to 0}\frac{\cos x - 1}{\sin x + x \cos x} \quad \left(\frac{0}{0} \text{型の不定形}\right)$$
$$= \lim_{x \to 0}\frac{-\sin x}{\cos x + \cos x - x \sin x}$$
$$= \lim_{x \to 0}\frac{-\sin x}{2\cos x - x \sin x} = \frac{0}{2-0}$$
$$= 0$$

【問題 2.17】(B) 次の極限値を求めよ.

(1) $\lim_{x \to +0} \sin x \log x$ （2）$\lim_{x \to +0} x^{\sin x}$ （3）$\lim_{x \to 0}\left(\dfrac{1}{x} - \dfrac{1}{e^x - 1}\right)$

2.10 マクローリン (Maclaurin) 近似

原点近傍で関数 $f(x)$ の多項式近似を考える.

【定理 2.9】(【マクローリン近似】)

$f(x)$ が原点近傍でなめらかなとき,次の近似式が成り立つ:

$$f(x) \doteqdot f(0) + f'(0)x + \frac{f''(0)}{2!}x^2 + \cdots + \frac{f^{(n)}(0)}{n!}x^n \quad (x \sim 0)$$

(∗) $x \sim 0$ は「x が 0 に十分近い」という意味.

右辺の「近似多項式」を「$f(x)$ の n 次のマクローリン近似」といい,本書では次のように表すことにする:

$$f(x) \simeq f(0) + f'(0)x + \frac{f''(0)}{2!}x^2 + \cdots + \frac{f^{(n)}(0)}{n!}x^n$$

(略証) $F(x) = f(0) + f'(0)x + \frac{f''(0)}{2!}x^2 + \cdots + \frac{f^{(n-1)}(0)}{(n-1)!}x^{n-1}$ とおく.

ロピタルの定理を繰り返し使って $\lim_{x \to 0} \frac{f(x) - F(x)}{x^n} = \frac{f^{(n)}(0)}{n!}$ となるから

$\frac{f(x) - F(x)}{x^n} \doteqdot \frac{f^{(n)}(0)}{n!} \quad (x \sim 0)$ したがって $f(x) \doteqdot F(x) + \frac{f^{(n)}(0)}{n!}x^n \quad (x \sim 0)$

剰余項 (近似誤差項) も考慮して等式表現した定理は次の形.

【定理 2.10】(【マクローリンの定理】)

$f(x)$ が原点近傍でなめらかなとき

$$f(x) = f(0) + f'(0)x + \frac{f''(0)}{2!}x^2 + \cdots + \frac{f^{(n)}(0)}{n!}x^n + R_{n+1}(x)$$

$$R_{n+1}(x) = \frac{f^{(n+1)}(\theta x)}{(n+1)!}x^{n+1} \quad (0 < \theta < 1)$$

と表すことができる.また,$\lim_{x \to 0} \frac{R_{n+1}(x)}{x^n} = 0$ が成り立つ.

(∗) $R_{n+1}(x)$ を「剰余項」という.$f(x)$ のなめらかさは「$n+1$ 回微分可能」で十分.

【ex.2.20】 (n 次のマクローリン近似の例)　　($x^0 = 1$, $0! = 1$ とする)
(2) は $n = 2m+1$, (3) は $n = 2m$ の場合.

---

(1)　$e^x \simeq 1 + x + \dfrac{x^2}{2!} + \dfrac{x^3}{3!} + \cdots + \dfrac{x^n}{n!}$

(2)　$\sin x \simeq x - \dfrac{x^3}{3!} + \dfrac{x^5}{5!} - \cdots + \dfrac{(-1)^m x^{2m+1}}{(2m+1)!}$

(3)　$\cos x \simeq 1 - \dfrac{x^2}{2!} + \dfrac{x^4}{4!} - \cdots + \dfrac{(-1)^m x^{2m}}{(2m)!}$

(4)　$\log(1+x) \simeq x - \dfrac{x^2}{2} + \dfrac{x^3}{3} - \cdots + \dfrac{(-1)^{n-1} x^n}{n}$

(5)　$(1+x)^\alpha \simeq 1 + \dbinom{\alpha}{1} x + \dbinom{\alpha}{2} x^2 + \cdots + \dbinom{\alpha}{n} x^n$

　　ここで　$\dbinom{\alpha}{n} = \dfrac{\alpha(\alpha-1)(\alpha-2)\cdots(\alpha-n+1)}{n!}$,　$\dbinom{\alpha}{0} = 1$

　特に　$\dfrac{1}{1+x} \simeq 1 - x + x^2 - \cdots + (-1)^n x^n$

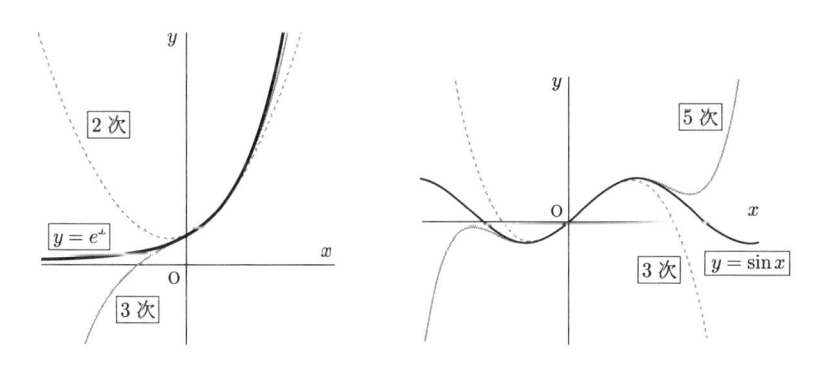

(補)　$\dbinom{\alpha}{n} = \dfrac{\alpha(\alpha-1)(\alpha-2)\cdots(\alpha-n+1)}{n!}$　を「一般の 2 項係数」という.
また,【2.20】の略証は巻末付録 A.2, 補足 2.4 を参照.

【定理 2.11】（マクローリン近似の性質） m, n は自然数，c は定数とする．

(0) 多項式 $P(x)$ の n 次のマクローリン近似は $P(x)$ の n 次以下の部分．

$$f(x) \simeq a_0 + a_1 x + a_2 x^2 + \cdots + a_n x^n$$
$$g(x) \simeq b_0 + b_1 x + b_2 x^2 + \cdots + b_n x^n \quad \text{とする．}$$

(1) $m < n$ のとき，$f(x) \simeq a_0 + a_1 x + a_2 x^2 + \cdots + a_m x^m$

(2) $cf(x) \simeq ca_0 + ca_1 x + ca_2 x^2 + \cdots + ca_n x^n$

(3) $f(x) \pm g(x) \simeq (a_0 \pm b_0) + (a_1 \pm b_1)x + (a_2 \pm b_2)x^2 + \cdots + (a_n \pm b_n)x^n$

（複号同順）

(4) $f(x)g(x) \simeq a_0 b_0 + (a_0 b_1 + a_1 b_0)x + (a_0 b_2 + a_1 b_1 + a_2 b_0)x^2 +$
$\qquad \cdots + (a_0 b_n + a_1 b_{n-1} + \cdots a_n b_0)x^n$

(4)′ $x^m f(x) \simeq a_0 x^m + a_1 x^{m+1} + a_2 x^{m+2} + \cdots + a_n x^{m+n}$

(5) $f(cx^m) \simeq a_0 + a_1 c x^m + a_2 c^2 x^{2m} + \cdots + a_n c^n x^{mn}$

(6) $f'(x) \simeq a_1 + 2a_2 x + 3a_3 x^2 + \cdots + na_n x^{n-1}$

(7) $F'(x) = f(x)$ となる関数 $F(x)$ について
$$F(x) \simeq F(0) + a_0 x + \frac{a_1}{2}x^2 + \cdots + \frac{a_n}{n+1}x^{n+1}$$

（∗）求めたいマクローリン近似の次数に応じて，(1) を利用したり，$f(x), g(x)$ のマクローリン近似の次数を調整する．

【ex.2.21】 次の関数のマクローリン近似を求めよ．

(1) $f(x) = \sin x$ （3次のマクローリン近似）

(2) $f(x) = \log(1 + 2x)$ （4次） (3) $f(x) = e^x \cos x$ （3次）

(4) $f(x) = e^{-x^2}$ （$2n$ 次） (5) $f(x) = \dfrac{x}{\sqrt{1+x}}$ （n 次）

「解1」　【ex.2.20】，【定理 2.11】を必要な次数で利用する．

(1) $\sin x \simeq x - \dfrac{x^3}{3!}$　より　$\sin x \simeq x - \dfrac{x^3}{6}$

(2) $\log(1+x) \simeq x - \dfrac{x^2}{2} + \dfrac{x^3}{3} - \dfrac{x^4}{4}$　より

$\log(1+2x) \simeq 2x - \dfrac{(2x)^2}{2} + \dfrac{(2x)^3}{3} - \dfrac{(2x)^4}{4}$

$\log(1+2x) \simeq 2x - 2x^2 + \dfrac{8}{3}x^3 - 4x^4$

(3)
$$
\begin{array}{rlllll}
 e^x \simeq & 1 & +x & +x^2/2 & +x^3/6 \\
\times)\quad \cos x \simeq & 1 & & -x^2/2 & \\
\hline
 & 1 & +x & +x^2/2 & +x^3/6 \\
 & & & -x^2/2 & -x^3/2 \\
\hline
 & 1 & +x & & -x^3/3
\end{array}
$$

したがって　$e^x \cos x \simeq 1 + x - \dfrac{x^3}{3}$

(4) $e^x \simeq 1 + x + \dfrac{x^2}{2!} + \dfrac{x^3}{3!} + \cdots + \dfrac{x^n}{n!}$　より

$e^{-x^2} \simeq 1 + (-x^2) + \dfrac{(-x^2)^2}{2!} + \dfrac{(-x^2)^3}{3!} + \cdots + \dfrac{(-x^2)^n}{n!}$

$e^{-x^2} \simeq 1 - x^2 + \dfrac{x^4}{2} - \dfrac{x^6}{6} + \cdots + \dfrac{(-1)^n x^{2n}}{n!}$

(5) $f(x) = \dfrac{x}{\sqrt{1+x}} = x(1+x)^{-\frac{1}{2}}$

$(1+x)^{-\frac{1}{2}} \simeq 1 + \binom{-\frac{1}{2}}{1}x + \binom{-\frac{1}{2}}{2}x^2 + \cdots + \binom{-\frac{1}{2}}{n}x^n$　より

$x(1+x)^{-\frac{1}{2}} \simeq x + \binom{-\frac{1}{2}}{1}x^2 + \binom{-\frac{1}{2}}{2}x^3 + \cdots + \binom{-\frac{1}{2}}{n}x^{n+1}$

$x(1+x)^{-\frac{1}{2}} \simeq x - \dfrac{1}{2}x^2 + \dfrac{3}{8}x^3 - \cdots + \binom{-\frac{1}{2}}{n-1}x^n$

「解 2」 (1), (2), (3)　高次微分係数を求める.

(1)　　$f(x) = \sin x$,　　　　$f(0) = 0$

　　　　$f'(x) = \cos x$,　　　　$f'(0) = 1$

　　　　$f''(x) = -\sin x$,　　　$f''(0) = 0$

　　　　$f^{(3)}(x) = -\cos x$,　　$f^{(3)}(0) = -1$

$f(x) \simeq f(0) + f'(0)x + \dfrac{f''(0)}{2!}x^2 + \dfrac{f^{(3)}(0)}{3!}x^3$　より

$f(x) \simeq 0 + 1\cdot x + 0 + \dfrac{-1}{6}x^3$　　　$\underline{\sin x \simeq x - \dfrac{1}{6}x^3}$

(2)　　$f(x) = \log(1+2x)$,　　　　　　　　　　　　$f(0) = 0$

　　　　$f'(x) = \dfrac{2}{1+2x} = 2(1+2x)^{-1}$,　　　$f'(0) = 2$

　　　　$f''(x) = -2(1+2x)^{-2}\cdot 2 = -4(1+2x)^{-2}$,　　$f''(0) = -4$

　　　　$f^{(3)}(x) = 8(1+2x)^{-3}\cdot 2 = 16(1+2x)^{-3}$,　　$f^{(3)}(0) = 16$

　　　　$f^{(4)}(x) = -48(1+2x)^{-4}\cdot 2 = -96(1+2x)^{-4}$,　　$f^{(4)}(0) = -96$

$f(x) \simeq f(0) + f'(0)x + \dfrac{f''(0)}{2!}x^2 + \dfrac{f^{(3)}(0)}{3!}x^3 + \dfrac{f^{(4)}(0)}{4!}x^4$　より

$f(x) \simeq 0 + 2x + \dfrac{-4}{2}x^2 + \dfrac{16}{6}x^3 + \dfrac{-96}{24}x^4$

$\underline{\log(1+2x) \simeq 2x - 2x^2 + \dfrac{8}{3}x^3 - 4x^4}$

(3)　　$f(x) \;= e^x \cos x$,　　　　　　　　　　$f(0) = 1$

　　　　$f'(x) \;= e^x(\cos x - \sin x)$,　　　　　　$f'(0) = 1$

　　　　$f''(x) \;= e^x\{\cos x - \sin x + (-\sin x - \cos x)\}$
　　　　　　　$= -2e^x \sin x$,　　　　　　　　　$f''(0) = 0$

　　　　$f^{(3)}(x) = -2e^x(\sin x + \cos x)$,　　　　$f^{(3)}(0) = -2$

$f(x) \simeq f(0) + f'(0)x + \dfrac{f''(0)}{2!}x^2 + \dfrac{f^{(3)}(0)}{3!}x^3$　より

$f(x) \simeq 1 + x + 0 + \dfrac{-2}{6}x^3$,　　　$\underline{e^x \cos x \simeq 1 + x - \dfrac{1}{3}x^3}$

【問題 2.18】(BC)　次の関数のマクローリン近似を求めよ.

(1)　$f(x) = \cos x$　(4次)

(2)　$f(x) = \sqrt{1+x}$　(2次)

(3)　$f(x) = \dfrac{1}{2}(e^x - e^{-x})$　(3次)

(4)　$f(x) = (x+1)\cos 2x$　(3次)

(5)　$f(x) = e^x \sin x$　(3次)

(6)　$f(x) = e^{-x} \sin 2x$　(3次)

(7)　$f(x) = (x + \cos x)\log(1+x)$　(4次)

(8)　$f(x) = \dfrac{1}{1+x^2}$　(2n次)

(9)　$f(x) = xe^{-x}$　(n次)

(10)　$f(x) = \log(2-x)$　(n次)

(11)　$f(x) = \tan^{-1} x$　(2n+1次)

【マクローリン展開】

$f(x)$ がなめらかなとき (何回でも微分可能)

$$\sum_{n=0}^{\infty} \frac{f^{(n)}(0)}{n!}x^n = f(0) + f'(0)x + \frac{f''(0)}{2!}x^2 + \cdots + \frac{f^{(n)}(0)}{n!}x^n + \cdots$$

を「$f(x)$ のマクローリン級数」という. 剰余項 $R_n(x)$ について, 区間 I で $\lim_{n\to\infty} R_n(x) = 0$ となるとき, マクローリン級数は収束して $f(x)$ を表す. これを「$f(x)$ のマクローリン展開」という:

$$\boxed{f(x) = f(0) + f'(0)x + \frac{f''(0)}{2!}x^2 + \cdots + \frac{f^{(n)}(0)}{n!}x^n + \cdots \quad (x \in I)}$$

【ex.2.22】(【マクローリン展開の代表例】)(参考)　　　($x^0 = 1$ とする)

$$\boxed{\begin{array}{l} (1)\quad e^x = 1 + x + \dfrac{x^2}{2!} + \dfrac{x^3}{3!} + \cdots + \dfrac{x^n}{n!} + \cdots = \displaystyle\sum_{n=0}^{\infty} \dfrac{x^n}{n!} \quad (x \in \mathbf{R}) \\[2mm] (2)\quad \sin x = x - \dfrac{x^3}{3!} + \dfrac{x^5}{5!} - \cdots + \dfrac{(-1)^m x^{2m+1}}{(2m+1)!} + \cdots \quad (x \in \mathbf{R}) \\[2mm] (3)\quad \cos x = 1 - \dfrac{x^2}{2!} + \dfrac{x^4}{4!} - \cdots + \dfrac{(-1)^m x^{2m}}{(2m)!} + \cdots \quad (x \in \mathbf{R}) \end{array}}$$

> (4) $\log(1+x) = x - \dfrac{x^2}{2} + \dfrac{x^3}{3} - \cdots + \dfrac{(-1)^{n-1}x^n}{n} + \cdots$ $\quad (-1 < x \leqq 1)$
>
> (5) $(1+x)^\alpha = 1 + \dbinom{\alpha}{1}x + \dbinom{\alpha}{2}x^2 + \cdots + \dbinom{\alpha}{n}x^n + \cdots$ $\quad (-1 < x < 1)$
>
> (α は実数. x の範囲は α の値によって異なる.)

(∗) 次式は (5) の特殊なケース.

- $\dfrac{1}{1+x} = 1 - x + x^2 - \cdots + (-1)^n x^n + \cdots \quad (-1 < x < 1)$

- $\dfrac{1}{1-x} = 1 + x + x^2 + \cdots + x^n + \cdots \quad (-1 < x < 1)$

2.11 テイラー（Taylor）近似

点 a の近傍で関数 $f(x)$ の $(x-a)$ の多項式近似を考える．「マクローリン近似／展開」は「テイラー近似／展開」の特殊な場合である．

【定理 2.12】(【テイラー近似】)

$f(x)$ が $x=a$ の近傍でなめらかなとき，次の近似式が成り立つ：

> $f(x) \fallingdotseq f(a) + f'(a)(x-a) + \dfrac{f''(a)}{2!}(x-a)^2 + \cdots + \dfrac{f^{(n)}(a)}{n!}(x-a)^n \quad (x \sim a)$

(∗) $x \sim a$ は「x が a に十分近い」の意味．
(∗) 右辺の近似多項式を「$f(x)$ の $x=a$ 中心の n 次のテイラー近似」という．

【定理 2.13】(【テイラーの定理】) $f(x)$ が $x=a$ の近傍でなめらかなとき

$$f(x) = f(a) + f'(a)(x-a) + \dfrac{f''(a)}{2!}(x-a)^2 + \cdots + \dfrac{f^{(n)}(a)}{n!}(x-a)^n + R_{n+1}(x)$$

$$R_{n+1}(x) = \dfrac{f^{(n+1)}(c)}{(n+1)!}(x-a)^{n+1} \quad (a < c < x \text{ または } x < c < a)$$

と表すことができる．また，$\displaystyle\lim_{x \to a} \dfrac{R_{n+1}(x)}{(x-a)^n} = 0$ が成り立つ．

(∗) $R_{n+1}(x)$ を「剰余項」という．

【テイラー展開】

$f(x)$ がなめらかなとき（何回でも微分可能）

$$f(a) + f'(a)(x-a) + \frac{f''(a)}{2!}(x-a)^2 + \cdots + \frac{f^{(n)}(a)}{n!}(x-a)^n + \cdots$$

を「$f(x)$ の $x = a$ 中心のテイラー級数」という．剰余項 $R_n(x)$ について，a の近傍を含む区間 I で $\lim_{n \to \infty} R_n(x) = 0$ となるとき，テイラー級数は収束して $f(x)$ を表す．これを「$f(x)$ の $x = a$ 中心のテイラー展開」という：

$$\boxed{f(x) = f(a) + f'(a)(x-a) + \frac{f''(a)}{2!}(x-a)^2 + \cdots + \frac{f^{(n)}(a)}{n!}(x-a)^n + \cdots \quad (x \in I)}$$

2.12 増減，極値問題

【増加／減少】 区間 I の任意の 2 点 $x_1, x_2\,(x_1 < x_2)$ に対し
(1) $f(x_1) < f(x_2)$ となるとき「$f(x)$ は I で増加」という．
(2) $f(x_1) > f(x_2)$ となるとき「$f(x)$ は I で減少」という．

【定理 2.14】（ラグランジュ (Lagrange) の平均値の定理）
　関数 $f(x)$ が $[a,b]$ で連続，(a,b) で微分可能のとき

$$\frac{f(b) - f(a)}{b - a} = f'(c)$$

となる点 $c\,(a < c < b)$ が存在する．

(∗) 巻末付録 A.2, 補足 2.3 を参照．

【定理 2.15】
(1) 区間 I で $f'(x) > 0$ ならば $f(x)$ は I で増加である．
(2) 区間 I で $f'(x) < 0$ ならば $f(x)$ は I で減少である．
(3) 区間 I で $f'(x) = 0$ ならば $f(x)$ は I で一定である．

$$\left(\begin{array}{l} (2),(3)\text{ は略. }(1)\text{ を示す. } x_1 < x_2 \text{ のとき【定理 2.14】より} \\ f(x_2) - f(x_1) = f'(c)(x_2 - x_1) > 0 \ (x_1 < c < x_2) \quad , \quad f(x_2) > f(x_1) \end{array} \right)$$

【極大／極小／極大値／極小値／極値】
関数 $f(x)$ が点 a の近傍で定義されているとする．

(1) a のある近傍で $f(x) < f(a)$ $(x \neq a)$ となるとき
$f(x)$ は $x = a$ で「極大である」という．

(2) a のある近傍で $f(x) > f(a)$ $(x \neq a)$ となるとき
$f(x)$ は $x = a$ で「極小である」という．

(3) $f(x)$ が $x = a$ で「極大」のとき $f(a)$ の値を「極大値」という．
$f(x)$ が $x = a$ で「極小」のとき $f(a)$ の値を「極小値」という．
「極大値」「極小値」をあわせて「極値」という．

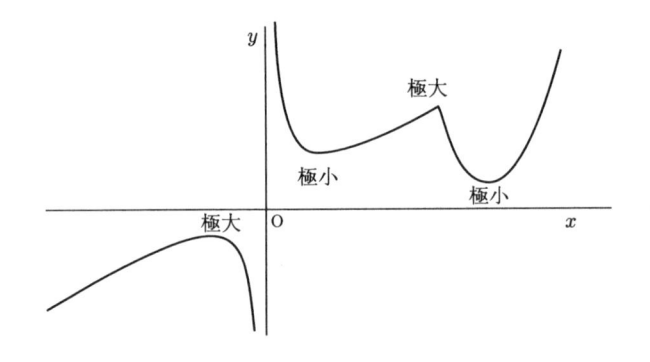

「極大」とは「局所的最大」，「極小」とは「局所的最小」

【定理 2.16】 微分可能関数 $f(x)$ が $x = a$ で極値をもつならば $f'(a) = 0$

$$\left(\begin{array}{l} f(x) \text{ が } x = a \text{ で極大とする．（極小のときも同様の議論ができる）} \\ x > a \text{ で } \dfrac{f(x) - f(a)}{x - a} < 0 \text{ より } \lim_{x \to a+0} \dfrac{f(x) - f(a)}{x - a} \leqq 0 \\ x < a \text{ で } \dfrac{f(x) - f(a)}{x - a} > 0 \text{ より } \lim_{x \to a-0} \dfrac{f(x) - f(a)}{x - a} \geqq 0 \\ \text{微分可能性より } f'(a) \leqq 0 \text{ かつ } f'(a) \geqq 0 \text{ となり } f'(a) = 0 \end{array} \right)$$

（＊） $f'(a) = 0$ をみたす点 a を極値の候補点という．

（補） 区間 $[a, b]$ の端点 $x = a, b$ での「極大／極小」は未定義にしておく．

【定理 2.15】,【定理 2.16】より次のことが分かる.

【定理 2.17】 微分可能関数 $f(x)$ について $f'(a) = 0$ とする.
点 a の近傍で a を境に

$f'(x)$ の符号が「正から負に」変化すれば $f(x)$ は $x = a$ で極大,

$f'(x)$ の符号が「負から正に」変化すれば $f(x)$ は $x = a$ で極小.

この定理から導関数の符号を表(「増減表」)にして極値を求める.

【ex.2.23】 次の関数の極値を求めよ.

(1) $y = x^3 - 3x^2 - 9x + 1$ (2) $y = x + \dfrac{1}{x}$ (3) $y = x \log x$

「解」
(1) 導関数は $y' = 3x^2 - 6x - 9 = 3(x-3)(x+1)$

したがって増減表は次のようになる.

x	$\cdots$	-1	$\cdots$	3	$\cdots$
y'	$+$	0	$-$	0	$+$
y	↗	極大	↘	極小	↗

これより $x = -1$ で極大, $x = 3$ で極小となり

$x = -1$ のとき $y = (-1)^3 - 3 \cdot (-1)^2 - 9 \cdot (-1) + 1 = 6$

$x = 3$ のとき $y = 3^3 - 3 \cdot 3^2 - 9 \cdot 3 + 1 = -26$

$$\begin{cases} 極大値 \quad 6 \quad (x = -1 \text{ のとき}) \\ 極小値 \quad -26 \quad (x = 3 \quad \text{のとき}) \end{cases}$$

(2) 定義域は $x \neq 0$ で $y' = 1 - \dfrac{1}{x^2} = \dfrac{x^2 - 1}{x^2} = \dfrac{(x-1)(x+1)}{x^2}$

増減表は次のようになる.

x	$\cdots$	-1	$\cdots$	0	$\cdots$	1	$\cdots$
y'	$+$	0	$-$	/	$-$	0	$+$
y	↗	極大	↘	/	↘	極小	↗

これより $x=-1$ で極大, $x=1$ で極小となり

$x=-1$ のとき $y=-1-1=-2$, $x=1$ のとき $y=1+1=2$

$$\begin{cases} 極大値 & -2 & (x=-1 \text{ のとき}) \\ 極小値 & 2 & (x=1 \text{ のとき}) \end{cases}$$

(3) 定義域は $x>0$ で $y'=\log x+x\cdot\dfrac{1}{x}=\log x+1$

増減表は次のようになる.

x	0	$\cdots$	e^{-1}	$\cdots$
y'		$-$	0	$+$
y		↘	極小	↗

これより $x=e^{-1}$ で極小で, $x=e^{-1}$ のとき $y=e^{-1}\log(e^{-1})=-e^{-1}$

極小値 $-e^{-1}$ $(x=e^{-1}$ のとき$)$

【問題 2.19】(BC) 次の関数の極値を求めよ.

(1) $y=-x^3+3x+2$ (2) $y=\dfrac{x+1}{x^2+1}$ (3) $y=x+\dfrac{4}{x}$

(4) $y=x-\sqrt{x+1}$ (5) $y=xe^{2x}$ (6) $y=\log(x^2+1)$

(7) $y=e^{-x}\sin x$ $(-\pi<x<\pi)$

極値の候補点 $(f'(a)=0$ となる点 $a)$ で極値をとるかどうかの判定には「高次微分係数の符号」を利用することもできる.

【定理 2.18】 $f'(a)=0$ とする.

(1) $f''(a)>0$ ならば $x=a$ で極小である.

(2) $f''(a)<0$ ならば $x=a$ で極大である.

(3) $f''(a)=\cdots=f^{(n-1)}(a)=0,\ f^{(n)}(a)\neq 0$ のとき

・ n が偶数で $f^{(n)}(a)>0$ ならば $x=a$ で極小である.

・ n が偶数で $f^{(n)}(a)<0$ ならば $x=a$ で極大である.

・ n が奇数ならば $x=a$ で極値をもたない.

【ex.2.24】(1)　$y = x \log x$　の極値を求めよ．

(2)　$y = x^2 + 2\cos x$　が $x = 0$ で極値をもつかどうか調べよ．

....

「解」

(1) 定義域は $x > 0$ で　$y' = \log x + x \cdot \dfrac{1}{x} = \log x + 1$

$y' = 0$ となるのは　$\log x = -1$ より $x = e^{-1}$

$y'' = \dfrac{1}{x}$　より　$x = e^{-1}$ のとき $y'' = e > 0$

したがって $x = e^{-1}$ で極小となり，極小値は $y = e^{-1} \log e^{-1} = -e^{-1}$

$\qquad$ 極小値　$-e^{-1}$　$(x = e^{-1}$ のとき$)$

(2)　$f(x) = x^2 + 2\cos x$ とおく．　$f'(x) = 2x - 2\sin x = 2(x - \sin x)$

$f'(0) = 0$ となり $x = 0$ は候補点である．

$\qquad f''(x) = 2(1 - \cos x)$　,　$f''(0) = 2(1-1) = 0$

$\qquad f^{(3)}(x) = 2\sin x$　,　$f^{(3)}(0) = 0$

$\qquad f^{(4)}(x) = 2\cos x$　,　$f^{(4)}(0) = 2 > 0$

$x = 0$ での微分係数が 0 でなくなるのが偶数次（4次）微分係数で値が正だから，$x = 0$ で極小となる．　$f(0) = 0 + 2 = 2$ より

$\qquad$ 極小値 2 $(x = 0$ のとき$)$

【問題 2.20】一部再出 (BC)　　高次微分係数を用いて次の関数の極値を求めよ．(4) は $x = 0$ で極値をもつかどうか調べ，あれば極値も求めよ．

(1)　$y = -x^3 + 3x + 2$

(2)　$y = x + \dfrac{4}{x}$

(3)　$y = x - \sin x$ $(-\pi < x < \pi)$

(4)　$y = x \sin x + 2\cos x$ $(x = 0$ での判定$)$

2.13 等式／不等式の証明（微分法の応用として）

【ex.2.25】 不等式 $e^x > 1 + x \ (x > 0)$ を示せ．

「解」 $f(x) = e^x - (1+x)$ とおいて $f(x) > 0$ を示せばよい．

$f'(x) = e^x - 1$ と $e^x > 1 \ (x > 0)$ より $f'(x) > 0 \ (x > 0)$

したがって $f(x)$ は $x > 0$ で増加し， $f(x) > f(0) = 0 \ (x > 0)$

以上より $e^x > 1 + x \ (x > 0)$ が成り立つ．

【問題 2.21】(B) 次の等式／不等式を示せ．

(1) $e^x > x^2/2 \quad (x > 0)$ (2) $x > \sin x \quad (x > 0)$
(3) $x - \dfrac{x^3}{6} < \sin x \quad (x > 0)$ (4) $\tan^{-1} x + \tan^{-1}(1/x) = \dfrac{\pi}{2} \quad (x > 0)$

2.14 関数のグラフ／凹凸／変曲点

【凹凸と変曲点】

微分可能関数 $y = f(x)$ のグラフ上の点 $(a, f(a))$ での接線を ℓ_a とする．

- 点 $(a, f(a))$ の周りで
  「接線 ℓ_a よりグラフの方が上にあるとき」
  曲線 $y = f(x)$ は点 $(a, f(a))$ で「下に凸」
  という．

- 点 $(a, f(a))$ の周りで
  「接線 ℓ_a よりグラフの方が下にあるとき」
  曲線 $y = f(x)$ は点 $(a, f(a))$ で「上に凸」
  という．

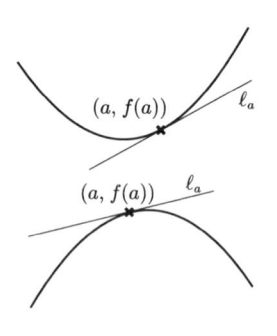

- 区間 I 上のグラフの各点で下に凸のとき「関数 $f(x)$ は I で下に凸」，
  区間 I 上のグラフの各点で上に凸のとき「関数 $f(x)$ は I で上に凸」
  という．

- 点 $(a, f(a))$ を境に「上に凸から下に凸に」または「下に凸から上に凸に」変わるとき点 $(a, f(a))$ を曲線（グラフ）の「変曲点」という．

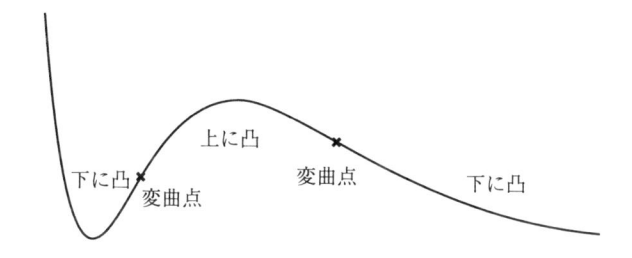

第 2 次導関数の符号により凹凸／変曲点を調べることができる．

【定理 2.19】
  (1) 区間 I で $f''(x) > 0$ のとき，$f(x)$ は I で下に凸である．
  (2) 区間 I で $f''(x) < 0$ のとき，$f(x)$ は I で上に凸である．
  (3) $f''(a) = 0$ で，$x = a$ を境に $f''(x)$ の符号が変化すれば
      点 $(a, f(a))$ は変曲点である．

（＊）$f'(x)$ は各点 x での接線の傾きを表すから，$f''(x) = \bigl(f'(x)\bigr)'$ の符号から接線の傾きの変化（増加／減少）が分かる．このことから曲線の概形と凹凸は感覚的には次のようになる．

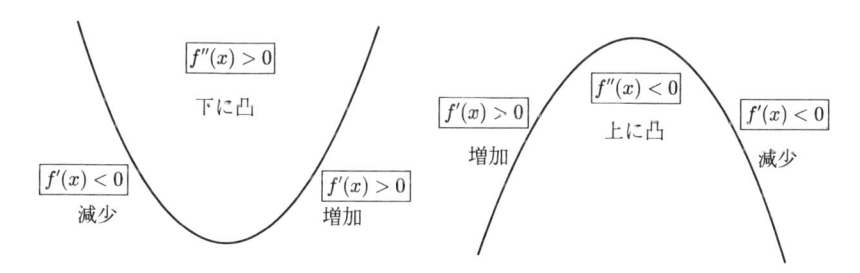

【定理 2.19】から $y'' = f''(x)$ の符号を含む増減表を作成し「増減，凹凸，変曲点」を調べることでグラフ（曲線）の概形が分かる．必要ならば極限値も調べる．

【ex.2.26】 次の関数のグラフの概形を描け.

(1) $y = x^3 - 3x^2 - 9x + 1$ (2) $y = xe^{-x}$

「解」
(1) $y' = 3x^2 - 6x - 9 = 3(x-3)(x+1)$
        $y'' = 6x - 6 = 6(x-1)$

より増減表は次のようになる.

x	$\cdots$	-1	$\cdots$	1	$\cdots$	3	$\cdots$
y'	$+$	0	$-$	$-$	$-$	0	$+$
y''	$-$	$-$	$-$	0	$+$	$+$	$+$
y	↗	極大 6	↘	変曲点 -10	↘	極小 -26	↗

したがってグラフは右図のようになる.

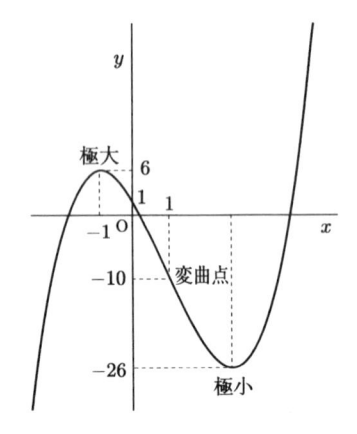

(2) $y' = 1 \cdot e^{-x} + x \cdot e^{-x} \cdot (-1) = (1-x)e^{-x}$
        $y'' = (-1) \cdot e^{-x} + (1-x) \cdot e^{-x} \cdot (-1) = (x-2)e^{-x}$

増減表は右のようになる.
またロピタルの定理より
$$\lim_{x \to \infty} xe^{-x} = \lim_{x \to \infty} \frac{x}{e^x} = \lim_{x \to \infty} \frac{1}{e^x} = 0$$
以上よりグラフは下図のようになる.

x	$\cdots$	1	$\cdots$	2	$\cdots$
y'	$+$	0	$-$	$-$	$-$
y''	$-$	$-$	$-$	0	$+$
y	↗	極大 e^{-1}	↘	変曲点 $2e^{-2}$	↘

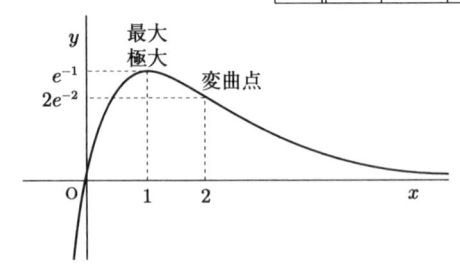

【問題 2.22】(B) 次の関数のグラフの概形を描け.

(1) $y = -x^3 + 3x + 2$ (2) $y = \dfrac{2x}{x^2+1}$ (3) $y = e^{-x^2}$ (4) $y = \dfrac{\log x}{x}$

凹凸／変曲点を調べるのに高次微分係数の符号を利用することもできる．ここでは定理のみ紹介する．

【定理 2.20】　　$f''(a) = \cdots = f^{(n-1)}(a) = 0, \ f^{(n)}(a) \neq 0$　とする．

(1)　n が奇数のとき　点 $(a, f(a))$ は変曲点である．

(2)　n が偶数のとき

$f^{(n)}(a) > 0$　ならば 点 $(a, f(a))$ で下に凸，

$f^{(n)}(a) < 0$　ならば 点 $(a, f(a))$ で上に凸である．

2.15　類題／発展／応用　　＊　類題の番号は問題の番号に対応している．

[類題 2.1] (A)　次の関数を微分せよ．

(1)　$y = 2x^3 - x + 2$　　(2)　$y = x^4 - 3x^3 - 2$　　(3)　$y = (5x-1)(x^4+1)$

(4)　$y = (3x^2+1)(x^5-2)$　(5)　$y = \dfrac{x-2}{2x^2-1}$　(6)　$y = \dfrac{x^2}{x^3+1}$

(7)　$y = \dfrac{1}{x^2+x+1}$　　(8)　$y = \dfrac{5}{1-2x}$

[類題 2.2] (AB)　次の関数を微分せよ．

(1)　$y = (2-x)^7$　　(2)　$y = (x^4 - 2x - 2)^3$　　(3)　$y = (2x-1)(5x^4+1)^6$

(4)　$y = (x^2+1)^4(x^4-2)^5$　(5)　$y = \left(\dfrac{x+2}{x^2-1}\right)^4$　(6)　$y = \dfrac{x^3}{(x^4+1)^5}$

(7)　$y = \dfrac{1}{(x^2+x+1)^3}$　　(8)　$y = \dfrac{3}{(1-2x)^7}$

[類題 2.3] (AB)　次の関数を微分せよ．

(1)　$y = \dfrac{5}{x^3}$　　(2)　$y = x^{\sqrt{2}}$　　(3)　$y = \dfrac{3}{3x^2+4}$

(4)　$y = \dfrac{1}{x\sqrt[3]{x}}$　　(5)　$y = \sqrt{3x^2+4}$　　(6)　$y = \dfrac{1}{\sqrt{3x^2+4}}$

(7)　$y = x^6\sqrt{x+2}$　　(8)　$y = (1-2x)^3\sqrt{3x+1}$　　(9)　$y = \dfrac{\sqrt[3]{x^4+1}}{x^2}$

[類題 2.4] (AB)　次の関数を微分せよ．

(1) $y = e^{4x}$ 　　(2) $y = \log(x^2 + x + 1)$ 　　(3) $y = \log|\log x|$

(4) $y = \sqrt{x}\, e^{\sqrt{x}}$ 　　(5) $y = e^x \log(1 + 2x)$ 　　(6) $y = \dfrac{x^2}{e^x - e^{-x}}$

(7) $y = \dfrac{1}{2} \log \dfrac{1-x}{1+x}$

[類題 2.5] (B)　次の関数を微分せよ．　(1) $y = (2x+1)^x$ 　(2) $y = x^{3x}\sqrt{2x+1}$

[類題 2.6] (B)　次の関数を微分せよ．

(1) $y = \cos(\cos x)$ 　　(2) $y = \log\left|\tan \dfrac{x}{2}\right|$ 　　(3) $y = x^2 \sin \dfrac{1}{x}$

(4) $y = e^{-3x} \cos 2x$ 　　(5) $y = e^x(\sin 3x - 2\cos 3x)$ 　　(6) $y = \dfrac{x \sin x}{1 + \cos^2 x}$

(7) $y = \dfrac{\sin x}{(1 + \cos x)^3}$ 　　(8) $y = (\sin x)^{\sin x}$

[類題 2.7] (B)　次の関数を微分せよ．

(1) $y = \sin^{-1} 2x^2$ 　　(2) $y = \sqrt{\cos^{-1} x}$ 　　(3) $y = \tan^{-1} \dfrac{1}{x+1}$

(4) $y = x^2 \cos^{-1} \dfrac{x}{2}$ 　　(5) $y = e^{\sin^{-1} 2x}$ 　　(6) $y = e^{-x} \tan^{-1} x^2$

(7) $y = \dfrac{1}{\sin^{-1} x}$ 　　(8) $y = \tan^{-1} \sqrt{\dfrac{1-x}{1+x}}$ 　$(-1 < x < 1)$

[類題 2.8] (B)　次のパラメータ表示された関数を微分せよ．

(1)　$x = t^3 + 1$, $y = (t+1)^4$ 　$(t \in \mathbf{R})$

(2)　$x = t \cos t$, $y = t \sin t$ 　$(-\pi < t < \pi)$

(3)　$x = 2\cos t - \cos 2t$, $y = 2\sin t - \sin 2t$ 　$(-\pi < t < \pi)$

[類題 2.9] (B)　次の式で定まる陰関数 $y = y(x)$ の導関数を求めよ．

(1)　$x^2 - y^2 = 1$ 　　(2)　$x^4 - x^2 y + y^3 = 0$ 　　(3)　$\cos(xy^2) = 1 + y$

[類題 2.10] (AB)　次の関数の第 2 次導関数を求めよ．

(1) $y = x^4 + x^2 + 1$ 　　(2) $y = \sin^4 x$ 　　(3) $y = x^2 e^{-2x}$

[類題 2.11] (BC)　次の関数の第 n 次導関数を求めよ．

(1) $y = e^{-2x}$ 　　(2) $y = \cos 3x$ 　　(3) $y = \log(1 + 2x)$

(4) $y = e^x \sin x$ 　　(5) $y = \dfrac{x^3}{1-x}$

[類題 2.12] (BC)　次の関数の第 n 次導関数を求めよ．

(1)　$y = x^2 \cos x$　　　　(2)　$y = x^3 e^x$　　　　(3)　$y = x \sin^2 x$

[類題 2.13] (AB)　次の微分係数を求めよ．

(1)　$f(x) = \dfrac{x}{e^x + 1}$,　$f'(0)$　　　　(2)　$f(x) = \sqrt{x+1}\, e^{-x}$,　$f'(0)$

(3)　$f(x) = \log(\sin x)$,　$f''(\pi/3)$

(4)　$f(x) = \cos x$,　$f^{(2m+1)}(0)$　　(m は自然数)

[類題 2.14] (B)　次の曲線の指定された点での接線を求めよ．

(1)　曲線 $y = x^5 - x^2 + 3$　(点 $(-1, 1)$)　　(2)　曲線 $y = \dfrac{x}{1+x^2}$　(点 $(0,0)$)

(3)　曲線 $y = \tan^2 x$　(点 $\left(\dfrac{\pi}{6}, \dfrac{1}{3}\right)$)　　(4)　曲線 $x^2 + 2y^2 = 4$　(点 $(\sqrt{2}, 1)$)

(5)　曲線　$x = t\cos\pi t,\ y = t\sin\pi t\ (0 < t < 1)$　(点 $(0, \tfrac{1}{2})$)

[類題 2.15] (B)　次の極限値を求めよ．

(1)　$\displaystyle\lim_{x\to 0}\dfrac{e^{2x}-1}{\log(1+x)}$　　(2)　$\displaystyle\lim_{x\to\pi/2}\dfrac{\cos x}{x-\pi/2}$　　(3)　$\displaystyle\lim_{x\to 0}\dfrac{\sqrt{1+2x}-1}{\sin x}$

(4)　$\displaystyle\lim_{x\to\infty}\dfrac{2x+1}{e^x+x}$　　(5)　$\displaystyle\lim_{x\to\infty}\dfrac{\log(x^3+1)}{\log x}$　　(6)　$\displaystyle\lim_{x\to 0}\dfrac{x(e^{-x}-1)}{\log(1+x)-x}$

[類題 2.17] (BC)　次の極限値を求めよ．

(1)　$\displaystyle\lim_{x\to +0}\sqrt{x}\log x$　　(2)　$\displaystyle\lim_{x\to 0}x\log|\sin x|$　　(3)　$\displaystyle\lim_{x\to +0}(\sin x)^x$

(4)　$\displaystyle\lim_{x\to\infty}x^{1/x}$　　(5)　$\displaystyle\lim_{x\to 0}\left(\dfrac{1}{x} - \dfrac{1}{\log(1+x)}\right)$

[類題 2.18] (DC)　次の関数のマクローリン近似を求めよ．

(1)　$f(x) = \log(1+x)$　(4 次)　　(2)　$f(x) = (1+x)^{-1}$　(2 次)

(3)　$f(x) = \dfrac{1}{2}(e^x + e^{-x})$　(4 次)　　(4)　$f(x) = (x+1)e^{2x}$　(3 次)

(5)　$f(x) = e^{-x}\log(1-x)$　(3 次)　　(6)　$f(x) = e^x\sqrt{1+x}$　(3 次)

(7)　$f(x) = (1+x^2)^{-1}\cos 2x$　(4 次)　　(8)　$f(x) = e^{-2x}$　(n 次)

(9)　$f(x) = \sqrt{1-x^2}$　($2n$ 次)　　(10)　$f(x) = (1+x^2)\cos x$　($2n$ 次)

(11)　$f(x) = \log(1 - x - 2x^2)$　(n 次)

[類題 2.19] (B)　次の関数の極値を求めよ．

(1) $y = x^4 - 4x^3 + 4x^2 + 5$　　(2) $y = x^5 - 5x + 2$　　(3) $y = \dfrac{2x}{x^2+1}$

(4) $y = \dfrac{x^2 - x + 2}{x^2 + x + 2}$　　(5) $y = \sqrt{x} + \dfrac{1}{\sqrt{x}}$　　(6) $y = x - \log x$

(7) $y = e^x + e^{-x}$　　(8) $y = \dfrac{\log x}{x}$

[類題 2.20] (BC)　高次微分係数を用いて次の関数の極値を求めよ．(4) は $x = 0$ で極値をもつかどうか調べ，あれば極値も求めよ．

(1) $y = x^4 - 4x^3 + 4x^2 + 5$　　(2) $y = \dfrac{2x}{x^2+1}$

(3) $y = x + 2\sin x$ （$-\pi < x < \pi$）　　(4) $y = e^{-x^2} + x^2$（$x = 0$ での判定）

[類題 2.21] (B)　次の等式／不等式を示せ．

(1) $2\sqrt{x} > \log x$　　$(x > 1)$　　(2) $e^{-x} > 1 - x$　　$(x > 0)$

(3) $e^{-x} < 1 - x + \dfrac{x^2}{2}$　　$(x > 0)$　　(4) $\tan^{-1} x + \tan^{-1}(1/x) = -\dfrac{\pi}{2}$　　$(x < 0)$

[類題 2.22] (B)　次の関数のグラフの概形を描け．

(1) $y = x^5 - 5x + 2$　　(2) $y = x + \dfrac{4}{x}$　　(3) $y = x - \sqrt{x+1}$

(4) $y = \sqrt{x}\, e^{-x}$

発展／応用／トピックス

[2-1] (B)　曲線 $x^{2/3} + y^{2/3} = 1$ $(0 < x < 1, 0 < y < 1)$　上の各点での接線が x 軸と y 軸で切り取られてできる線分の長さが一定であることを示せ．（アステロイドの性質）

[2-2] (B)　曲線 $x = -\sqrt{1-y^2} - \log(1 - \sqrt{1-y^2}) + \log y$　$(x > 0)$　上の点 P での接線と x 軸との交点 Q について，線分 PQ の長さが（点 P のとり方に依らず）一定であることを示せ．（トラクトリクスの性質）

[2-3] (B)　関数 $y = y(t)$, $t = t(x)$ の合成関数：$y = y(t(x))$ の第 2 次導関数が次のようになることを示せ：$\dfrac{d^2 y}{dx^2} = \dfrac{d^2 y}{dt^2}\left(\dfrac{dt}{dx}\right)^2 + \dfrac{dy}{dt} \cdot \dfrac{d^2 t}{dx^2}$

[2-4] (B)　$y = |x|e^{-x}$ の極値を求めよ．　　（＊）微分不可能点を含むときの極値問題

[2-5] (B)　次の問いに答えよ．（要電卓／本来は誤差評価が必要）
(1)　$f(x) = e^x$ の $x = 1$ 中心の n 次のテイラー近似を求めよ．
(2)　e^x の $x = 1$ 中心の 3 次のテイラー近似：
$$e^x \doteqdot e\left(1 + (x-1) + \frac{(x-1)^2}{2} + \frac{(x-1)^3}{6}\right) \quad (x \sim 1)$$
を $x = 1.1$ の場合に適用して e の近似値を小数第 3 位まで求めよ．
(3)　e^x の $x = 1$ 中心の 2 次のテイラー近似：
$$e^x \doteqdot e\left(1 + (x-1) + \frac{(x-1)^2}{2}\right) \quad (x \sim 1)$$
を $x = 1.01$ の場合に適用して e の近似値を小数第 3 位まで求めよ．

[2-6] (C)　（π の近似計算）
(1)　$\tan(\theta + \varphi)$ についての加法定理を利用して次式を示せ．
$$\tan^{-1}\alpha + \tan^{-1}\beta = \tan^{-1}\left(\frac{\alpha + \beta}{1 - \alpha\beta}\right) \quad (\,|\tan^{-1}\alpha + \tan^{-1}\beta| < \pi/2\,)$$
(2)　(1) を利用して　$2\tan^{-1}\dfrac{1}{5} = \tan^{-1}\dfrac{5}{12}$　を示せ．
(3)　$2\tan^{-1}\dfrac{5}{12} = \tan^{-1}\dfrac{120}{119}$　を示せ．
(4)　$\dfrac{\pi}{4} = 4\tan^{-1}\dfrac{1}{5} - \tan^{-1}\dfrac{1}{239}$　を示せ．（マチン (Machin) の公式）
(5)　次のマクローリン近似を示せ：　$\tan^{-1}x \simeq x - \dfrac{x^3}{3} + \dfrac{x^5}{5} - \dfrac{x^7}{7}$
(6)　(4), (5) を利用して π の近似値を小数第 6 位まで求めよ．（要電卓）

[2-7] (B)　次の関数のグラフの概形を描け．m は定数，σ, c は正定数とする．
(1)　$y = \dfrac{1}{\sqrt{2\pi}\,\sigma}\exp\left(-\dfrac{(x-m)^2}{2\sigma^2}\right)$　　(2)　$y = \dfrac{1}{1 + e^{-c(x-m)}}$

（＊）(1) は正規分布の密度関数，(2) はロジスティック分布の分布関数である．いずれも確率統計に現れる．応用例として，(1) 誤差などの確率／推定，偏差値，IQ, ...
(2) 人口論，要因の有無による確率の推定（ロジスティック回帰）：成功率，病気の発症率など．

[2-8] (C)　（相加相乗平均の不等式）

(1) 次の不等式を示せ： $\log x - \log \alpha \leq \dfrac{1}{\alpha}(x - \alpha)$ 　$(x > 0 , \alpha \text{ は正定数})$

(2) $\alpha = \dfrac{1}{n}(a_1 + a_2 + \cdots + a_n)$ とおいて「相加相乗平均の不等式」を示せ：

$$(a_1 a_2 \cdots a_n)^{1/n} \leq \dfrac{1}{n}(a_1 + a_2 + \cdots + a_n) \quad (a_1, ..., a_n \text{ は正定数})$$

[2-9] (B)　（微分方程式）

(1) $\begin{cases} y' - 2y = 0 \\ y(0) = 1 \end{cases}$ をみたす関数 $y = y(x)$ を求めたい．$y' - 2y = 0$ の両辺に e^{-2x} をかけると左辺が $\{e^{-2x}y\}'$ となることを利用して $y = y(x)$ を求めよ．

(2) $\begin{cases} y' + \dfrac{y}{x} = 2 \\ y(1) = 3 \end{cases}$ $(x > 0)$ 　をみたす関数 $y = y(x)$ を求めよ．（両辺に x を掛ける）

[2-10] (C)　光の屈折（フェルマーの原理；文献 [2], [4], [7]）

図のように 2 層の領域内で動点の速さが異なり v_1, v_2（正定数）とする．また x と角 θ_1, θ_2 を図のように定める．点 A から点 B までの最短ルートを求めたい．

点 A から点 B までの移動時間は

$$T = \dfrac{\sqrt{a^2 + x^2}}{v_1} + \dfrac{\sqrt{b^2 + (\ell - x)^2}}{v_2}$$

だから，T の最小値を求めればよい．

(1) $\dfrac{dT}{dx}$ を計算せよ．

(2) $\dfrac{\sin \theta_1}{v_1} = \dfrac{\sin \theta_2}{v_2}$ のとき $\dfrac{dT}{dx} = 0$ となることを示せ．

(3) (2) のとき T が極小かつ最小となることを示せ．

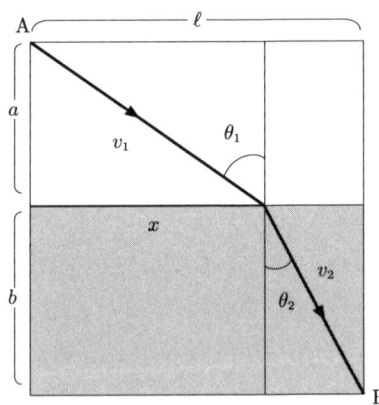

[2-11] (D)　（古典的天体運動，惑星の楕円軌道，　文献 [5]）

太陽（質量 M）の周りの惑星 A（質量 m）の運動を考える．軌道は平面上であると仮定しておく．太陽は原点 O で不動とし，

　　A の位置を P：$\boldsymbol{r} = (x, y) = (x(t), y(t))$　（t は時間変数），

　　距離 $\overline{\mathrm{OP}} = r = |\boldsymbol{r}| = \sqrt{x^2 + y^2}$

とする．また $t = 0$ のとき A は点 $\mathrm{P_0}$：$\boldsymbol{r_0} = (x_0, 0)$ にあるとし，時刻 $t\,(\geqq 0)$ のとき OP と $\mathrm{OP_0}$ のなす角を θ $(0 \leqq \theta < 2\pi)$ とする（5 章，極座標参照）．

まず，万有引力の法則より　　$m\dfrac{d^2\boldsymbol{r}}{dt^2} = -G\dfrac{mM}{r^2} \cdot \dfrac{\boldsymbol{r}}{r}$　　（G は正定数）

$$\dfrac{d^2\boldsymbol{r}}{dt^2} = -\dfrac{\gamma}{r^3}\boldsymbol{r} \quad (\gamma = GM \text{ は正定数}) \qquad (\sharp 1)$$

が成り立つ．（脚注参照）

(1)　$\boldsymbol{r} = (r(t)\cos\theta(t), r(t)\sin\theta(t))$　であることを利用して次式を示せ．

$$\dfrac{d\boldsymbol{r}}{dt} = r'\boldsymbol{e_1} + r\theta'\boldsymbol{e_2} \;, \quad \dfrac{d^2\boldsymbol{r}}{dt^2} = \left\{r'' - r(\theta')^2\right\}\boldsymbol{e_1} + \left\{2r'\theta' + r\theta''\right\}\boldsymbol{e_2}$$

ここで $\boldsymbol{e_1} = (\cos\theta, \sin\theta)$，$\boldsymbol{e_2} = (-\sin\theta, \cos\theta)$ とする．

(2)　$\boldsymbol{e_1}, \boldsymbol{e_2}$ の直交性と $(\sharp 1)$ を使って次式を示せ：　$\begin{cases} r'' - r(\theta')^2 = -\dfrac{\gamma}{r^2} & (\sharp 2) \\ 2r'\theta' + r\theta'' = 0 & (\sharp 3) \end{cases}$

(3)　$(\sharp 3)$ より次式を示せ：　$r^2\theta' = k$（k はある定数）　$(\sharp 4)$

(4)　$(\sharp 2), (\sharp 4)$ より次式を示せ：　$r'' - \dfrac{k^2}{r^3} = -\dfrac{\gamma}{r^2}$　$(\sharp 5)$

(5)　$u = \dfrac{1}{r}$ とおいて　$\dfrac{du}{d\theta} = \dfrac{du}{dt}\bigg/\dfrac{d\theta}{dt} = \dfrac{u'}{\theta'}$　を使って次式を示せ：

$\dfrac{du}{d\theta} = -\dfrac{r'}{k}$　$(\sharp 6)$　,　　　　$\dfrac{d^2u}{d\theta^2} + u - \dfrac{\gamma}{k^2}$　$(\sharp 7)$

(6)　$u = \dfrac{\gamma}{k^2} + C\cos\theta$（$C$ は定数）が $(\sharp 7)$ をみたすことを示せ．

(7)　$\varepsilon = \dfrac{Ck^2}{\gamma}$　が　$0 \leqq \varepsilon < 1$　となるとき

$\dfrac{1}{r} = \dfrac{\gamma}{k^2} + C\cos\theta$　が楕円（円を含む）を表すことを示せ．（x, y で表す）

（補足）　$\boldsymbol{r} = (x(t), y(t))$ を「ベクトル関数」という．その導関数は

$$\dfrac{d\boldsymbol{r}}{dt} = (x'(t), y'(t)) \quad , \quad \dfrac{d^2\boldsymbol{r}}{dt^2} = (x''(t), y''(t))$$

第 3 章　　不定積分

応用例

- 定積分（次章）の計算　〜　さまざまな量の計算
    - ex.　面積，体積，曲線の長さ，曲面積，確率，…

- 微分方程式を解く　〜　現象の解析の1つの方法
    - ex.　絵の年代推定，人工透析装置，広告効果，電気回路，流速度
      化学反応速度，惑星の運動，…

章末参照　・トラクトリクス　　・カテナリー（電線，ロープ，ネックレス）
　　　　　・吊り橋のメインケーブルの曲線　・トリチェリの流法則　・最速降下線

応用項目，応用分野　（数学）　・微分方程式　・その他，次章を参照.

3.1　原始関数と不定積分

【原始関数】

$\boxed{F'(x) = f(x)}$ をみたす関数 $F(x)$ を「$f(x)$ の原始関数」という．

【原始関数の一般形】

$f(x)$ の原始関数を1つ選び $F(x)$ とすると，<u>1つの区間では</u>

　　　　原始関数の一般形は　　$\boxed{F(x) + C}$　　（C は任意の定数）

$\left(\begin{array}{l} G(x) \text{ を } f(x) \text{ の原始関数とすると } \{G(x) - F(x)\}' = f(x) - f(x) = 0 \text{ だから} \\ G(x) - F(x) \text{ は（1つの区間で）定数であり，} G(x) = F(x) + \text{「定数」.} \end{array} \right)$

このような $f(x)$ の原始関数の一般形を「$f(x)$ の不定積分」という．
$f(x)$ の不定積分を求めることを「$f(x)$ を積分する」という．

$f(x)$ の不定積分が $F(x) + C$ であることを

$$\int f(x)\, dx = F(x) + C$$

と表し，$f(x)$ を「被積分関数」，C を「積分定数」という．

(∗) この章では C は積分定数を表すことにする．

微分公式より基本的な積分公式を得る．

ex. $(\sin x)' = \cos x$ だから $\int \cos x\, dx = \sin x + C$

【積分公式1】

被積分関数	条件など	(C は積分定数)
k	k は定数	$\int k\, dx = kx + C$
x^α	$\alpha \neq -1$	$\int x^\alpha\, dx = \dfrac{1}{\alpha+1} x^{\alpha+1} + C$
$\dfrac{1}{x}$		$\int \dfrac{1}{x}\, dx = \log |x| + C$
$\dfrac{1}{\sqrt{x}}$		$\int \dfrac{1}{\sqrt{x}}\, dx = 2\sqrt{x} + C$
e^x		$\int e^x\, dx = e^x + C$
a^x	$a > 0, a \neq 1$	$\int a^x\, dx = \dfrac{a^x}{\log a} + C$
$\sin x$		$\int \sin x\, dx = -\cos x + C$
$\cos x$		$\int \cos x\, dx = \sin x + C$
$\dfrac{1}{\cos^2 x}$		$\int \dfrac{1}{\cos^2 x}\, dx = \tan x + C$
$\dfrac{1}{\sin^2 x}$		$\int \dfrac{1}{\sin^2 x}\, dx = -\dfrac{1}{\tan x} + C$

(∗) $\boxed{\int \log x\, dx = x\log x - x + C}$ は後述の部分積分法により求められる．

【積分公式 2】(参考)

被積分関数	$a > 0$, α は実数, C は積分定数
$\dfrac{1}{x^2 - a^2}$	$\displaystyle\int \dfrac{1}{x^2 - a^2}\, dx = \dfrac{1}{2a} \log\left|\dfrac{x-a}{x+a}\right| + C$
$\dfrac{1}{x^2 + a^2}$	$\displaystyle\int \dfrac{1}{x^2 + a^2}\, dx = \dfrac{1}{a} \tan^{-1} \dfrac{x}{a} + C$
$\dfrac{1}{\sqrt{a^2 - x^2}}$	$\displaystyle\int \dfrac{1}{\sqrt{a^2 - x^2}}\, dx = \sin^{-1} \dfrac{x}{a} + C$
$\dfrac{1}{\sqrt{\alpha + x^2}}$	$\displaystyle\int \dfrac{1}{\sqrt{\alpha + x^2}}\, dx = \log\left|x + \sqrt{\alpha + x^2}\right| + C$
$\sqrt{a^2 - x^2}$	$\displaystyle\int \sqrt{a^2 - x^2}\, dx = \dfrac{1}{2}\left(x\sqrt{a^2 - x^2} + a^2 \sin^{-1}\dfrac{x}{a}\right) + C$
$\sqrt{\alpha + x^2}$	$\displaystyle\int \sqrt{\alpha + x^2}\, dx = \dfrac{1}{2}\left(x\sqrt{\alpha + x^2} + \alpha \log\left|x + \sqrt{\alpha + x^2}\right|\right) + C$

【ex.3.1】 $\displaystyle\int x^\alpha\, dx = \dfrac{1}{\alpha + 1} x^{\alpha + 1} + C \quad (\alpha \neq -1)$

$\displaystyle\int x^2\, dx = \dfrac{1}{3} x^3 + C \, , \quad \int x^{\frac{4}{3}}\, dx = \dfrac{3}{7} x^{\frac{7}{3}} + C \, , \quad \int x^{-3}\, dx = -\dfrac{1}{2} x^{-2} + C$

【ex.3.2】 $\displaystyle\int \dfrac{1}{x^2 + 9}\, dx = \dfrac{1}{3} \tan^{-1} \dfrac{x}{3} + C \, , \quad \int \dfrac{1}{\sqrt{9 - x^2}}\, dx = \sin^{-1} \dfrac{x}{3} + C$

【ex.3.3】 $\displaystyle\int \dfrac{1 - \cos^2 x}{\sin x}\, dx = \int \dfrac{\sin^2 x}{\sin x}\, dx = \int \sin x\, dx = -\cos x + C$

【問題 3.1】(A) 次の式を計算せよ.

(1) $\displaystyle\int x^4\, dx$ (2) $\displaystyle\int \dfrac{1}{x^4}\, dx$ (3) $\displaystyle\int x\sqrt{x}\, dx$ (4) $\displaystyle\int \dfrac{1}{x}\, dx$

(5) $\displaystyle\int 2^x\, dx$ (6) $\displaystyle\int \cos(-x)\, dx$ (7) $\displaystyle\int \dfrac{1}{x^2 + 4}\, dx$ (8) $\displaystyle\int \dfrac{1}{\sqrt{4 - x^2}}\, dx$

【問題 3.2】(B) 次の式を積分記号を使わないで表せ.

(1) $\displaystyle\int f'(x)\, dx$ (2) $\displaystyle\int \bigl(f'(x)g(x) + f(x)g'(x)\bigr)\, dx$ (3) $\displaystyle\int f(x)f'(x)\, dx$

3.2 不定積分の基本的性質

【定理 3.1】
(1) $\displaystyle\int kf(x)\,dx = k\int f(x)\,dx$ （k は定数）
(2) $\displaystyle\int (f(x) \pm g(x))\,dx = \int f(x)\,dx \pm \int g(x)\,dx$ （複号同順）

【ex.3.4】 次の式を計算せよ．
(1) $\displaystyle\int 2e^x\,dx$
(2) $\displaystyle\int \left(x^3 - \frac{1}{x^2}\right)dx$
(3) $\displaystyle\int \left(-\sin x + \frac{2}{x}\right)dx$

「解」
(1) $\displaystyle\int 2e^x\,dx = 2\int e^x\,dx = 2e^x + C$

(2) $\displaystyle\int \left(x^3 - \frac{1}{x^2}\right)dx = \int x^3\,dx - \int x^{-2}\,dx$
$\qquad = \dfrac{1}{4}x^4 - \dfrac{1}{-1}x^{-1} + C$
$\qquad = \dfrac{1}{4}x^4 + x^{-1} + C \quad \left(= \dfrac{1}{4}x^4 + \dfrac{1}{x} + C\right)$

(3) $\displaystyle\int \left(-\sin x + \frac{2}{x}\right)dx = -\int \sin x\,dx + 2\int \frac{1}{x}\,dx$
$\qquad = -(-\cos x) + 2\log|x| + C$
$\qquad = \cos x + 2\log|x| + C$

【問題 3.3】(AB) 次の式を計算せよ．

(1) $\displaystyle\int (3x^5 - 5x^2 - 1)\,dx$
(2) $\displaystyle\int (3e^x - 5\sin x)\,dx$
(3) $\displaystyle\int \left(\frac{1}{3x} + 2\cos x\right)dx$
(4) $\displaystyle\int \left(\frac{1}{\sqrt{3x}} - 2^{x+1}\right)dx$
(5) $\displaystyle\int \frac{x^2 + 3x - 1}{x}\,dx$
(6) $\displaystyle\int \frac{\sin^2 x}{1 + \cos x}\,dx$

3.3 $\int f(ax+b)\,dx$ $(a \neq 0)$ (準公式 I)

【定理 3.2】 $\int f(x)\,dx = F(x) + C$ のとき

$$\int f(ax+b)\,dx = \frac{1}{a}F(ax+b) + C \quad (a \neq 0)$$

$\left(\left\{\frac{1}{a}F(ax+b)\right\}' = \frac{1}{a}F'(ax+b)\cdot(ax+b)' = \frac{1}{a}F'(ax+b)\cdot a = F'(ax+b) = f(ax+b) \right)$

【ex.3.5】 次の式を計算せよ.

(1) $\int (-2x+3)^6\,dx$ (2) $\int \frac{1}{2x+3}\,dx$ (3) $\int e^{3x}\,dx$

「解」
(1) $\int (-2x+3)^6\,dx = \frac{1}{-2}\cdot\frac{1}{7}(-2x+3)^7 + C = -\frac{1}{14}(-2x+3)^7 + C$

(2) $\int \frac{1}{2x+3}\,dx = \frac{1}{2}\log|2x+3| + C$

(3) $\int e^{3x}\,dx = \frac{1}{3}e^{3x} + C$

＊ 微分計算から定数を調整してもよい.

【問題 3.4】(B) 次の式を計算せよ.

(1) $\int (3x+1)^4\,dx$ (2) $\int \frac{1}{(2x+1)^5}\,dx$ (3) $\int \frac{1}{1-2x}\,dx$

(4) $\int e^{-x+2}\,dx$ (5) $\int \cos(5x-1)\,dx$ (6) $\int 2^{3x-1}\,dx$

(7) $\int \frac{1}{\sqrt{5x-1}}\,dx$ (8) $\int \frac{1}{\cos^2(1-2x)}\,dx$ (9) $\int \sin^2 x\,dx$

【ex.3.6】 平方完成を利用することもある.

$$\int \frac{1}{x^2+2x+2}\,dx = \int \frac{1}{(x+1)^2+1}\,dx = \frac{1}{1}\tan^{-1}(x+1) + C = \tan^{-1}(x+1) + C$$

3.4 $\int f(g(x))g'(x)\,dx$ （準公式 II）

【定理 3.3】 $\int f(x)\,dx = F(x) + C$ のとき

$$\int f(g(x))g'(x)\,dx = F(g(x)) + C$$

$\left(\left\{F(g(x))\right\}' = F'(g(x)) \cdot g'(x) = f(g(x))g'(x) \quad \text{より分かる.} \right)$

(∗) $\int f(\blacksquare) \times \blacksquare'\,dx$ ： $\int f(x)\,dx$ を計算して $x = \blacksquare$ を代入.

【ex.3.7】 次の式を計算せよ．

(1) $\int \sin^3 x \cos x\,dx$ (2) $\int x e^{x^2}\,dx$

「解」
(1) $\int \sin^3 x \cos x\,dx = \int (\sin x)^3 (\sin x)'\,dx$, $\int x^3\,dx = \frac{1}{4}x^4 + C$ より

$\int \sin^3 x \cos x\,dx = \frac{1}{4}\sin^4 x + C$

(2) $\int x e^{x^2}\,dx = \frac{1}{2}\int e^{x^2}(x^2)'\,dx$, $\int e^x\,dx = e^x + C$ より

$\int x e^{x^2}\,dx = \frac{1}{2}e^{x^2} + C$

【問題 3.5】 (B) 次の式を計算せよ．

(1) $\int \sin^7 x \cos x\,dx$ (2) $\int x^4(x^5 - 1)^4\,dx$ (3) $\int e^{\sin x}\cos x\,dx$

(4) $\int \frac{x}{x^2+1}\,dx$ (5) $\int x e^{-2x^2}\,dx$ (6) $\int \frac{\tan^3 x + 1}{\cos^2 x}\,dx$

(7) $\int \tan x\,dx$

3.5 置換積分法（変数変換）

【定理 3.4】（置換積分法）

$x = g(t)$ と変数変換を行うと $\quad\boxed{\int f(x)\,dx = \int f(g(t))g'(t)\,dt}$

$$\left(\begin{array}{l} \int f(x)\,dx = F(x) + C \text{ とし，合成関数 } F(g(t)) \text{ を } t \text{ について微分すると} \\ \dfrac{d}{dt}F(g(t)) = \{F(g(t))\}' = F'(g(t))g'(t) = f(g(t))g'(t) \\ \text{したがって } \int f(g(t))g'(t)\,dt = F(g(t)) + C = F(x) + C = \int f(x)\,dx \end{array}\right)$$

【置換積分法のステップ】

$$\int f(x)\,dx \qquad\qquad \boxed{\text{ex.}}\ \int \frac{1}{\sqrt{x}+1}\,dx$$

$\boxed{1}$ $\underline{x = g(t) \text{ （または } h(x) = t\text{）とおく．}}$ $\boxed{1}$ $x = t^2 \quad (\sqrt{x} = t)$

　　　巻末付録 A.3, 補足 3.1 参照.

$\boxed{2}$ $\underline{dx \text{ と } dt \text{ の関係式を作る．}}$ $\boxed{2}$ $dx = 2t\,dt$

　　　$x = g(t)$ の場合　$dx = g'(t)\,dt$
　　　$h(x) = t$ の場合　$h'(x)\,dx = dt$

$\boxed{3}$ $\underline{t \text{ についての不定積分に書き換える．}}$ $\boxed{3}$ $\int \dfrac{1}{\sqrt{x}+1}\,dx = \int \dfrac{1}{t+1}\cdot 2t\,dt$
　　　$\boxed{1},\boxed{2}$ の関係式を使う. $\qquad\qquad\qquad\quad = \int \left(2 - \dfrac{2}{t+1}\right)dt$

$\boxed{4}$ $\underline{\text{計算して，} x \text{ に戻す．}}$ $\boxed{4}$ 上式 $= 2t - 2\log|t+1| + C$
　　　$\boxed{1}$ の関係式を使う. $\qquad\qquad\quad = 2\sqrt{x} - 2\log(\sqrt{x}+1) + C$

【ex.3.8】 次の式を計算せよ． (1) $\displaystyle\int \frac{1}{\sqrt{x}+1}\, dx$ (2) $\displaystyle\int \frac{1}{e^x + e^{-x}}\, dx$

「解」 (1) $\sqrt{x} = t$ とおくと $x = t^2,\ \ dx = 2t\, dt$

$$\int \frac{1}{\sqrt{x}+1}\, dx = \int \frac{1}{t+1} \cdot 2t\, dt = \int \left(2 - \frac{2}{t+1}\right) dt$$

$$= 2t - 2\log|t+1| + C$$

$$= 2\sqrt{x} - 2\log(\sqrt{x}+1) + C$$

(2) $e^x = t$ とおくと $e^x\, dx = dt,\ \ dx = \dfrac{1}{t}\, dt$

$$\int \frac{1}{e^x + e^{-x}}\, dx = \int \frac{1}{t + t^{-1}} \cdot \frac{1}{t}\, dt = \int \frac{1}{t^2 + 1}\, dt$$

$$= \tan^{-1} t + C$$

$$= \tan^{-1}(e^x) + C$$

【問題 3.6】(B) 次の式を計算せよ．( ) 内はおき方．

(1) $\displaystyle\int \frac{1}{\sqrt{x+1}+1}\, dx \quad (\sqrt{x+1} = t)$

(2) $\displaystyle\int \frac{1}{x\sqrt{x^2-1}}\, dx \quad (\sqrt{x^2-1} = t)$

(3) $\displaystyle\int \frac{1}{e^x + 4e^{-x}}\, dx \quad (e^x = t)$

(4) $\displaystyle\int \frac{\sin^3 x}{\sqrt{\cos x}}\, dx \quad (\sqrt{\cos x} = t)$

(5) $\displaystyle\int \frac{1}{x^2 + 4}\, dx \quad \left(x = 2\tan t,\ -\frac{\pi}{2} < t < \frac{\pi}{2}\right)$

3.6 部分積分法

【定理 3.5】(部分積分法)　　$F(x)$ を $f(x)$ の原始関数とすると

$$\int f(x)g(x)\,dx = F(x)g(x) - \int F(x)g'(x)\,dx$$

＊　　または　　$$\int f'(x)g(x)\,dx = f(x)g(x) - \int f(x)g'(x)\,dx$$

$$\left(\begin{array}{l} \{F(x)g(x)\}' = F'(x)g(x) + F(x)g'(x) = f(x)g(x) + F(x)g'(x) \quad \text{より} \\ f(x)g(x) = \{F(x)g(x)\}' - F(x)g'(x) \quad \text{この両辺を積分すればよい.} \end{array} \right)$$

【ex.3.9】　次の式を計算せよ.
(1) $\displaystyle\int xe^x\,dx$　　　(2) $\displaystyle\int \log x\,dx$　　　(3) $\displaystyle\int x^2 e^{-x}\,dx$

「解」

(1) $\displaystyle\int xe^x\,dx = x \cdot e^x - \int 1 \cdot e^x\,dx = xe^x - \int e^x\,dx$
$\qquad\qquad = xe^x - e^x + C \quad \left(= (x-1)e^x + C\right)$

(2) $\displaystyle\int \log x\,dx = \int 1 \cdot \log x\,dx = \int (x)' \log x\,dx$
$\qquad\qquad = x \cdot \log x - \int x \cdot \dfrac{1}{x}\,dx = x\log x - \int 1\,dx$
$\qquad\qquad = x\log x - x + C \quad \left(= x(\log x - 1) + C\right)$

(3) $\displaystyle\int x^2 e^{-x}\,dx = x^2 \cdot (-e^{-x}) - \int 2x \cdot (-e^{-x})\,dx$
$\qquad\qquad = -x^2 e^{-x} + 2\int xe^{-x}\,dx$
$\qquad\qquad = -x^2 e^{-x} + 2\left\{x(-e^{-x}) - \int 1 \cdot (-e^{-x})\,dx\right\}$
$\qquad\qquad = -x^2 e^{-x} + 2\left\{-xe^{-x} + \int e^{-x}\,dx\right\}$
$\qquad\qquad = -x^2 e^{-x} + 2(-xe^{-x} - e^{-x}) + C$
$\qquad\qquad = -(x^2 + 2x + 2)e^{-x} + C$

【問題 3.7】(B)　次の式を計算せよ．

(1) $\int x \cos x \, dx$　(2) $\int x^3 \log x \, dx$　(3) $\int x e^{2x} \, dx$　(4) $\int x \sin 2x \, dx$

(5) $\int x^2 \cos x \, dx$　(6) $\int \tan^{-1} x \, dx$　(7) $\int \dfrac{\log x}{x} \, dx$

【ex.3.10】　$I = \int e^x \sin x \, dx$　を求めよ．

「解」　部分積分法を2回使う．

$$\begin{aligned}
I = \int e^x \sin x \, dx &= e^x \sin x - \int e^x \cos x \, dx \\
&= e^x \sin x - \left\{ e^x \cos x - \int e^x (-\sin x) \, dx \right\} \\
&= e^x \sin x - \left\{ e^x \cos x + \int e^x \sin x \, dx \right\} \\
&= e^x \sin x - e^x \cos x - I
\end{aligned}$$

より（移項して）　$2I = e^x(\sin x - \cos x) + A$　（A は積分定数）

$A/2 = C$ とおいて　$\therefore \; I = \dfrac{e^x}{2}(\sin x - \cos x) + C$

【問題 3.8】(B)　$I = \int e^x \cos x \, dx$ ，$J = \int e^{-x} \sin x \, dx$　を求めよ．

(∗)　一般には $(a, b \neq 0 \text{ のとき})$

$$\int e^{ax} \sin bx \, dx = \dfrac{e^{ax}}{a^2 + b^2} (a \sin bx - b \cos bx) + C$$

$$\int e^{ax} \cos bx \, dx = \dfrac{e^{ax}}{a^2 + b^2} (b \sin bx + a \cos bx) + C$$

3.7　有理関数の不定積分　　有理関数$=\dfrac{\text{多項式}}{\text{多項式}}$　の形の関数

被積分関数が $\boxed{f(x)=\dfrac{h(x)}{g(x)}}$ $(g(x), h(x)$ は多項式$)$ で，分母 $g(x)$ の次数が 2, 3 のときに $\displaystyle\int f(x)\,dx$ を求める（一般の場合は巻末 A.3）．

$\boxed{\text{Step 1}}$　分母の次数 > 分子の次数　の形を作る．

・（分母の次数）>（分子の次数）のときは次のステップへ．

・（分母の次数）$\leqq$（分子の次数）のとき

　「分子 $h(x)$」$\div$「分母 $g(x)$」の商を $q(x)$, 余りを $r(x)$ とすると
　$h(x) = g(x)q(x) + r(x)$　だから

$$f(x) = \frac{h(x)}{g(x)} = \frac{g(x)q(x)+r(x)}{g(x)} = q(x) + \frac{r(x)}{g(x)}$$

$q(x)$ は多項式，$\dfrac{r(x)}{g(x)}$ は（分母の次数）>（分子の次数）の形．

$\boxed{\text{ex.}}$　　$\dfrac{2x^4+3x^2+3}{x^2+1} = 2x^2 + 1 + \dfrac{2}{x^2+1}$

$\boxed{\text{Step 2}}$　部分分数分解

被積分関数 $f(x)$ の分母を実数の範囲で因数分解すると，因数分解のタイプに応じて $f(x)$ を次のように分解できる．これを「部分分数分解」という．

【部分分数分解 1】　分母が 2 次の場合　$(a, b, c, A, B$ は定数, $r(x)$ は 1 次以下$)$

・　$f(x) = \dfrac{r(x)}{(x-a)^2} = \dfrac{A}{x-a} + \dfrac{B}{(x-a)^2}$　の形に分解

・　$f(x) = \dfrac{r(x)}{(x-a)(x-b)} = \dfrac{A}{x-a} + \dfrac{B}{x-b}$　の形に分解　$(a \neq b)$

・　$f(x) = \dfrac{r(x)}{x^2+bx+c}$　　$(b^2-4c < 0)$　　はそのまま

【部分分数分解2】　分母が3次の場合　$(a,b,c,A,B,D$ は定数, $r(x)$ は2次以下)

- $f(x) = \dfrac{r(x)}{(x-a)^3} = \dfrac{A}{x-a} + \dfrac{B}{(x-a)^2} + \dfrac{D}{(x-a)^3}$

- $f(x) = \dfrac{r(x)}{(x-a)^2(x-b)} = \dfrac{A}{x-a} + \dfrac{B}{(x-a)^2} + \dfrac{D}{x-b}$　　$(a \neq b)$

- $f(x) = \dfrac{r(x)}{(x-a)(x-b)(x-c)} = \dfrac{A}{x-a} + \dfrac{B}{x-b} + \dfrac{D}{x-c}$　　$(a,b,c$ は異なる$)$

- $f(x) = \dfrac{r(x)}{(x-a)(x^2+bx+c)} = \dfrac{A}{x-a} + \dfrac{Bx+D}{x^2+bx+c}$　　$(b^2-4c<0)$

($*$) 定数 A, B, D を求める必要がある.

Step 3　積分計算

(I)　$\displaystyle\int \dfrac{1}{(x-a)^n}\, dx$　　$(n=1,2,3)$　　(II)　$\displaystyle\int \dfrac{Kx+L}{x^2+bx+c}\, dx$

の積分計算ができればよい. ただし (II) は $b^2-4c<0$, K,L は定数.

(I)　$\displaystyle\int \dfrac{1}{x-a}\, dx = \log|x-a| + C$,　$\displaystyle\int \dfrac{1}{(x-a)^2}\, dx = -\dfrac{1}{x-a} + C$

　　$\displaystyle\int \dfrac{1}{(x-a)^3}\, dx = -\dfrac{1}{2(x-a)^2} + C$

(II) は平方完成して：　　$x^2+bx+c = (x-\alpha)^2 + \beta^2$

　$x - \alpha = t$ とおくと

$$\int \dfrac{Kx+L}{x^2+bx+c}\, dx = \int \dfrac{Kt+M}{t^2+\beta^2}\, dt = K\int \dfrac{t}{t^2+\beta^2}\, dt + M\int \dfrac{1}{t^2+\beta^2}\, dt$$

(M はある定数) の形に変形できる.

　$\displaystyle\int \dfrac{t}{t^2+\beta^2}\, dt = \dfrac{1}{2}\log(t^2+\beta^2) + C = \dfrac{1}{2}\log(x^2+bx+c) + C$

　$\displaystyle\int \dfrac{1}{t^2+\beta^2}\, dt = \dfrac{1}{\beta}\tan^{-1}\dfrac{t}{\beta} + C = \dfrac{1}{\beta}\tan^{-1}\dfrac{x-\alpha}{\beta} + C$

【ex.3.11】 次の式を計算せよ．

(1) $\displaystyle\int \frac{1}{(x-1)(x+2)}\,dx$
(2) $\displaystyle\int \frac{x}{(x-1)^2}\,dx$

「解」
(1) 被積分関数は $\dfrac{1}{(x-1)(x+2)} = \dfrac{A}{x-1} + \dfrac{B}{x+2}$ と分解できる．

両辺に $(x-1)(x+2)$ を掛けると
$$1 = A(x+2) + B(x-1)$$
$x=1$ を代入して $3A=1$, $A=\dfrac{1}{3}$ ；$x=-2$ を代入して $-3B=1$, $B=-\dfrac{1}{3}$

$$\frac{1}{(x-1)(x+2)} = \frac{1}{3}\left(\frac{1}{x-1} - \frac{1}{x+2}\right)$$

$$\begin{aligned}\int \frac{1}{(x-1)(x+2)}\,dx &= \frac{1}{3}\left\{\int \frac{1}{x-1}\,dx - \int \frac{1}{x+2}\,dx\right\} \\ &= \frac{1}{3}\left\{\log|x-1| - \log|x+2|\right\} + C \\ &= \frac{1}{3}\log\left|\frac{x-1}{x+2}\right| + C\end{aligned}$$

(2) 被積分関数は $\dfrac{x}{(x-1)^2} = \dfrac{A}{x-1} + \dfrac{B}{(x-1)^2}$ と分解できる．

両辺に $(x-1)^2$ を掛けると $x = A(x-1) + B$

$x=1$ を代入して $B=1$, $x=0$ を代入して $A=B=1$

したがって $\dfrac{x}{(x-1)^2} = \dfrac{1}{x-1} + \dfrac{1}{(x-1)^2}$

$$\int \frac{x}{(x-1)^2}\,dx = \int \frac{1}{x-1}\,dx + \int \frac{1}{(x-1)^2}\,dx = \log|x-1| - \frac{1}{x-1} + C$$

【問題 3.9】(B) 次の式を計算せよ．

(1) $\displaystyle\int \frac{x^2-1}{x^2+1}\,dx$
(2) $\displaystyle\int \frac{2x^4+3x^3-2}{x^2+1}\,dx$
(3) $\displaystyle\int \frac{1}{x^2-x-6}\,dx$

(4) $\displaystyle\int \frac{x}{x^2-3x+2}\,dx$
(5) $\displaystyle\int \frac{x}{(x+3)^2}\,dx$
(6) $\displaystyle\int \frac{x^2+2x+2}{x^2+6x+10}\,dx$

【ex.3.12】 $\int \dfrac{x+4}{x(x^2+2x+2)}\,dx$ を計算せよ．

「解」 被積分関数は $\dfrac{x+4}{x(x^2+2x+2)} = \dfrac{A}{x} + \dfrac{Bx+D}{x^2+2x+2}$ と分解できる．

両辺に $x(x^2+2x+2)$ を掛けると
$$x+4 = A(x^2+2x+2) + (Bx+D)x$$
$x=0$ を代入して $2A=4,\ A=2$

$x=\pm 1$ を代入して $\begin{cases} B+D=-5 \\ B-D=1 \end{cases}$ より $B=-2,\ D=-3$

$$\dfrac{x+4}{x(x^2+2x+2)} = \dfrac{2}{x} - \dfrac{2x+3}{x^2+2x+2}$$

$$\begin{aligned}
\int \dfrac{x+4}{x(x^2+2x+2)}\,dx &= 2\int \dfrac{1}{x}\,dx - \int \dfrac{2x+3}{x^2+2x+2}\,dx \\
&= 2\log|x| - \int \dfrac{(2x+2)+1}{x^2+2x+2}\,dx \\
&= 2\log|x| - \int \dfrac{(x^2+2x+2)'}{x^2+2x+2}\,dx - \int \dfrac{1}{(x+1)^2+1}\,dx \\
&= 2\log|x| - \log(x^2+2x+2) - \tan^{-1}(x+1) + C
\end{aligned}$$

【問題 3.10】 (BC) 次の式を計算せよ． (1) $\int \dfrac{x+1}{(x-1)^3}\,dx$ (2) $\int \dfrac{x^2+10}{x(x^2+6x+10)}\,dx$

3.8 類題／発展／応用　* 類題の番号は問題の番号に対応している．

[類題 3.1] (A) 次の式を計算せよ．

(1) $\int x^3\,dx$ (2) $\int \dfrac{1}{x^6}\,dx$ (3) $\int \dfrac{1}{x\sqrt{x}}\,dx$ (4) $\int e^x\,dx$

(5) $\int \sin(-x)\,dx$ (6) $\int (1+\tan^2 x)\,dx$ (7) $\int \dfrac{1}{x^2+3}\,dx$ (8) $\int \dfrac{1}{\sqrt{5-x^2}}\,dx$

[類題 3.2] (B) 積分記号を使わないで表せ． (1) $\int f''(x)\,dx$ (2) $\int \dfrac{f'(x)}{f(x)}\,dx$

[類題 3.3] (AB)　次の式を計算せよ．

(1) $\displaystyle\int(-x^4-6x^2+x+2)\,dx$　(2) $\displaystyle\int(3\sin x-e^x)\,dx$　(3) $\displaystyle\int\left(\frac{3}{4x^2}+2^{x-1}\right)dx$

(4) $\displaystyle\int\left(\frac{\cos x}{3}-\frac{2}{\cos^2 x}\right)dx$　(5) $\displaystyle\int\frac{x^2-1}{\sqrt{x}}\,dx$　(6) $\displaystyle\int\tan^2 x\,dx$

[類題 3.4] (B)　次の式を計算せよ．

(1) $\displaystyle\int(4x+1)^2\,dx$　(2) $\displaystyle\int\frac{1}{1-x}\,dx$　(3) $\displaystyle\int\frac{1}{(2x+1)^2}\,dx$　(4) $\displaystyle\int\sqrt{5x-1}\,dx$

(5) $\displaystyle\int e^{-2x}\,dx$　(6) $\displaystyle\int 5^{1-2x}\,dx$　(7) $\displaystyle\int\sin(3x-1)\,dx$　(8) $\displaystyle\int\cos^2 x\,dx$

[類題 3.5] (B)　次の式を計算せよ．

(1) $\displaystyle\int 4x^3(x^4+2)^3\,dx$　(2) $\displaystyle\int\frac{e^x}{e^x+1}\,dx$　(3) $\displaystyle\int\frac{\sin^{-1}x}{\sqrt{1-x^2}}\,dx$

(4) $\displaystyle\int xe^{-3x^2+1}\,dx$　(5) $\displaystyle\int e^{\tan x}(1+\tan^2 x)\,dx$　(6) $\displaystyle\int\frac{1}{x\log x}\,dx$

(7) $\displaystyle\int\frac{\cos(\sqrt{x})}{\sqrt{x}}\,dx$　(8) $\displaystyle\int\frac{\sin(\log x+1)}{x}\,dx$

[類題 3.6] (B)　次の式を計算せよ．（　）内はおき方．

(1) $\displaystyle\int\frac{1}{x\sqrt{x-1}}\,dx$　$(\sqrt{x-1}=t)$　(2) $\displaystyle\int\frac{\sqrt{x+4}}{x}\,dx$　$(\sqrt{x+4}=t)$

(3) $\displaystyle\int\frac{1}{(e^x+e^{-x})^2}\,dx$　$(e^{2x}=t)$　(4) $\displaystyle\int\frac{\cos^3 x}{\sqrt{\sin x}}\,dx$　$(\sqrt{\sin x}=t)$

(5) $\displaystyle\int\frac{1}{\sqrt{4-x^2}}\,dx$　$(x=2\sin t,\,-\pi/2<t<\pi/2)$

[類題 3.7] (B)　次の式を計算せよ．

(1) $\displaystyle\int x\sin x\,dx$　(2) $\displaystyle\int x^5\log x\,dx$　(3) $\displaystyle\int xe^{-2x}\,dx$　(4) $\displaystyle\int x\cos 3x\,dx$

(5) $\displaystyle\int x^2\sin x\,dx$　(6) $\displaystyle\int x^3 e^x\,dx$　(7) $\displaystyle\int\sin^{-1}x\,dx$　(8) $\displaystyle\int\log(1+x^2)\,dx$

[類題 3.9] (B)　次の式を計算せよ．

(1) $\displaystyle\int\frac{2x^2+1}{x^2+1}\,dx$　(2) $\displaystyle\int\frac{x^4+2x^3-2}{x^2+1}\,dx$　(3) $\displaystyle\int\frac{1}{x^2-2x-3}\,dx$

(4) $\displaystyle\int\frac{x}{x^2-4x+3}\,dx$　(5) $\displaystyle\int\frac{x}{(x+1)^2}\,dx$　(6) $\displaystyle\int\frac{x^2+2x+2}{x^2+4x+5}\,dx$

[類題 3.10] (BC)　次の式を計算せよ．　(1) $\displaystyle\int\frac{x^2}{(x+2)^3}\,dx$　(2) $\displaystyle\int\frac{3x+5}{x(x^2+4x+5)}\,dx$

発展／応用／トピックス

[3-1] (A) $\begin{cases} y' = e^{-2x} \\ y(0) = 3 \end{cases}$ をみたす関数 $y = y(x)$ を求めよ.

（＊）未知関数とその導関数についての関係式を「微分方程式」といい，その未知関数を求めることを「微分方程式を解く」という．求めた関数を微分方程式の「解」という．

[3-2] (C)　Tractrix（トラクトリクス）

2 点 A, B が平面上にあり，初期状態では A は $(1,0)$，B は $(0,0)$ にあるとする．点 B が y 軸に沿って上方に移動するとき，A は（最短）等距離でついていくとする．

(1)　点 A の位置を (x,y) とすると $y' = -\dfrac{\sqrt{1-x^2}}{x}$ となることを示せ．
（動点 A の進行方向は A の軌跡の接線方向である）

(2)　A の軌跡（A が通る曲線）を求めよ．

（＊）石にひもをつけて引きずったときにできる曲線．等速で逃げる者と追う者の関係などに対応．この曲線をトラクトリクスといい，牽引曲線，追跡曲線ともよばれる．通常は x と y を入れ替えた形で表される．曲線上各点で接線を考えるとき，接点から y 軸までの部分の長さが一定の曲線である．

[3-3] (C)　Catenary（カテナリー）（文献 [2] など）

2 点 $(1,2), (-1,2)$ を端点とし，密度一様のロープを垂らしたとき，ロープ上の各点 (x,y) について
$$\dfrac{dx}{dp} = \dfrac{c}{\sqrt{1+p^2}} \quad \left(p = \dfrac{dy}{dx} = y',\ c \text{ は正定数}\right) \quad \cdots (\sharp)$$
が成り立つ．また $x = 0$ のとき $y' = p = 0$ である．ロープの曲線の方程式を求めよ．

（＊）$(\sharp)$ について，まず x が p の関数だとして x, p の関係式を求め，そのあと y と x の関係式（曲線の方程式）を求める．

（＊）電線やネックレスなどをイメージしてもよい．この曲線はカテナリーまたは懸垂線とよばれ，放物線を転がしたときの焦点の軌跡としても知られている．吊り橋などはあてはまらないが最下点付近ではカテナリーにも近い．吊り橋の場合，ある程度の条件をみたせば「近似的放物線」になる．（次の問い）

《概略》 各点 (x,y) と微小変化した点 $(x+\Delta x, y+\Delta y)$ を考え，微小曲線の長さを $\sqrt{(\Delta x)^2+(\Delta y)^2}$ で近似し，張力の水平成分を T（定数）とする．（水平方向の外力なし）張力の垂直成分の変化量から $\Delta x > 0$ のとき

$$Ty'(x+\Delta x) - Ty'(x) = a\sqrt{(\Delta x)^2 + (\Delta y)^2}$$

ここで，a は定数＝密度×重力加速度．

$\Delta x < 0$ のとき右辺は $-a\sqrt{(\Delta x)^2+(\Delta y)^2}$ となるが，いずれの場合も

$$\frac{y'(x+\Delta x) - y'(x)}{\Delta x} = \frac{a}{T}\sqrt{1+\left(\frac{\Delta y}{\Delta x}\right)^2}$$

となる．$c = T/a$ とおいて $\Delta x \to 0$ とすると

$$y'' = \frac{dp}{dx} = \frac{1}{c}\sqrt{1+p^2}, \quad \frac{dx}{dp} = \frac{c}{\sqrt{1+p^2}}$$

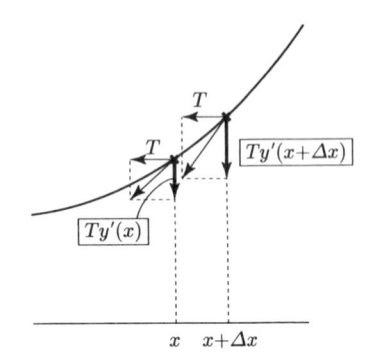

[3–4] (C)　吊り橋（シンプルな場合；文献 [4], [15] 参照）

吊り橋のメインケーブルの場合，メインケーブルとサスペンダーケーブルの質量に比べて橋のデッキの質量がはるかに大きいとき，ケーブルの質量を無視すると [3-3] と類似の考え方により

$$Ty'(x+\Delta x) - Ty'(x) = a\,\Delta x \quad (a \text{ は定数})$$

となる．ここで，サスペンダーケーブルの間隔は十分小さいとし，最下点が原点にあるように座標を定めておく．($x=0$ のとき $y=0, y'=0$)

(1)　$\Delta x \to 0$ のとき　$y'' = \dfrac{a}{T}$　を示せ．

(2)　メインケーブルの曲線を求めよ．

(∗)　吊り橋の場合には放物線が現れるが，ケーブルの質量が無視できるという条件やケーブルへの荷重が各 x について等分布とみなせるなどの条件が必要．一般に，メインケーブルの曲線は条件，状況によって異なる．
（文献 [15] 参照）

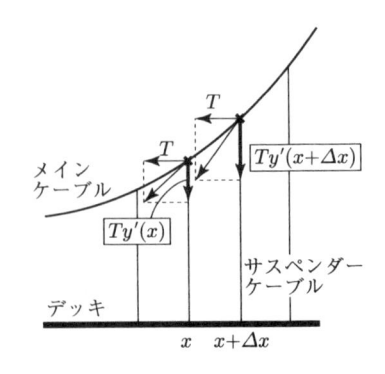

[3-5] (BC)　Torricelli（トリチェリ）の流法則（文献 [5], [7] など）

円柱形の容器の側面下方部に小さな穴をあけ，そこから水が流れ出るとする．初期状態で 16（cm）の高さまで水があり，流出スタートして時間 t（秒）経ったときの水位（高さ）を h（cm）とする．このとき

「トリチェリの流法則」：　$\boxed{流出速\ v = \sqrt{2gh}}$

（g は重力加速度）が利用できる．

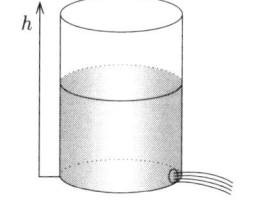

(1)　$\dfrac{dh}{dt} = -a\sqrt{h}$　（a は正定数）を示せ．

(2)　$z = \sqrt{h}$ とおくとき　$\dfrac{dz}{dt} = -\dfrac{a}{2}$　を示せ．

(3)　$a = 1$ のとき h を求めよ．

(4)　(3) のとき，水位が 9 cm になるのは何秒後か？

（＊）トリチェリの流法則は流体に粘性がないこと，流出口の面積が小さいことという条件の下で成り立つ．ただし $h \sim 0$ のときは誤差が大きくなる．

[3-6] (D)　最速降下線（サイクロイド）（文献 [2] など）

図の点 A から点 B まで最短時間で降下する質点の曲線径路を求める．質点は自重のみで曲線上を降下するとし，初速は 0 とする．速さは位置によって異なるから，微小部分で

「フェルマーの屈折の原理」（[2-10]）

$\boxed{\begin{array}{c} \dfrac{v}{\sin\theta} = c\ \ のとき最短．\\ （c は正定数，v は速さ） \end{array}}$

を利用する．図のように座標をとり，

$v = \sqrt{2gy}$，$\sin\theta = \dfrac{1}{\sqrt{1+(y')^2}}$，$0 < \theta < \dfrac{\pi}{2}$

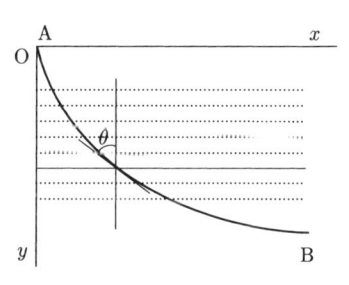

に注意すると　$\sqrt{1+(y')^2} \cdot \sqrt{2gy} = c$　となる．

(1)　$\dfrac{dy}{dx}\sqrt{\dfrac{y}{a-y}} = 1$　となることを示せ．（a はある正定数）

(2)　$y = a\sin^2\dfrac{t}{2}$　（$0 \leq t \leq \pi$）とおくとき x を t を用いて表せ．ここで $t = 0$ のとき $x = 0$ とする．

（＊）(2) より求める曲線はサイクロイドである．

第4章　定積分（Riemann積分）

応用例

- 面積，回転体の体積と曲面積，曲線の長さ，重心（1, 2次元）
  - ex. らせん階段のてすりの長さは？
    半円板の重心はどこ？
- 連続分布の確率
  - ex. 素材疲労による製品寿命の確率計算，確率分布の平均，分散
    偏差値 50〜60 は何%いる？　IQ は？
- その他　ex. 電流から生じる磁場は？　水流の渦の強さは？

章末参照

- 来客時間間隔の確率（指数分布）　・ 微分方程式の初期値問題
- Wallis（ウォリス）の公式，Stirling（スターリング）の公式
- 比率調査（世論調査や視聴率調査など）の誤差
- 正規分布，誤差関数，偏差値　・ Fourier（フーリエ）係数

応用項目，応用分野

- 重積分（6章），　級数論（収束判定法，Fourier 級数）
- Fourier 解析（Fourier 級数，Fourier 変換，Laplace 変換）
- 微分方程式　　常微分方程式の解法
- ベクトル解析（← 重積分＋線形代数）　線積分，面積分，...
- 確率論，統計学　→　データ解析
  　　　　　　　　　→　工学，医学，経済学，社会現象の解析，スポーツ科学，...
- Wavelet（ウェーブレット）→非破壊検査，資源探査，ノイズ除去，画像処理，...
- 古典力学，流体力学，電磁気学，...
- 逆問題（微分方程式）　→　トモグラフィー，資源探査，...

4.1 定積分（リーマン Riemann 積分）の定義

閉区間 $I = [a, b]$ で定義された関数 $f(x)$ を考える.

$\boxed{1}$ 区間分割と代表点

区間を分割し，分点を $a = a_0 < a_1 < a_2 < \cdots < a_n = b$ とする.
さらに各小区間 $[a_{j-1}, a_j]$ から 1 点 x_j を任意に選ぶ. x_j を $[a_{j-1}, a_j]$ の代表点という.

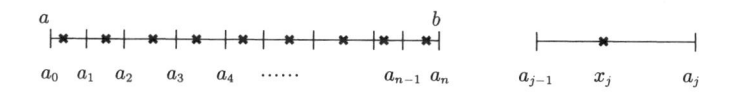

$\boxed{2}$ リーマン和

小区間 $[a_{j-1}, a_j]$ の幅を $\Delta x_j = a_j - a_{j-1}$ とし，$f(x_j) \times \Delta x_j$ の総和：

$$\boxed{\sum_{j=1}^{n} f(x_j) \Delta x_j}$$

を関数 $f(x)$ の与えられた分割についての「リーマン和」という.

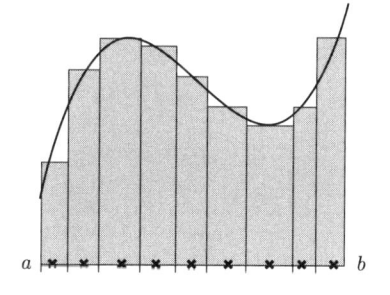

$\boxed{3}$ 分割を細かくする極限

$|\Delta| = \max_j (\Delta x_j)$ とし，$|\Delta| \to +0$ のとき，分割や代表点に依らずリーマン和が同じ値に収束するとき

$$\lim_{|\Delta| \to +0} \sum_{j=1}^{n} f(x_j) \Delta x_j = \boxed{\int_a^b f(x) dx}$$

と表し「$f(x)$ の区間 $I = [a, b]$ での定積分」（リーマン積分）という.
このとき「$f(x)$ は区間 I で積分可能である」という.
また $f(x)$ を「被積分関数」，$[a, b]$ を「積分区間」という.

《積分可能性》

- $f(x)$ が $I = [a, b]$ で連続ならば I で積分可能.
- $f(x)$ が $I = [a, b]$ で有界で不連続点が有限個ならば，I で積分可能.

（∗）「$f(x)$ が $[a, b]$ で有界」とは

$$m \leqq f(x) \leqq M \quad (a \leqq x \leqq b)$$

となる定数 m, M があることである.

次の定理は「リーマン和の極限」という定義と図から直感的に分かる.

【定理 4.1】 区間 $[a, b]$ で $f(x)$ が連続かつ $f(x) \geqq 0$ のとき
曲線 $y = f(x)$ と直線 $x = a$, $x = b$, x 軸
で囲まれた部分の面積（$= S$）は

$$S = \int_a^b f(x)\, dx$$

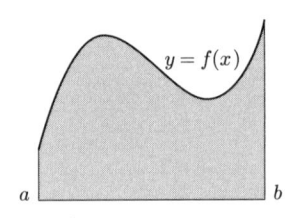

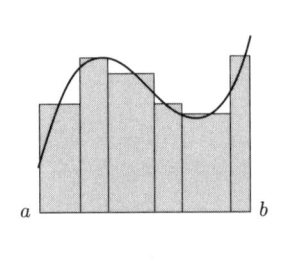

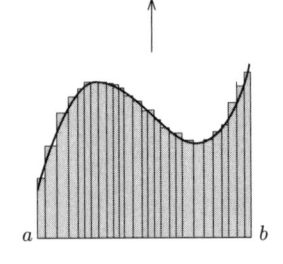

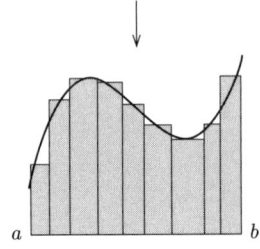

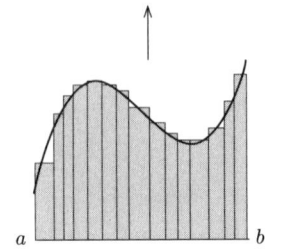

4.2 定積分の性質

【定理 4.2】 関数 $f(x), g(x)$ が区間 $I = [a, b]$ で積分可能とする．

(1) $\displaystyle\int_a^b kf(x)\,dx = k\int_a^b f(x)\,dx$ （k は定数）

(2) $\displaystyle\int_a^b (f(x) \pm g(x))\,dx = \int_a^b f(x)\,dx \pm \int_a^b g(x)\,dx$ （複号同順）

(3) $\displaystyle\int_a^b f(x)\,dx = \int_a^c f(x)\,dx + \int_c^b f(x)\,dx$

∗ 一般に，α, β の大小関係にかかわらず

$$\int_\beta^\alpha f(x)\,dx = -\int_\alpha^\beta f(x)\,dx \quad , \quad \int_\alpha^\alpha f(x)\,dx = 0 \quad \text{と定める．}$$

(4) 区間 I で $f(x) \geqq g(x)$ のとき $\displaystyle\int_a^b f(x)\,dx \geqq \int_a^b g(x)\,dx$

(4)' 区間 I で $f(x) \geqq 0$ のとき $\displaystyle\int_a^b f(x)\,dx \geqq 0$

(5) $f(x), g(x)$ が区間 I で連続で，$f(x) \geqq g(x)$ が成り立ち，
$f(c) \neq g(c)$ となる点 c $(a \leqq c \leqq b)$ が1つでもあれば

$$\int_a^b f(x)\,dx > \int_a^b g(x)\,dx$$

4.3 定積分の計算（不定積分の利用）

【定理 4.3】（平均値の定理）

$f(x)$ が区間 $[a, b]$ で連続のとき

$$\int_a^b f(x)\,dx = (b-a)f(c)$$

となる点 c $(a < c < b)$ がある．

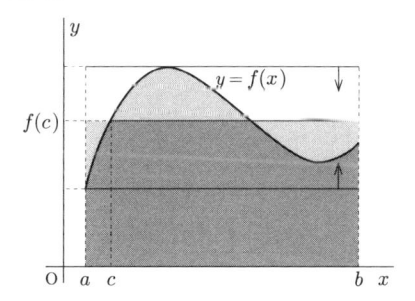

【定理 4.4】（微積分学の基本定理）

$$f(x) \text{ が } [a,b] \text{ で連続のとき} \quad \left(\int_a^x f(t)\,dt\right)' = f(x) \quad (a < x < b)$$

言い換えれば $\displaystyle\int_a^x f(t)\,dt$ は $f(x)$ の原始関数である．

【定理 4.4】の証明

$F(x) = \int_a^x f(t)\,dt$ （$a < x < b$）とおいて，平均値の定理を利用する．

$$\frac{F(x+h) - F(x)}{h} = \frac{1}{h}\left(\int_a^{x+h} f(t)\,dt - \int_a^x f(t)\,dt\right) = \frac{1}{h}\int_x^{x+h} f(t)\,dt = f(\xi)$$

（$x < \xi < x+h$　または　$x+h < \xi < x$）

$$F'(x) = \lim_{h \to 0} \frac{F(x+h) - F(x)}{h} = \lim_{h \to 0} f(\xi) = f(x) \qquad \text{（終）}$$

【ex.4.1】$f(x)$ が連続のとき $\left(\displaystyle\int_0^{x^3} f(t)\,dt\right)'$ を簡単にせよ．（積分記号がない形）

＊　$F(x) = \displaystyle\int_0^x f(t)\,dt$ とおくと $\displaystyle\int_0^{x^3} f(t)\,dt = F(x^3)$

「解」 $\left(\displaystyle\int_0^{x^3} f(t)\,dt\right)' = f(x^3) \cdot (x^3)' = 3x^2 f(x^3)$

【問題 4.1】(B)　$f(x)$ が連続のとき次の式を簡単にせよ．

(1) $\left(\displaystyle\int_{-1}^{2x} f(t)\,dt\right)'$ 　　(2) $\left(\displaystyle\int_0^{x^2} f(t)\,dt\right)'$ 　　(3) $\left(\displaystyle\int_{-x}^{x^2} f(t)\,dt\right)'$

【定理 4.5】（定積分の計算 … 不定積分の利用）

$$\boxed{\begin{array}{l} \displaystyle\int f(x)\,dx = F(x) + C \quad \text{（C は積分定数）\quad のとき} \\[4pt] \displaystyle\int_a^b f(x)\,dx = F(b) - F(a) \end{array}}$$

（＊）$\Big[F(x)\Big]_a^b = F(b) - F(a)$　という記法を使うことが多い．

$$\left(\begin{array}{l} F(x) \text{ も } \displaystyle\int_a^x f(t)\,dt \text{ も } f(x) \text{ の原始関数だから} \\[4pt] \qquad \displaystyle\int_a^x f(t)\,dt = F(x) + A \quad \text{（A は定数）} \\[4pt] \text{と表される．この式に } x = a, b \text{ を代入すると} \\[4pt] \quad 0 = \displaystyle\int_a^a f(t)\,dt = F(a) + A \;,\quad \displaystyle\int_a^b f(t)\,dt = F(b) + A \quad \text{となり} \\[4pt] \quad A = -F(a) \;,\quad \displaystyle\int_a^b f(t)\,dt = F(b) + A = F(b) - F(a) \quad \text{となる．} \end{array}\right)$$

【ex.4.2】 次の積分値を求めよ．

(1) $\displaystyle\int_0^1 x^2\,dx$　　(2) $\displaystyle\int_1^2 \frac{1}{x}\,dx$　　(3) $\displaystyle\int_{-1}^1 \left(e^{-x}-\frac{2}{x^2+1}\right)dx$

(4) $\displaystyle\int_0^{\pi/2}\sin^2 x\,dx$

「解」

(1) $\displaystyle\int_0^1 x^2\,dx = \frac{1}{3}\bigl[x^3\bigr]_0^1 = \frac{1}{3}(1-0) = \frac{1}{3}$

(2) $\displaystyle\int_1^2 \frac{1}{x}\,dx = \bigl[\log|x|\bigr]_1^2 = \log 2 - \log 1 = \log 2$

(3) $\displaystyle\int_{-1}^1 \left(e^{-x}-\frac{2}{x^2+1}\right)dx = \int_{-1}^1 e^{-x}\,dx - 2\int_{-1}^1 \frac{1}{x^2+1}\,dx$
$= -[e^{-x}]_{-1}^1 - 2[\tan^{-1} x]_{-1}^1$
$= -(e^{-1}-e) - 2\bigl(\tan^{-1}1 - \tan^{-1}(-1)\bigr)$
$= e - e^{-1} - \pi$

(4) $\displaystyle\int_0^{\pi/2}\sin^2 x\,dx = \int_0^{\pi/2}\frac{1}{2}(1-\cos 2x)\,dx$
$= \frac{1}{2}\int_0^{\pi/2} 1\,dx - \frac{1}{2}\int_0^{\pi/2}\cos 2x\,dx$
$= \frac{1}{2}[x]_0^{\pi/2} - \frac{1}{4}[\sin 2x]_0^{\pi/2}$
$= \frac{1}{2}\left(\frac{\pi}{2}-0\right) - \frac{1}{4}(\sin\pi - \sin 0)$
$= \frac{\pi}{4}$

【問題 4.2】 (AB) 次の積分値を求めよ．

(1) $\displaystyle\int_0^1 x^5\,dx$　　(2) $\displaystyle\int_{-1}^1 (3x^7-2x^4)\,dx$　　(3) $\displaystyle\int_0^1 \sqrt{x}\,dx$

(4) $\displaystyle\int_1^2 \frac{1}{x^2}\,dx$　　(5) $\displaystyle\int_1^3 \frac{x^2-1}{x}\,dx$　　(6) $\displaystyle\int_0^\pi \cos 3x\,dx$

(7) $\displaystyle\int_0^1 e^{3x}\,dx$　　(8) $\displaystyle\int_1^2 \left(e^{2x}-\frac{2}{\sqrt{x}}\right)dx$　　(9) $\displaystyle\int_{-\frac{1}{2}}^{\frac{1}{2}} \frac{1}{4x^2+1}\,dx$

(10) $\displaystyle\int_0^{\pi/2}\cos^2 x\,dx$　　(11) $\displaystyle\int_0^{\pi/4}\tan^2 x\,dx$

【ex.4.3】 次の積分値を求めよ．

(1) $\int_{-1}^{2} f(x)\,dx$, $f(x) = \begin{cases} 2x & (x > 0) \\ e^x & (x \leqq 0) \end{cases}$ 　　(2) $\int_{0}^{2} |x(x-1)|\,dx$

＊ 積分区間を分けて計算． $|f(x)| = \begin{cases} f(x) & (f(x) \geqq 0 \text{ のとき}) \\ -f(x) & (f(x) < 0 \text{ のとき}) \end{cases}$

「解」　(1) $\int_{-1}^{2} f(x)\,dx = \int_{-1}^{0} e^x\,dx + \int_{0}^{2} 2x\,dx = \left[e^x\right]_{-1}^{0} + \left[x^2\right]_{0}^{2} = 5 - e^{-1}$

(2) $\int_{0}^{2} |x(x-1)|\,dx = -\int_{0}^{1} x(x-1)\,dx + \int_{1}^{2} x(x-1)\,dx$

$= -\left[\dfrac{x^3}{3} - \dfrac{x^2}{2}\right]_{0}^{1} + \left[\dfrac{x^3}{3} - \dfrac{x^2}{2}\right]_{1}^{2}$

$= -\left\{\left(\dfrac{1}{3} - \dfrac{1}{2}\right) - 0\right\} + \left\{\left(\dfrac{8}{3} - 2\right) - \left(\dfrac{1}{3} - \dfrac{1}{2}\right)\right\}$

$= 1$

【問題 4.3】(B)　次の積分値を求めよ．

(1) $\int_{0}^{3} f(x)\,dx$, $f(x) = \begin{cases} x-1 & (x > 1) \\ x & (x \leqq 1) \end{cases}$　　(2) $\int_{-2}^{0} |x+1|\,dx$　　(3) $\int_{0}^{2} |x^2 - 1|\,dx$

【定理 4.6】 $\int_{-a}^{a} f(x)\,dx$ について　$(a > 0)$

・ $f(x)$ が偶関数のとき　$\int_{-a}^{a} f(x)\,dx = 2\int_{0}^{a} f(x)\,dx$

・ $f(x)$ が奇関数のとき　$\int_{-a}^{a} f(x)\,dx = 0$

（＊）$f(-x) = f(x)$ をみたす関数を「偶関数」，$f(-x) = -f(x)$ をみたす関数を「奇関数」という．「偶関数／奇関数」については巻末付録 A.1, 補足 1.2 を参照．

【ex.4.4】 次の積分値を求めよ．　(1) $\int_{-1}^{1} (x^3 - 3x + 1)\,dx$　　(2) $\int_{-\pi}^{\pi} x^2 \sin 3x\,dx$

「解」(1) $\int_{-1}^{1} (x^3 - 3x + 1)\,dx = 0 + 0 + 2\int_{0}^{1} 1\,dx = 2$

(2) $f(x) = x^2 \sin 3x$ とおくと　$f(-x) = -x^2 \sin 3x = -f(x)$　より

$f(x)$ は奇関数だから　$\int_{-\pi}^{\pi} x^2 \sin 3x\,dx = 0$

【問題 4.4】(AB)　次の積分値を求めよ.

(1) $\int_{-1}^{1} (x^2 - 5x + 2)\, dx$　　　(2) $\int_{-1}^{1} (e^x + e^{-x})\, dx$　　　(3) $\int_{-2}^{2} \dfrac{\sin x}{e^x + e^{-x}}\, dx$

4.4　置換積分法（変数変換）

【定理 4.7】（置換積分法／変数変換）　$x = g(t)$（$\alpha \leqq t \leqq \beta$）と変換すると

$$\int_{g(\alpha)}^{g(\beta)} f(x)\, dx = \int_{\alpha}^{\beta} f(g(t)) g'(t)\, dt$$

$\left(\begin{array}{l} \int f(x)\, dx = F(x) + C \text{ とする.} \quad \dfrac{d}{dt} F(g(t)) = F'(g(t)) g'(t) = f(g(t)) g'(t) \quad \text{より} \\ \int_{\alpha}^{\beta} f(g(t)) g'(t)\, dt = \Big[F(g(t)) \Big]_{\alpha}^{\beta} = F(g(\beta)) - F(g(\alpha)) = \int_{g(\alpha)}^{g(\beta)} f(x)\, dx \end{array} \right)$

【置換積分法のステップ】（定積分の変数変換）

　　　　　　　　　　　　　　　　　ex.　$\int_{0}^{\pi} \cos(x/2)\, dx$

|1|　$x = g(t)$（または $h(x) = t$）とおく.　　　|1|　$x = 2t$（$x/2 = t$）
　　　おき方は巻末を参照.

|2|　dx と dt の関係式を作る.　　　　　　　　|2|　$dx = 2\, dt$
　　　$x = g(t)$ の場合　$dx = g'(t)\, dt$
　　　$h(x) = t$ の場合　$h'(x)\, dx = dt$

|3|　積分区間の対応を調べる.　　　　　　　　　|3|　$0 \leqq x \leqq \pi$ は $0 \leqq t \leqq \pi/2$ に対応.
　　　　　　　　　　　　　　　　　　　　　　　　$\int_{0}^{\pi/2} \cdots dt$　の形に.

|4|　t についての定積分に書き換える.　　　　|4|　$\int_{0}^{\pi} \cos(x/2)\, dx = \int_{0}^{\pi/2} \cos t \cdot 2\, dt$
　　　|1|, |2| の関係式を使う.

|5|　t についての定積分を計算する.　　　　　|5|　$2 \int_{0}^{\pi/2} \cos t\, dt = 2 \Big[\sin t \Big]_{0}^{\pi/2} = 2$

【ex.4.5】 次の積分値を求めよ．

(1) $\displaystyle\int_{-1}^{1} e^{-2x}\,dx$ 　　　　(2) $\displaystyle\int_{0}^{\pi/2} \sin^2 x \cos x\,dx$

「解」

(1) $-2x = t$ とおくと $-2\,dx = dt$, $dx = -\dfrac{1}{2}\,dt$

また，$-1 \leqq x \leqq 1$ は $2 \geqq t \geqq -2$ に対応する．

$$\int_{-1}^{1} e^{-2x}\,dx = \int_{2}^{-2} e^{t}\cdot\left(-\frac{1}{2}\right)dt = -\frac{1}{2}\int_{2}^{-2} e^{t}\,dt = \frac{1}{2}\int_{-2}^{2} e^{t}\,dt$$
$$= \frac{1}{2}\left[e^{t}\right]_{-2}^{2} = \frac{1}{2}(e^{2} - e^{-2})$$

(2) $\sin x = t$ とおくと $\cos x\,dx = dt$

また，$0 \leqq x \leqq \pi/2$ は $0 \leqq t \leqq 1$ に対応する．

$$\int_{0}^{\pi/2} \sin^2 x \cos x\,dx = \int_{0}^{1} t^{2}\,dt = \frac{1}{3}\left[t^{3}\right]_{0}^{1} = \frac{1}{3}(1-0) = \frac{1}{3}$$

【問題 4.5】(BC) 次の積分値を求めよ．

(1) $\displaystyle\int_{0}^{2}(2x-1)^{3}\,dx$ 　　(2) $\displaystyle\int_{0}^{\pi/2}\sin(2x)\,dx$ 　　(3) $\displaystyle\int_{0}^{1}\dfrac{e^{x}}{e^{x}+1}\,dx$

(4) $\displaystyle\int_{0}^{1} xe^{x^{2}}\,dx$ 　　(5) $\displaystyle\int_{0}^{\pi/2}\sin^{3}x\,dx$

(6) $\displaystyle\int_{0}^{1}\sqrt{1-x^{2}}\,dx$ 　　$(x = \sin t,\ -\pi/2 \leqq t \leqq \pi/2)$

(7) $\displaystyle\int_{0}^{2}\dfrac{1}{x^{2}+4}\,dx$ 　　$(x = 2\tan t,\ -\pi/2 < t < \pi/2)$

(8) $\displaystyle\int_{0}^{\pi/4}\dfrac{1}{a\cos^{2}x + b\sin^{2}x}\,dx$ 　　$(a, b > 0)$

4.5 部分積分法

【定理 4.8】(部分積分法)　　$\int f(x)\,dx = F(x) + C$　のとき

$$\int_a^b f(x)g(x)\,dx = \Big[F(x)g(x)\Big]_a^b - \int_a^b F(x)g'(x)\,dx$$

(＊)　次の形で述べることもある：

$$\int_a^b f'(x)g(x)\,dx = \Big[f(x)g(x)\Big]_a^b - \int_a^b f(x)g'(x)\,dx$$

【ex.4.6】　次の積分値を求めよ．　　(1) $\int_0^\pi x\cos x\,dx$　　(2) $\int_1^2 x\log x\,dx$

「解」(1) $\int_0^\pi x\cos x\,dx = \Big[x\sin x\Big]_0^\pi - \int_0^\pi 1\cdot\sin x\,dx$
$= (0-0) - \int_0^\pi \sin x\,dx$
$= -\Big[-\cos x\Big]_0^\pi = \Big[\cos x\Big]_0^\pi = \cos\pi - \cos 0$
$= -2$

(2) $\int_1^2 x\log x\,dx = \Big[\frac{x^2}{2}\log x\Big]_1^2 - \int_1^2 \frac{x^2}{2}\cdot\frac{1}{x}\,dx$
$= (2\log 2 - 0) - \frac{1}{2}\int_1^2 x\,dx = 2\log 2 - \frac{1}{4}\Big[x^2\Big]_1^2$
$= 2\log 2 - \frac{3}{4}$

【問題 4.6】(B)　次の積分値を求めよ．

(1) $\int_0^{\pi/2} x\sin x\,dx$　　　　(2) $\int_1^3 x^2\log x\,dx$　　　　(3) $\int_1^2 \log x\,dx$

(4) $\int_0^1 xe^x\,dx$　　　　(5) $\int_0^1 xe^{-2x}\,dx$

(6) $\int_0^\pi x^2\cos x\,dx$　　(部分積分法を2回使う)

【ex.4.7】 $I_n = \displaystyle\int_0^{\pi/2} \sin^n x \, dx \quad (n = 0, 1, 2, 3, ...)$

$\sin^n x = \sin^{n-1} x \cdot \sin x$ と考えて $n \geqq 2$ の場合に部分積分法を利用する.

$$\begin{aligned}
I_n &= \int_0^{\pi/2} \sin^{n-1} x \cdot \sin x \, dx \\
&= \Big[\sin^{n-1} x \cdot (-\cos x)\Big]_0^{\pi/2} - \int_0^{\pi/2} (n-1)\sin^{n-2} x \cos x \cdot (-\cos x) \, dx \\
&= 0 + (n-1)\int_0^{\pi/2} \sin^{n-2} x \cos^2 x \, dx \\
&= (n-1)\int_0^{\pi/2} \sin^{n-2} x \, (1 - \sin^2 x) \, dx \qquad (\because \ \cos^2 x = 1 - \sin^2 x) \\
&= (n-1)\Big(\int_0^{\pi/2} \sin^{n-2} x \, dx - \int_0^{\pi/2} \sin^n x \, dx\Big) \\
&= (n-1)I_{n-2} - (n-1)I_n
\end{aligned}$$

$I_n = (n-1)I_{n-2} - (n-1)I_n$ を移項して整理すると

$$I_n = \frac{n-1}{n} I_{n-2} \qquad (n = 2, 3, 4, ...)$$

$I_0 = \displaystyle\int_0^{\pi/2} 1 \, dx = \frac{\pi}{2}$, $\quad I_1 = \displaystyle\int_0^{\pi/2} \sin x \, dx = -\Big[\cos x\Big]_0^{\pi/2} = 1 \quad$ より

$$I_n = \begin{cases} \dfrac{n-1}{n} \cdot \dfrac{n-3}{n-2} \cdots\cdots \dfrac{3}{4} \cdot \dfrac{1}{2} \cdot \dfrac{\pi}{2} = \dfrac{(n-1)!!}{n!!} \cdot \dfrac{\pi}{2} & (n = 2, 4, 6, ...) \\[2mm] \dfrac{n-1}{n} \cdot \dfrac{n-3}{n-2} \cdots\cdots \dfrac{4}{5} \cdot \dfrac{2}{3} = \dfrac{(n-1)!!}{n!!} & (n = 3, 5, 7, ...) \end{cases}$$

ここで, n が奇数のとき $\quad n!! = n(n-2)(n-4)\cdots 3 \cdot 1$

$\qquad\qquad n$ が偶数のとき $\quad n!! = n(n-2)(n-4)\cdots 4 \cdot 2$

(∗) $\displaystyle\int_0^{\pi/2} \cos^n x \, dx = \int_0^{\pi/2} \sin^n x \, dx$ が成り立つ. $\left(\dfrac{\pi}{2} - x = t \text{ とおいて置換積分}\right)$

ex. $\displaystyle\int_0^{\pi/2} \sin^4 x \, dx = I_4 = \dfrac{3}{4} \cdot \dfrac{1}{2} \cdot \dfrac{\pi}{2} = \dfrac{3\pi}{16}$

$\qquad \displaystyle\int_0^{\pi/2} \cos^5 x \, dx = \int_0^{\pi/2} \sin^5 x \, dx = I_5 = \dfrac{4}{5} \cdot \dfrac{2}{3} = \dfrac{8}{15}$

4.6 広義積分（特異積分）

次の場合に定積分の定義を拡張し，これらの積分を「広義積分」という．

> （ⅰ）　積分区間が無限区間の場合
> （ⅱ）　被積分関数が非有界の場合
> （ⅲ）　混合型　…　（ⅰ），（ⅱ）の組み合わせ

(ⅰ) <u>無限区間の場合</u>　　$[a, \infty)$, $(-\infty, b]$, $(-\infty, \infty)$

次のように定義する．

> - $\displaystyle\int_a^\infty f(x)\, dx = \lim_{u \to \infty} \int_a^u f(x)\, dx$
> - $\displaystyle\int_{-\infty}^b f(x)\, dx = \lim_{v \to -\infty} \int_v^b f(x)\, dx$
> - $\displaystyle\int_{-\infty}^\infty f(x)\, dx = \int_a^\infty f(x)\, dx + \int_{-\infty}^a f(x)\, dx$　　（a は任意）
>   と分けて上の定義を利用．

定義式が収束すれば「広義積分は収束する」といい，発散すれば「広義積分は発散する」という．「∞ に発散する」「$-\infty$ に発散する」も同様．

（＊）∞ の扱い（広義積分の和の場合）

$\displaystyle\int_{-\infty}^\infty f(x)\, dx = \int_0^\infty f(x)\, dx + \int_{-\infty}^0 f(x)\, dx$　のように積分区間を分けて広義積分を計算するとき，一方または両方が ∞, $-\infty$ となる場合は次のように定めておく：

$$(\infty) + (\infty) = \infty \ , \ (-\infty) + (-\infty) = -\infty$$
$$(定数) + (\infty) = \infty \ , \ (定数) + (-\infty) = -\infty$$

【ex.4.8】 次の広義積分を計算せよ．

(1) $\displaystyle\int_1^\infty \frac{1}{x^2}\,dx$ 　　(2) $\displaystyle\int_{-\infty}^0 \frac{1}{x-1}\,dx$ 　　(3) $\displaystyle\int_{-\infty}^\infty \frac{1}{x^2+1}\,dx$

「解」

(1) $\displaystyle\int_1^\infty \frac{1}{x^2}\,dx = \lim_{u\to\infty}\int_1^u \frac{1}{x^2}\,dx = \lim_{u\to\infty}\left[-\frac{1}{x}\right]_1^u = \lim_{u\to\infty}\left(1-\frac{1}{u}\right)=1$

(2) $\displaystyle\int_{-\infty}^0 \frac{1}{x-1}\,dx = \lim_{v\to-\infty}\int_v^0 \frac{1}{x-1}\,dx$
$\displaystyle\qquad = \lim_{v\to-\infty}\Big[\log|x-1|\Big]_v^0 = \lim_{v\to-\infty}\big(-\log|v-1|\big)$
$\displaystyle\qquad = -\lim_{t\to\infty}\log t = -\infty$ 　　（$t=|v-1|$ とおいた）

(3) $\displaystyle\int_{-\infty}^\infty \frac{1}{x^2+1}\,dx = \int_{-\infty}^0 \frac{1}{x^2+1}\,dx + \int_0^\infty \frac{1}{x^2+1}\,dx$

$\displaystyle\int_{-\infty}^0 \frac{1}{x^2+1}\,dx = \lim_{v\to-\infty}\int_v^0 \frac{1}{x^2+1}\,dx = \lim_{v\to-\infty}\Big[\tan^{-1}x\Big]_v^0$
$\displaystyle\qquad = \lim_{v\to-\infty}(\tan^{-1}0 - \tan^{-1}v) = -\lim_{v\to-\infty}\tan^{-1}v = \frac{\pi}{2}$

$\displaystyle\int_0^\infty \frac{1}{x^2+1}\,dx = \lim_{u\to\infty}\int_0^u \frac{1}{x^2+1}\,dx = \lim_{u\to\infty}\Big[\tan^{-1}x\Big]_0^u$
$\displaystyle\qquad = \lim_{u\to\infty}(\tan^{-1}u - \tan^{-1}0) = \lim_{u\to\infty}\tan^{-1}u = \frac{\pi}{2}$

したがって 　$\displaystyle\int_{-\infty}^\infty \frac{1}{x^2+1}\,dx = \frac{\pi}{2}+\frac{\pi}{2}=\pi$

【問題 4.7】 (BC) 次の広義積分を計算せよ．

(1) $\displaystyle\int_1^\infty \frac{1}{x^5}\,dx$ 　　(2) $\displaystyle\int_1^\infty \frac{1}{\sqrt{x}}\,dx$

(3) $\displaystyle\int_{-\infty}^0 xe^{-x^2}\,dx$ 　　(4) $\displaystyle\int_{-\infty}^\infty xe^{-x^2}\,dx$ 　　(5) $\displaystyle\int_1^\infty \frac{1}{x(x+1)}\,dx$

(6) $\displaystyle\int_0^\infty xe^{-x}\,dx$ 　　(7) $\displaystyle\int_{-\infty}^\infty xe^{-x}\,dx$

(ii) **非有界関数の場合**　　有界でない関数を「非有界関数」という．

> (α)　$f(x)$ が $(a,b]$ で連続で $\displaystyle\lim_{x\to a+0}|f(x)|=\infty$ の場合
> $$\int_a^b f(x)\,dx = \lim_{\varepsilon\to +0}\int_{a+\varepsilon}^b f(x)\,dx \quad \text{と定める．}$$
> (β)　$f(x)$ が $[a,b)$ で連続で $\displaystyle\lim_{x\to b-0}|f(x)|=\infty$ の場合
> $$\int_a^b f(x)\,dx = \lim_{\delta\to +0}\int_a^{b-\delta} f(x)\,dx \quad \text{と定める．}$$

(α), (β) 以外の場合は，積分区間を分けて (α), (β) の形にして計算する．その際 ∞, $-\infty$ の扱いは無限区間の場合と同様である．

【ex.4.9】　次の広義積分を計算せよ．
(1) $\displaystyle\int_0^1 \frac{1}{\sqrt{x}}\,dx$ 　　　(2) $\displaystyle\int_0^1 \frac{1}{\sqrt{1-x^2}}\,dx$

「解」
(1)　$f(x)=\dfrac{1}{\sqrt{x}}$ は $0<x\leq 1$ で連続で，$\displaystyle\lim_{x\to +0}\frac{1}{\sqrt{x}}=\infty$
$$\int_0^1 \frac{1}{\sqrt{x}}\,dx = \lim_{\varepsilon\to +0}\int_\varepsilon^1 \frac{1}{\sqrt{x}}\,dx = \lim_{\varepsilon\to +0}\left[2\sqrt{x}\right]_\varepsilon^1 = \lim_{\varepsilon\to +0}(2-2\sqrt{\varepsilon})=2$$

(2)　$f(x)=\dfrac{1}{\sqrt{1-x^2}}$ は $0\leq x<1$ で連続で，$\displaystyle\lim_{x\to 1-0}\frac{1}{\sqrt{1-x^2}}=\infty$
$$\int_0^1 \frac{1}{\sqrt{1-x^2}}\,dx = \lim_{\delta\to +0}\int_0^{1-\delta}\frac{1}{\sqrt{1-x^2}}\,dx = \lim_{\delta\to +0}\left[\sin^{-1}x\right]_0^{1-\delta}$$
$$= \lim_{\delta\to +0}(\sin^{-1}(1-\delta)-\sin^{-1}0) = \sin^{-1}1 = \frac{\pi}{2}$$

【問題 4.8】 (BC)　次の広義積分を計算せよ．

(1) $\displaystyle\int_0^1 \frac{1}{\sqrt[3]{x}}\,dx$ 　　　(2) $\displaystyle\int_0^1 \frac{1}{\sqrt{1-x}}\,dx$ 　　　(3) $\displaystyle\int_0^1 \frac{1}{x^3}\,dx$

(4) $\displaystyle\int_0^1 \log x\,dx$ 　　　(5) $\displaystyle\int_{-1}^1 \frac{1}{\sqrt{|x|}}\,dx$ 　　　(6) $\displaystyle\int_{-1}^1 \frac{1}{|x|}\,dx$

(iii)　混合型　⋯　無限区間で非有界関数の場合

(i),(ii) の混合型では混在しないように積分区間を分け，それぞれの定義にしたがって計算すればよい．ここでは Gamma (ガンマ) 関数と Beta (ベータ) 関数の紹介にとどめる．(Beta 関数は混合型ではなく (ii) のタイプ)

【Gamma 関数】

$$\Gamma(s) = \int_0^\infty x^{s-1} e^{-x}\, dx \qquad (s > 0)$$

を「Gamma (ガンマ) 関数」という．

$0 < s < 1$ のとき $\lim_{x \to +0} x^{s-1} e^{-x} = \infty$ で無限区間だから混合型であり，$s \geqq 1$ のとき (i) のタイプである．Gamma 関数には次の性質がある：

(1)　$\Gamma(s+1) = s\Gamma(s) \qquad (s > 0)$
(2)　$\Gamma(n+1) = n! \qquad$ (n は自然数)
(3)　$\Gamma(1) = 1, \quad \Gamma\left(\dfrac{1}{2}\right) = \sqrt{\pi}$

【Beta 関数】

$$B(x, y) = \int_0^1 t^{x-1}(1-t)^{y-1}\, dt \qquad (x, y > 0)$$

を「Beta (ベータ) 関数」という．

Beta 関数と Gamma 関数には次の関係がある： $\quad B(x, y) = \dfrac{\Gamma(x)\Gamma(y)}{\Gamma(x+y)}$

(補足)《収束判定について》

定積分の値を求めるときに原始関数が不明な場合やシンプルに表現できない場合は多々ある．そうした場合，値が分からなくても「収束／発散」が判明すればそれは意味のあることである．「収束／発散」の判定法は巻末付録 A.4, 補足 4.2 参照．

4.7 定積分の応用1（面積，回転体の体積，曲線の長さ）

1 【面積】

(i) $f(x) \geqq 0$ $(a \leqq x \leqq b)$ のとき

曲線 $y = f(x)$, x 軸, 直線 $x = a$, $x = b$ で囲まれた図形の面積を S とすると

$$S = \int_a^b f(x)\,dx$$

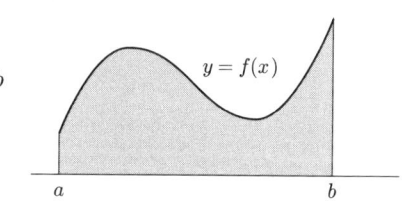

(ii) $f(x) \leqq 0$ $(a \leqq x \leqq b)$ のとき

曲線 $y = f(x)$, x 軸, 直線 $x = a$, $x = b$ で囲まれた図形の面積を S とすると

$$S = -\int_a^b f(x)\,dx$$

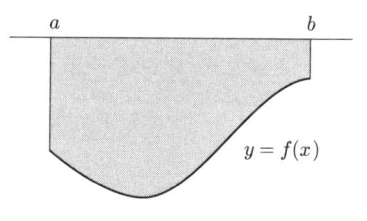

$y = -f(x)$ を考えれば (i) が利用できる.

$$\left(S = \int_a^b (-f(x))\,dx = -\int_a^b f(x)\,dx \right)$$

(iii) 曲線 $y = f(x)$, $y = g(x)$, 直線 $x = a$, $x = b$ $(a < b)$ で囲まれた図形の面積を S とすると

$$S = \int_a^b |f(x) - g(x)|\,dx$$

$$\left(\begin{array}{l} f(x) \geqq g(x) \text{ のとき}, f(x) + A \geqq 0, g(x) + A \geqq 0 \text{ となる定数 } A \text{ を選んで} \\ \text{面積の引き算を考えればよい. 大小関係が入れ替わる場合は区間を分けて考える.} \end{array} \right)$$

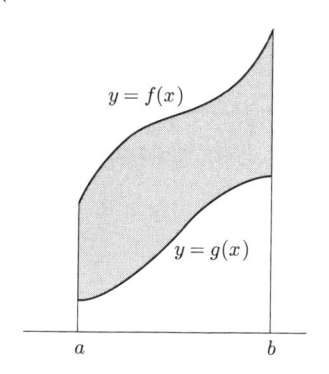

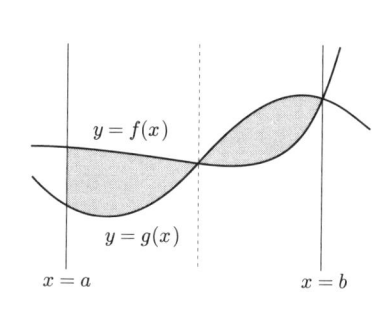

【ex.4.10】 次の図形の面積 S を求めよ．

(1) 曲線 $y = \sin x$, x 軸, 直線 $x = \dfrac{\pi}{2}$ で囲まれた図形．$\left(0 \leqq x \leqq \dfrac{\pi}{2}\right)$

(2) 曲線 $y = e^x$, $y = x^2$, 直線 $x = 0$, $x = 1$ で囲まれた図形．

「解」

(1) $0 \leqq x \leqq \pi/2$ で $\sin x \geqq 0$ だから

$$\begin{aligned} S &= \int_0^{\pi/2} \sin x \, dx \\ &= \Big[-\cos x\Big]_0^{\pi/2} \\ &= -\cos \frac{\pi}{2} - (-\cos 0) \\ &= 1 \end{aligned}$$

(2) $0 \leqq x \leqq 1$ で $e^x > x^2$ だから

$$\begin{aligned} S &= \int_0^1 (e^x - x^2) \, dx \\ &= \left[e^x - \frac{x^3}{3}\right]_0^1 \\ &= e - 1 - \frac{1}{3} \\ &= e - \frac{4}{3} \end{aligned}$$

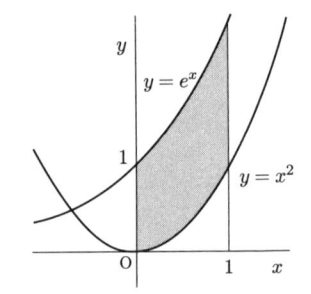

【問題 4.9】(B) 次の図形の面積を求めよ．

(1) 曲線 $y = -x^2 + x$ と x 軸で囲まれた図形．$(0 \leqq x \leqq 1)$

(2) 曲線 $y = \sqrt{x}$, $y = x^2$ $(0 \leqq x \leqq 1)$ で囲まれた図形．

(3) 曲線 $y = \sin x$, $y = \cos x$ $(0 \leqq x \leqq \pi/4)$ と y 軸で囲まれた図形．

(4) 曲線 $y = e^x$, $y = e^{-x}$, 直線 $x = 1$ で囲まれた図形．

2 【回転体の体積】

曲線 $y = f(x)$ ($\geqq 0$), x 軸および直線 $x = a, x = b$ ($a < b$) で囲まれた図形を x 軸の周りに1回転してできる回転体の体積 V は

$$V = \pi \int_a^b \{f(x)\}^2 \, dx$$

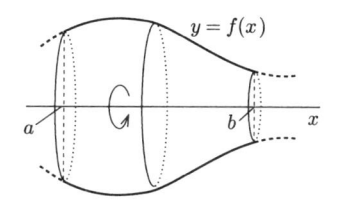

【ex.4.11】（球の体積）
原点中心，半径 R の半円 $y = \sqrt{R^2 - x^2}$ ($-R \leqq x \leqq R$) と x 軸で囲まれた図形を x 軸の周りに1回転してできる回転体は，半径 R の球である．球の体積 V を求めよ．

「解」
$$\begin{aligned} V &= \pi \int_{-R}^{R} \left(\sqrt{R^2 - x^2}\right)^2 dx = \pi \int_{-R}^{R} (R^2 - x^2) \, dx \\ &= 2\pi \int_0^R (R^2 - x^2) \, dx \\ &= 2\pi \left[R^2 x - \frac{x^3}{3} \right]_0^R \\ &= 2\pi \left(R^3 - \frac{R^3}{3} - 0 \right) \\ &= \frac{4}{3} \pi R^3 \end{aligned}$$

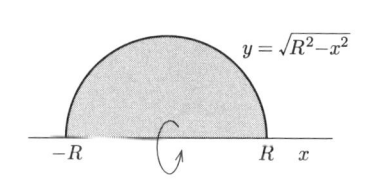

【問題 4.10】(B)　次の問いに答えよ．

(1) 底面の半径が R, 高さが h の円錐の体積を次の方法で求めよ：
直線 $y = \dfrac{R}{h} x$, x 軸および直線 $x = h$ で囲まれた図形の回転体を考える．

(2) 曲線 $y = \cos x$, x 軸, y 軸および直線 $x = \pi/2$ で囲まれた図形を x 軸の周りに1回転してできる回転体の体積を求めよ．

(3) 曲線 $y = e^x + e^{-x}$, x 軸および直線 $x = 1, x = -1$ で囲まれた図形を x 軸の周りに1回転してできる回転体の体積を求めよ．

$\boxed{3}$ 【曲線の長さ】　（曲線の長さを ℓ とする．曲線表示は巻末 A.2, 補足 2.1 参照．）

(1)　パラメータ表示の場合　$x = x(t), y = y(t)$ $(a \leq t \leq b)$

$$\ell = \int_a^b \sqrt{(x'(t))^2 + (y'(t))^2}\, dt$$

　ex.　$x = R\cos t,\ y = R\sin t$　$(0 \leq t \leq 2\pi)$　（原点中心，半径 R の円，$R > 0$）
　ex.　$x = t - \sin t,\ y = 1 - \cos t$　$(0 \leq t \leq 2\pi)$　（サイクロイド）

(∗)　3次元空間内での曲線　$x = x(t), y = y(t), z = z(t)$ $(a \leq t \leq b)$　について

$$\ell = \int_a^b \sqrt{(x'(t))^2 + (y'(t))^2 + (z'(t))^2}\, dt$$

　ex.　常らせん：$x = R\cos t,\ y = R\sin t,\ z = t$　$(t \geq 0)$

(2)　曲線 $y = f(x)$ $(a \leq x \leq b)$ の場合

$$\ell = \int_a^b \sqrt{1 + (f'(x))^2}\, dx$$

　ex.　放物線 $y = x^2$，カテナリー $y = \dfrac{e^x + e^{-x}}{2}$

(3)　極表示 $r = r(\theta)$ $(a \leq \theta \leq b)$ の場合

偏角 θ のとき，原点からの距離 r によって
点 (x, y) を定め，その点の軌跡が表す曲線．

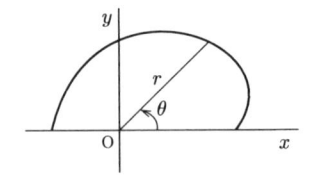

$$\ell = \int_a^b \sqrt{\{r(\theta)\}^2 + \{r'(\theta)\}^2}\, d\theta$$

　ex.　カーディオイド：$r = a(1 + \cos\theta)$ $(a > 0,\ 0 \leq x \leq 2\pi)$
　　　Archimedes（アルキメデス）のスパイラル：$r = \theta$

【ex.4.12】 次の曲線の長さ ℓ を求めよ．

(1) アステロイド（の 1/4）： $x = \cos^3 t,\ y = \sin^3 t$ 　（$0 \leqq t \leqq \pi/2$）
(2) カテナリー ： $y = \dfrac{e^x + e^{-x}}{2}$ （ $0 \leqq x \leqq 1$ ）
(3) カーディオイド： $r = 1 + \cos\theta$ 　（ $0 \leqq x \leqq 2\pi$ ）

....

「解」

(1) $\sqrt{(x'(t))^2 + (y'(t))^2} = \sqrt{(3\cos^2 t(-\sin t))^2 + (3\sin^2 t \cos t)^2}$
$= 3\sqrt{\cos^2 t \sin^2 t(\cos^2 t + \sin^2 t)}$
$= 3\cos t \sin t$ 　（$\because\ \cos t \geqq 0,\ \sin t \geqq 0$）
$= \dfrac{3}{2}\sin 2t$

曲線の長さ $\ell = \dfrac{3}{2}\displaystyle\int_0^{\pi/2} \sin 2t\, dt = \dfrac{3}{4}\Big[-\cos 2t\Big]_0^{\pi/2} = \dfrac{3}{2}$

(2) $f(x) = \dfrac{e^x + e^{-x}}{2}$ とおくと
$1 + (f'(x))^2 = 1 + \dfrac{1}{4}(e^x - e^{-x})^2 = \dfrac{1}{4}(e^{2x} + 2 + e^{-2x}) = \dfrac{1}{4}(e^x + e^{-x})^2$
$\ell = \displaystyle\int_0^1 \sqrt{1 + (f'(x))^2}\, dx = \int_0^1 \dfrac{1}{2}(e^x + e^{-x})\, dx = \dfrac{1}{2}\Big[e^x - e^{-x}\Big]_0^1 = \dfrac{1}{2}(e - e^{-1})$

(3) $\{r(\theta)\}^2 + \{r'(\theta)\}^2 = (1 + \cos\theta)^2 + (-\sin\theta)^2$
$= 1 + 2\cos\theta + \cos^2\theta + \sin^2\theta = 2(1 + \cos\theta)$
$= 4\cos^2\dfrac{\theta}{2}$

$\ell = \displaystyle\int_0^{2\pi} \sqrt{\{r(\theta)\}^2 + \{r'(\theta)\}^2}\, d\theta = 2\int_0^{2\pi}\left|\cos\dfrac{\theta}{2}\right| d\theta$
$= 2\displaystyle\int_0^{\pi} \cos\dfrac{\theta}{2}\, d\theta + 2\int_{\pi}^{2\pi}\left(-\cos\dfrac{\theta}{2}\right) d\theta = 4\Big[\sin\dfrac{\theta}{2}\Big]_0^{\pi} - 4\Big[\sin\dfrac{\theta}{2}\Big]_{\pi}^{2\pi}$
$= 8$

【問題 4.11】 (B) 次の曲線の長さを求めよ．

(1) 曲線 $x = e^t \cos t,\ y = e^t \sin t$ 　（$0 \leqq t \leqq 2\pi$）
(2) 曲線 $x = R\cos t,\ y = R\sin t,\ z = t$ 　（$0 \leqq t \leqq 4\pi$; R は正定数）
(3) 曲線 $y = x\sqrt{x}$ 　（$0 \leqq x \leqq 1$）
(4) 曲線 $r = \cos^3\dfrac{\theta}{3}$ 　（$0 \leqq \theta \leqq \pi$）

4.8 類題／発展／応用　＊ 類題の番号は問題の番号に対応している．

[類題 4.2] (AB)　次の積分値を求めよ．

(1) $\int_{-1}^{1} x^6 \, dx$　　(2) $\int_{1}^{2} \frac{x^4 - 2x^2 + 3}{x} \, dx$　　(3) $\int_{1}^{2} \frac{1}{\sqrt{x}} \, dx$

(4) $\int_{0}^{1} e^{-2x} \, dx$　　(5) $\int_{0}^{1} \left(\sqrt{3x} - \frac{2}{e^x} \right) dx$　　(6) $\int_{-1}^{1} \frac{x}{x^2 + 1} \, dx$

(7) $\int_{0}^{\pi/2} \sin 5x \, dx$　　(8) $\int_{0}^{1/4} \frac{1}{\sqrt{1 - 4x^2}} \, dx$　　(9) $\int_{0}^{\pi/2} (\cos^2 x - 2\sin^2 x) \, dx$

[類題 4.3] (B)　次の積分値を求めよ．

(1) $\int_{0}^{2} f(x) \, dx, \ f(x) = \begin{cases} e^x & (x > 1) \\ x & (x \leq 1) \end{cases}$　　(2) $\int_{-\pi}^{\pi} f(x) \, dx, \ f(x) = \begin{cases} \sin^2 x & (x \geq 0) \\ \cos^2 x & (x < 0) \end{cases}$

(3) $\int_{0}^{1} |2x - 1| \, dx$　　(4) $\int_{0}^{3} |(x+1)(x-2)| \, dx$　　(5) $\int_{-1}^{1} \left| \frac{x}{1 + x^2} \right| dx$

[類題 4.4] (AB)　次の積分値を求めよ．

(1) $\int_{-2}^{2} (x^5 - 5x^2 + 1) \, dx$　　(2) $\int_{-1}^{1} (e^x - e^{-x}) \, dx$　　(3) $\int_{-\pi}^{\pi} |x| \sin x \, dx$

[類題 4.5] (B)　次の積分値を求めよ．

(1) $\int_{0}^{1} (1 - x)^5 \, dx$　　(2) $\int_{0}^{1} \cos(\pi x) \, dx$　　(3) $\int_{0}^{\pi/2} \cos^3 x \, dx$

(4) $\int_{0}^{1} \frac{x}{x^2 + 1} \, dx$　　(5) $\int_{e}^{e^2} \frac{1}{x \log x} \, dx$　　$(\log x = t \text{ とおく})$

(6) $\int_{0}^{1/2} \frac{1}{\sqrt{1 - x^2}} \, dx$　　$\left(x = \sin t \ (-\pi/2 \leq t \leq \pi/2) \text{ とおく} \right)$

[類題 4.6] (B)　次の積分値を求めよ．

(1) $\int_{0}^{\pi/2} x \cos x \, dx$　　(2) $\int_{1}^{2} x^3 \log x \, dx$　　(3) $\int_{-1}^{1} x e^{-x} \, dx$

(4) $\int_{0}^{1} \tan^{-1} x \, dx$　　(5) $\int_{0}^{\pi} x^2 \sin x \, dx$

[類題 4.7] (BC)　次の広義積分を計算せよ．

(1) $\int_{1}^{\infty} \frac{3}{x^6} \, dx$　　(2) $\int_{1}^{\infty} \frac{1}{x} \, dx$　　(3) $\int_{0}^{\infty} \frac{1}{4x^2 + 1} \, dx$　　(4) $\int_{-\infty}^{\infty} \frac{1}{4x^2 + 1} \, dx$

(5) $\int_{0}^{\infty} \frac{1}{(x+1)(x+2)} \, dx$　　(6) $\int_{0}^{\infty} x^3 e^{-x^2} \, dx$　　(7) $\int_{-\infty}^{\infty} e^{-|x|} \, dx$

[類題 4.8] (BC)　次の広義積分を計算せよ．

(1) $\int_0^1 \dfrac{1}{\sqrt[4]{x}}\,dx$ 　　(2) $\int_0^1 \dfrac{1}{x^2}\,dx$ 　　(3) $\int_0^1 \dfrac{x}{\sqrt{1-x^2}}\,dx$

(4) $\int_{-1}^1 \dfrac{1}{\sqrt{1-x^2}}\,dx$ 　　(5) $\int_{-1}^0 \log|x|\,dx$ 　　(6) $\int_{-1}^1 \log|x|\,dx$

[類題 4.9] (B)　次の図形の面積を求めよ．

(1)　曲線 $y=x^3$ と 直線 $y=x$ で囲まれた図形．

(2)　曲線 $y=\log x$，x 軸，直線 $x=2$ で囲まれた図形．

(3)　曲線 $y=\sin x$，$y=\cos x$ $\left(\dfrac{\pi}{4} \leq x \leq \dfrac{5\pi}{4}\right)$ で囲まれた図形．

発展／応用／トピックス

[4-1] (B)　次の式を定積分を用いて表し，値を求めよ．

(1) $\displaystyle\lim_{n\to\infty} \dfrac{1}{n^3}\left\{(n+1)^2+(n+2)^2+\cdots+(2n)^2\right\}$ 　　(2) $\displaystyle\lim_{n\to\infty}\left(\dfrac{1}{n}+\dfrac{1}{n+1}+\cdots+\dfrac{1}{2n-1}\right)$

[4-2] (A)　ある窓口の来客時間間隔が平均 2 分で，時間間隔が指数分布にしたがうとき，来客の時間間隔が 1 分以上 2 分以下である確率は $\int_1^2 \dfrac{1}{2}e^{-x/2}\,dx$ である．値を求めよ．

[4-3] (B)　次の不等式を示せ： $\left|\int_a^b f(x)\,dx\right| \leq \int_a^b |f(x)|\,dx$

[4-4] (B)　a,b,k は定数，$f(x)$ は $[a,b]$ で連続とする．

$y(x)=k+\displaystyle\int_a^x f(t)\,dt$ 　が　($\sharp$)　$\begin{cases} y'=f(x) & (a<x<b) \\ y(a)=k \end{cases}$ 　をみたすことを示せ．

(∗)　($\sharp$) を微分方程式の初期値問題，($\sharp$) をみたす関数 $y=y(x)$ を初期値問題の「解」という．

[4-5] (A)　微分方程式の初期値問題： $\begin{cases} y'=e^x \\ y(0)=3 \end{cases}$ 　の解を [4-4] を使って求めよ．

[4-6] (B)　$f(x)=x$ について次の値を求めよ．$(n=1,2,3,\ldots)$

$a_0=\dfrac{1}{\pi}\displaystyle\int_{-\pi}^{\pi} f(x)\,dx$，$a_n=\dfrac{1}{\pi}\displaystyle\int_{-\pi}^{\pi} f(x)\cos nx\,dx$，$b_n=\dfrac{1}{\pi}\displaystyle\int_{-\pi}^{\pi} f(x)\sin nx\,dx$

(∗)　これらを $f(x)$ の Fourier (フーリエ) 係数という．これにより $f(x)$ のフーリエ級数を求めることができ，信号理論，周期的現象の解析や熱伝導方程式の解法につながる．

[4–7] (BC)　（双曲線関数の導出）

双曲線 $x^2 - y^2 = 1$ 上の 2 点
$P(a,b)$, $Q(a,-b)$ $(a > 1, b > 0)$
と原点 O について次の問いに答えよ．

(1)　線分 OP, OQ と双曲線で囲まれた
　　図形の面積を a で表せ．

(2)　(1) で求めた面積が $t(> 0)$ となる
　　とき，a, b の値を t で表せ．

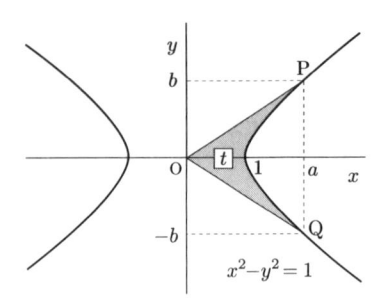

[4–8] (C)　次の不等式を以下の方法で示せ．（【シュワルツ (Schwarz) の不等式】）

$[a, b]$ で連続な関数 $f(x), g(x)$ に対し
$$\left(\int_a^b f(x)g(x)\, dx \right)^2 \leq \int_a^b \{f(x)\}^2\, dx \cdot \int_a^b \{g(x)\}^2\, dx$$

(1)　$\int_a^b \{tf(x) - g(x)\}^2\, dx \geq 0$ （t は任意の実数）を利用する方法．

(2)　$\int_a^b \{f(x)g(t) - f(t)g(x)\}^2\, dx \geq 0$ （$a \leq t \leq b$）を利用する方法．

(3)　相加相乗平均の不等式から　$|AB| \leq \dfrac{\varepsilon}{2}A^2 + \dfrac{1}{2\varepsilon}B^2$ （A, B は実数，$\varepsilon > 0$）
　　を示し，これを利用する方法．

[4–9] (B)　シュワルツの不等式を使って次のことを示せ．（$f(x)$ は連続とする）

(1)　$\displaystyle\int_0^{\pi/2} \sqrt{x \sin x}\, dx \leq \dfrac{\sqrt{2}\,\pi}{4}$　(2)　$f(x) > 0$ のとき　$\displaystyle\int_0^1 f(x)\, dx \int_0^1 \dfrac{1}{f(x)}\, dx \geq 1$

[4–10] (C)　（Wallis（ウォリス）の公式）

$\displaystyle\int_0^{\pi/2} \sin^{2n+1} x\, dx \leq \int_0^{\pi/2} \sin^{2n} x\, dx \leq \int_0^{\pi/2} \sin^{2n-1} x\, dx$ を利用して次式を示せ：

$$\lim_{n \to \infty} \frac{(2n)!!}{\sqrt{n}(2n-1)!!} = \sqrt{\pi}$$

($*$)　$n!!$ については【ex.4.7】参照．

[4–11] (CD)　（Stirling（スターリング）の公式）

数列 $\left\{ \dfrac{n!}{\sqrt{n}\, n^n e^{-n}} \right\}$ の収束を仮定し，Wallis（ウォリス）の公式を用いて次式を示せ：

$$\lim_{n \to \infty} \frac{n!}{\sqrt{n}\, n^n e^{-n}} = \sqrt{2\pi}$$

[4-12] (D) $\int_0^\infty e^{-x^2}\,dx = \dfrac{\sqrt{\pi}}{2}$ を以下の手順で示せ. n は自然数とする.

(1) 不等式 $1+x < e^x \ (x \neq 0)$ を示せ.

(2) 不等式 $\displaystyle\int_0^1 (1-x^2)^n\,dx < \int_0^\infty e^{-nx^2}\,dx < \int_0^\infty (1+x^2)^{-n}\,dx$ を示せ.

(3) 不等式 $\sqrt{n}\displaystyle\int_0^{\pi/2} \sin^{2n+1} x\,dx < \int_0^\infty e^{-x^2}\,dx < \sqrt{n}\int_0^{\pi/2} \sin^{2n-2} x\,dx$ を示せ.

(4) 【ex.4.7】と Wallis の公式を利用して $\displaystyle\int_0^\infty e^{-x^2}\,dx = \dfrac{\sqrt{\pi}}{2}$ を示せ.

《確率／統計に関連して》

- スターリングの公式から $n \gg 1$ のとき $n! \fallingdotseq \sqrt{2n\pi}\,n^n e^{-n}$
  つまり階乗の近似式が得られる．これより確率論で使われるド・モアブル―ラプラスの定理を導くことができ，それにより比率調査（世論調査や視聴率調査など）の誤差が分かる．95 ％の信頼度で誤差は

  $\pm 1.96\sqrt{\dfrac{p(1-p)}{n}}$ （n は調査個体数，p は調査した比率） である．

  例えば視聴率 20 ％の場合 ($p = 0.2$)，調査世帯数 $n = 600$ とすると ± 0.032 つまり ± 3.2 ％の誤差を考慮する.

- 次の広義積分は確率／統計でよく使われるので紹介しておく．証明法はいくつかあるが，重積分を利用する方法は 6 章章末問題（[6-6]）．[4-12] も証明の 1 つ.

  $\displaystyle\int_0^\infty e^{-x^2}\,dx = \dfrac{\sqrt{\pi}}{2},\quad \int_{-\infty}^\infty e^{-x^2}\,dx = \sqrt{\pi},\quad \int_{-\infty}^\infty e^{-x^2/2}\,dx = \sqrt{2\pi}$

- $\mathrm{Erf}(x) = \displaystyle\int_0^x e^{-t^2}\,dt$ は誤差関数とよばれるが，$\displaystyle\int_x^\infty e^{-t^2}\,dt$ や定数倍補正したものを誤差関数とよぶなど本によって定義が異なる．

- $f(x) = \dfrac{1}{\sqrt{2\pi}}\,e^{-x^2/2}$ は標準正規分布の密度関数とよばれる．例えば偏差値 60 以上の割合は $\dfrac{1}{10\sqrt{2\pi}}\displaystyle\int_{60}^\infty e^{-(x-50)^2/200}\,dx = \dfrac{1}{\sqrt{2\pi}}\int_1^\infty e^{-x^2/2}\,dx \fallingdotseq 0.159$（約 16 ％）．
  IQ 100〜115 の割合は偏差値 50〜60 の割合と同じで $0.5 - 0.159 = 0.341$（約 34 ％）．

第 5 章　　多変数関数と偏導関数

応用例

- 極値問題（多変数），条件付き極値問題
    - ex. 辺長一定の図形の面積の最大値は？
    - 誤差を最小にする予測式は？
- 接平面　ex. 放物面，双曲面，楕円面に接する平面は？
- 全微分による誤差計算
    - ex. 長さの測定誤差が分かっているときの体積の誤差は？
- 種々の偏微分方程式の記述
    - ex. 熱伝導方程式，波動方程式，ラプラス方程式，調和関数
    - シュレーディンガー方程式，マクスウェルの電磁方程式
    - 流体の運動方程式
- 完全型微分方程式の解法

章末／巻末参照

- 調和関数　・(1 次元) 波動方程式　・観測誤差　・回帰分析（回帰直線）
- ベクトル解析の記号　・種々の偏微分方程式　・2 次曲面

応用項目，応用分野

- 重積分（6 章，多次元での変数変換）
- ベクトル解析　$\mathrm{grad} f = \nabla f, \mathrm{div} \mathbf{F} = \nabla \cdot \mathbf{F}, \mathrm{rot} \mathbf{F} = \nabla \times \mathbf{F}$（巻末付録 A.5 参照）
- 複素解析（Cauchy-Riemann の関係式　$\longrightarrow$　正則関数）
- 確率論，統計学　$\longrightarrow$　多変量データ解析（推定法，重回帰分析，...）
    - $\longrightarrow$　工学，医学，経済学，社会現象の解析，スポーツ科学，...
- 偏微分方程式　$\longrightarrow$　古典力学，流体力学，電磁気学，量子力学，...
- 多次元 Fourier 解析，多次元ウェーブレット解析，多次元逆問題

5.1 多変数関数

【2変数関数】
 (x, y) に実数 z が対応し（x, y の値を決めれば z の値が決まる）
その対応規則を f, (x, y) の範囲を D とする：

$$f : D \ni (x, y) \longmapsto z \in \mathbf{R}$$

この対応規則 f と範囲 D をあわせて「2変数関数」という．x, y を独立変数，z を従属変数，D を「定義域」といい

$$\boxed{z = f(x, y) \quad (D)}$$

と表す．定義域を省略した場合，$f(x, y)$ が意味をもつ最大の範囲を定義域とする．また，集合 $\{(x, y, f(x, y)) \mid (x, y) \in D\}$ を関数 $z = f(x, y)$ (D) の「グラフ」という．

ex. $z = f(x, y) = \sqrt{x - 2y} \quad (x \geq 2y)$
 例えば $x = 3, y = 1$ のとき
 $z = \sqrt{3 - 2 \cdot 1} = 1$
 これを $f(3, 1) = 1$ と表す．
 $f(0, -5) = \sqrt{10}$ も同様．

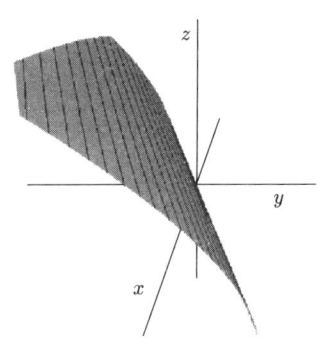

【3変数関数】
 (x, y, z) に実数 w が対応し，その対応規則を f, (x, y, z) の範囲を D とする：

$$f : D \ni (x, y, z) \longmapsto w \in \mathbf{R}$$

この対応規則 f と範囲 D をあわせて「3変数関数」という．x, y, z を独立変数，w を従属変数，D を「定義域」といい

$$\boxed{w = f(x, y, z) \quad (D)}$$

と表す．

独立変数が2つ以上の関数を総称して「多変数関数」といい，区別するとき前章まで扱った関数（独立変数1つ）は「1変数関数」という．当面，2変数関数のみを考え，3変数関数は後回しにする．

5.2 極限と連続性

【2変数関数の極限】

関数 $z = f(x, y)$ が点 (a, b) の周り（近傍）で定義されているとする．

$$\left[\begin{array}{l} \text{《近傍》} \quad \text{点 } (a, b) \text{ 中心，半径 } \varepsilon \text{ の円板領域（境界を除く）：} \\ \qquad (x-a)^2 + (y-b)^2 < \varepsilon^2 \\ \text{を「}(a, b) \text{ の } \varepsilon\text{-近傍」という．一般の「}(a, b) \text{ の近傍 } U\text{」は} \\ (a, b) \in U \text{ で境界を含まない集合 } U \text{ であるが，厳密な定義} \\ \text{はしない．以降「近傍」という用語を使うが，おおざっぱに} \\ \text{「周り，付近」と解釈してもよい．} \end{array}\right]$$

$(x, y) \neq (a, b)$ の下で点 (x, y) を (a, b) に近づけるとき，どのように近づけても，$f(x, y)$ の値がある1つの値 α に限りなく近づく（一致を含む）ならば

$$\boxed{\lim_{(x,y) \to (a,b)} f(x, y) = \alpha}$$

と表し「関数 $f(x, y)$ は α に収束する」といい，α を「極限値」という．

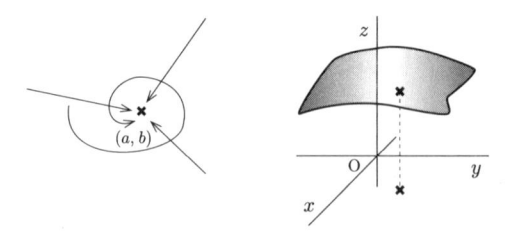

1変数関数の極限と同様に，$\displaystyle\lim_{(x,y) \to (a,b)} f(x, y) = \infty$，$\displaystyle\lim_{(x,y) \to (a,b)} f(x, y) = -\infty$ も定義され，それぞれ「∞ に発散」，「$-\infty$ に発散」という．収束しないとき「発散する」といい「$\infty, -\infty$ に発散する」場合も含む．

【連続性／連続関数】

$$\lim_{(x,y)\to(a,b)} f(x,y) = f(a,b)$$

が成り立つとき「関数 $f(x,y)$ は (a,b) で連続である」という．さらに，集合 D の各点で連続のとき「関数 $f(x,y)$ は D で連続である」という．

【連続関数の例】

- 多項式関数 　($\mathbf{R}^2$)　　　ex. 　$f(x,y) = x^2y^3 - 3xy^2 + 2y + 1$
- 有理関数 $= \dfrac{多項式}{多項式}$　(分母 $\neq 0$)　　　ex. 　$f(x,y) = \dfrac{x^2+2y^3}{x+y}$　($x+y \neq 0$)
- 連続関数の合成　　　ex. 　$f(x,y) = \sin(x^2+y^2+1)$　　($\mathbf{R}^2$)
- 連続関数の和・差・積・商（商の場合，分母 $\neq 0$）

【定理 5.1】　関数 $z = f(x,y)$ が有界閉集合† D で連続ならば
　　　　　　D で最大値，最小値をもつ．

(†)「有界閉集合」　有界集合かつ閉集合．
- 「有界集合」　円で囲むことができる集合．
  （有界でない集合を「非有界集合」という）
- 「閉集合」　境界をすべて含む集合．

【ex.5.1】　$D_1: x^2 + y^2 \leq 1$　は有界閉集合．
　　　　　$D_2: 0 \leq y \leq \dfrac{1}{x},\ x \geq 0$　は非有界集合．

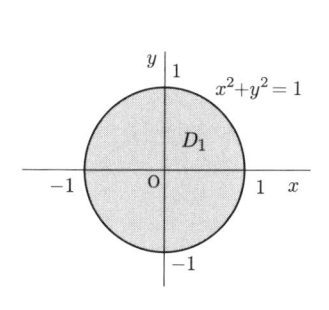

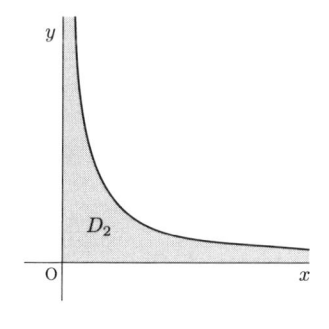

5.3 偏微分係数と偏導関数

【偏微分係数】

2変数関数 $z = f(x, y)$ が点 (a, b) の近傍で定義されているとする.

- 変数 x だけに着目した微分係数: $\displaystyle\lim_{h \to 0} \frac{f(a+h, b) - f(a, b)}{h}$

  を関数 $z = f(x, y)$ の点 (a, b) での「x についての偏微分係数」といい

  $\boxed{f_x(a, b)}$ または $\boxed{\dfrac{\partial f}{\partial x}(a, b)}$ という記号で表す.

- 変数 y だけに着目した微分係数: $\displaystyle\lim_{k \to 0} \frac{f(a, b+k) - f(a, b)}{k}$

  を関数 $z = f(x, y)$ の点 (a, b) での「y についての偏微分係数」といい

  $\boxed{f_y(a, b)}$ または $\boxed{\dfrac{\partial f}{\partial y}(a, b)}$ という記号で表す.

x, y についての偏微分係数が存在するとき, $f(x, y)$ は点 (a, b) で「偏微分可能である」という. 集合 D の各点で偏微分可能のとき, $f(x, y)$ は「D で偏微分可能である」という.

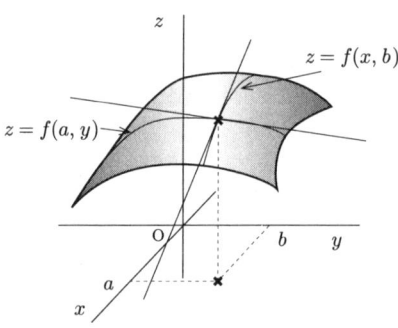

【偏導関数】

- 変数 x だけに着目した導関数: $\displaystyle\lim_{h \to 0} \frac{f(x+h, y) - f(x, y)}{h}$

  を関数 $z = f(x, y)$ の「x についての偏導関数」といい

  $\boxed{\dfrac{\partial z}{\partial x} \quad , \quad \dfrac{\partial f}{\partial x}(x, y) \quad , \quad z_x \quad , \quad f_x(x, y)}$

  などの記号で表す.

- 変数 y だけに着目した導関数： $\displaystyle\lim_{k\to 0}\frac{f(x,y+k)-f(x,y)}{k}$

を関数 $z=f(x,y)$ の「y についての偏導関数」といい

$$\frac{\partial z}{\partial y}\ ,\quad \frac{\partial f}{\partial y}(x,y)\ ,\quad z_y\ ,\quad f_y(x,y)$$

などの記号で表す．

（＊）　偏導関数を求めることを「偏微分する」という．

【偏導関数の計算法】

x についての偏導関数 z_x … y を定数と思って，x について微分する
y についての偏導関数 z_y … x を定数と思って，y について微分する

【ex.5.2】　次の関数を偏微分せよ．
 (1)　$z=x^2 y^5$　　(2)　$z=e^{xy^2}$　　(3)　$z=x^3\sin(x+y)+2y$

「解」(1)　$z_x=(x^2)_x\, y^5=2xy^5\ ,\qquad z_y=x^2(y^5)_y=5x^2 y^4$

(2)　$z_x=e^{xy^2}(xy^2)_x=y^2 e^{xy^2}\ ,\qquad z_y=e^{xy^2}(xy^2)_y=2xye^{xy^2}$

(3)　$z_x=\left\{x^3\sin(x+y)\right\}_x+\left\{2y\right\}_x$
　　　　$=(x^3)_x\sin(x+y)+x^3\left\{\sin(x+y)\right\}_x+0$
　　　　$=3x^2\sin(x+y)+x^3\cos(x+y)\cdot(x+y)_x$
　　　　$=3x^2\sin(x+y)+x^3\cos(x+y)$
　　　　$=x^2\{3\sin(x+y)+x\cos(x+y)\}$

　　　$z_y=x^3\left\{\sin(x+y)\right\}_y+\left\{2y\right\}_y=x^3\cos(x+y)\cdot(x+y)_y+2$
　　　　$=x^3\cos(x+y)+2$

【問題 5.1】(AB)　次の関数を偏微分せよ．

(1) $z = x^3 y^2$
(2) $z = x^2 y^5 + y^3 + x$
(3) $z = \log(x^2 + y^2)$
(4) $z = \sqrt{x + 2y}$
(5) $z = \tan^{-1} \dfrac{y}{x}$
(6) $z = \sqrt{x}\, \cos(x^2 + y^2)$
(7) $z = e^{x-2y}(x^2 + 2xy + 4y^2 + 1)$
(8) $z = \dfrac{y}{\sqrt{x^2 + 2y^2}}$

【ex.5.3】　$z = f(x, y) = x^2 y^5$ の点 $(2, 1)$ での偏微分係数を求めよ．

「解」　$z = f(x, y) = x^2 y^5$ を偏微分すると

$z_x = f_x(x, y) = (x^2)_x\, y^5 = 2xy^5$,　$z_y = f_y(x, y) = x^2 (y^5)_y = 5x^2 y^4$

したがって　$f_x(2, 1) = 2 \cdot 2 \cdot 1^5 = 4$,　$f_y(2, 1) = 5 \cdot 2^2 \cdot 1^4 = 20$

【問題 5.2】(AB)　次の関数の点 $(3, -1)$ での偏微分係数を求めよ．

(1) $z = f(x, y) = x^2 y^5 + y^3 + x$
(2) $z = f(x, y) = \log(x^2 + y^2)$
(3) $z = f(x, y) = \sqrt{x + 2y}$
(4) $z = f(x, y) = \tan^{-1} \dfrac{y}{x}$

【ex.5.4】　$z = f(xy)$ のとき（f は微分可能な 1 変数関数）
　　　　等式　$xz_x = yz_y$　が成り立つことを示せ．

「解」　$z_x = f'(xy)(xy)_x = yf'(xy)$,　$z_y = f'(xy)(xy)_y = xf'(xy)$　より

$$xz_x = xyf'(xy) ,\quad yz_y = xyf'(xy)$$

したがって　$xz_x = yz_y$　が成り立つ．

【問題 5.3】(B)　f は微分可能な 1 変数関数とする．

(1)　$z = f(2x + 3y)$　のとき　$3z_x = 2z_y$　が成り立つことを示せ．
(2)　$z = f\left(\dfrac{y}{x}\right)$ のとき　$xz_x + yz_y = 0$　が成り立つことを示せ．
(3)　$z = f(x^2 + y^2)$ のとき　$yz_x = xz_y$　が成り立つことを示せ．

5.4 高次偏導関数

2 変数関数 $z = f(x,y)$ を 1 回偏微分して z_x, z_y を得る.それぞれをもう 1 回偏微分すると $(z_x)_x$, $(z_x)_y$, $(z_y)_x$, $(z_y)_y$ の 4 つの関数を得る.これらを「第 2 次偏導関数」といい

$$z_{xx} = (z_x)_x, \quad z_{xy} = (z_x)_y, \quad z_{yx} = (z_y)_x, \quad z_{yy} = (z_y)_y$$

と表す.さらに,もう 1 回偏微分すると

$$(z_{xx})_x, \ (z_{xx})_y, \ (z_{xy})_x, \ (z_{xy})_y, \ (z_{yx})_x, \ (z_{yx})_y, \ (z_{yy})_x, \ (z_{yy})_y$$

の 8 つの関数を得る.これらを「第 3 次偏導関数」といい,順に

$$z_{xxx}, \ z_{xxy}, \ z_{xyx}, \ z_{xyy}, \ z_{yxx}, \ z_{yxy}, \ z_{yyx}, \ z_{yyy}$$

と表す.以下同様に「第 n 次偏導関数」を定義する.「第 n 次偏導関数」($n \geqq 2$) を総称して「高次偏導関数」という.z_x, z_y は「第 1 次偏導関数」ともいう.

(∗) 第 2 次偏導関数の記号には

$$z_{xx} = \frac{\partial^2 z}{\partial x^2}, \quad z_{xy} = \frac{\partial^2 z}{\partial y \partial x}, \quad z_{yx} = \frac{\partial^2 z}{\partial x \partial y}, \quad z_{yy} = \frac{\partial^2 z}{\partial y^2}$$

などもある.第 3 次偏導関数は,例えば $z_{xxy} = \dfrac{\partial^3 z}{\partial y \partial x^2}$ などと表す.

「何回でも偏微分できて偏導関数がすべて連続な関数」や「十分高次数の偏導関数がすべて存在して連続となる関数」を「なめらかな関数」という.以降の定理で関数の偏微分に関する条件を省く場合,<u>関数はなめらかとする.</u>(脚注参照)

【C^n 級関数,C^∞ 級関数】 2 変数関数 $f(x,y)$ について
・ 第 n 次までの偏導関数がすべて存在し連続であるとき $f(x,y)$ を「C^n 級関数」という.
・ どんな n に対しても C^n 級関数であるとき $f(x,y)$ を「C^∞ 級関数」という.
なめらかな関数とは C^∞ 級関数または十分大きな n について C^n 級関数であることである.

【定理 5.2】 関数 $z = f(x, y)$ がなめらかならば，偏微分の順序交換可．

(∗) 例えば $z_{xy} = z_{yx}$ ， $z_{xxy} = z_{xyx} = z_{yxx}$ ， $z_{xyy} = z_{yxy} = z_{yyx}$

【ex.5.5】 次の関数の第2次偏導関数を求めよ．
(1) $z = x^3 y$ (2) $z = e^x \cos(x+y)$

「解」
(1) $z = x^3 y$ ， $z_x = (x^3)_x y = 3x^2 y$ ， $z_y = x^3 (y)_y = x^3$
$z_{xx} = (3x^2 y)_x = 3(x^2)_x y = 6xy$
$z_{yx} = z_{xy} = (3x^2 y)_y = 3x^2 (y)_y = 3x^2$
 (∗ $z_{yx} = (x^3)_x = 3x^2$ と計算してもよい)
$z_{yy} = (x^3)_y = 0$

(2) $z = e^x \cos(x+y)$
$z_x = (e^x)_x \cos(x+y) + e^x \{\cos(x+y)\}_x$
$= e^x \cos(x+y) + e^x \big(-\sin(x+y)\big)(x+y)_x$
$= e^x \cos(x+y) - e^x \sin(x+y) \cdot 1$
$= e^x \{\cos(x+y) - \sin(x+y)\}$
$z_y = e^x \{\cos(x+y)\}_y$
$= e^x \big(-\sin(x+y)\big)(x+y)_y = -e^x \sin(x+y) \cdot 1$
$= -e^x \sin(x+y)$
$z_{xx} = (e^x)_x \{\cos(x+y) - \sin(x+y)\} + e^x \{\cos(x+y) - \sin(x+y)\}_x$
$= e^x \{\cos(x+y) - \sin(x+y)\}$
$\qquad + e^x \{\big(-\sin(x+y)\big)(x+y)_x - \cos(x+y)(x+y)_x\}$
$= e^x \{\cos(x+y) - \sin(x+y) - \sin(x+y) - \cos(x+y)\}$
$= -2e^x \sin(x+y)$

$$\begin{aligned}
z_{yx} = z_{xy} &= e^x\Big[\{\cos(x+y) - \sin(x+y)\}\Big]_y \\
&= e^x\{\big(-\sin(x+y)\big)(x+y)_y - \cos(x+y)(x+y)_y\} \\
&= e^x\{-\sin(x+y) - \cos(x+y)\} \\
&= -e^x\{\sin(x+y) + \cos(x+y)\}
\end{aligned}$$

（∗　$z_{yx} = (z_y)_x$ を計算してもよい）

$$z_{yy} = -e^x\big\{\sin(x+y)\big\}_y = -e^x\big(\cos(x+y)\big)(x+y)_y = -e^x\cos(x+y)$$

【問題 5.4】(AB)　次の関数の第 2 次偏導関数を求めよ．

(1) $z = 2x^3y^4 - y^2 + 3$　　(2) $z = \log(x^2 + y^2)$　　(3) $z = e^{x+y}\sin(x-y)$

第 2 次偏導関数の点 (a,b) での値を「点 (a,b) での第 2 次偏微分係数」，
第 n 次偏導関数の点 (a,b) での値を「点 (a,b) での第 n 次偏微分係数」という．

【ex.5.6】　$f(x,y) = x^3y$ の点 $(-1, 3)$ での第 2 次偏微分係数を求めよ．

「解」$f(x,y) = x^3y$, $f_x(x,y) = (x^3)_x y = 3x^2y$, $f_y(x,y) = x^3(y)_y = x^3$
　　　$f_{xx}(x,y) = (3x^2y)_x = 3(x^2)_x y = 6xy$
　　　$f_{yx}(x,y) = f_{xy}(x,y) = (3x^2y)_y = 3x^2(y)_y = 3x^2$
　　　$f_{yy}(x,y) = (x^3)_y = 0$

であるから　　　$f_{xx}(-1, 3) = 6 \cdot (-1) \cdot 3 = -18$
　　　　　　　　$f_{yx}(-1, 3) = f_{xy}(-1, 3) = 3(-1)^2 = 3$
　　　　　　　　$f_{yy}(-1, 3) = 0$

【問題 5.5】(AB)　次の関数の点 $(2, -1)$ での第 2 次偏微分係数を求めよ．

(1) $z = f(x,y) = x^2y^5 + y^2 + 2x$　　(2) $z = f(x,y) = \log(x^2 + y^2)$
(3) $z = f(x,y) = xy^2e^{x-y}$

5.5 合成関数と連鎖律（2変数）

次の合成関数を考える．

「Type 1」（2変数と1変数）

$$z = z(x, y), \quad \begin{cases} x = x(t) \\ y = y(t) \end{cases} \quad \text{の合成関数：} \quad z = z(x(t), y(t))$$

「Type 2」（2変数と2変数）

$$z = z(x, y), \quad \begin{cases} x = x(u, v) \\ y = y(u, v) \end{cases} \quad \text{の合成関数：} \quad z = z(x(u, v), y(u, v))$$

これらの合成関数の導関数／偏導関数は次のようになり，この微分公式を「連鎖律（チェインルール）」という．

【連鎖律（チェインルール）】

「Type 1」 $\quad z' = z_x x'(t) + z_y y'(t) \quad \left(z' = \dfrac{dz}{dt} \right)$

「Type 2」 $\quad z_u = z_x x_u + z_y y_u, \quad z_v = z_x x_v + z_y y_v$

$$\begin{pmatrix} z_u \\ z_v \end{pmatrix} = \begin{pmatrix} x_u & y_u \\ x_v & y_v \end{pmatrix} \begin{pmatrix} z_x \\ z_y \end{pmatrix}$$

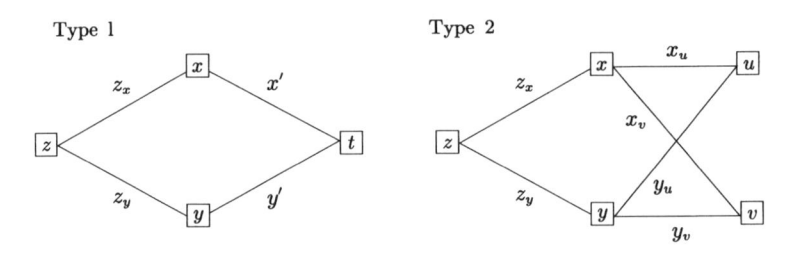

Type 1

Type 2

【ex.5.7】 関数 $z = z(x, y)$, $\begin{cases} x = \cos t \\ y = \sin t \end{cases}$ の合成関数：$z = z(\cos t, \sin t)$ について $z' \left(= \dfrac{dz}{dt} \right)$ を z_x, z_y を用いて表せ．

「解」 $\quad z' = z_x (\cos t)' + z_y (\sin t)' = -\sin t\, z_x + \cos t\, z_y \quad \left(= -y z_x + x z_y \right)$

【ex.5.8】 関数 $z = z(x, y)$, $\begin{cases} x = u + v \\ y = uv \end{cases}$ の合成関数：$z = z(u+v, uv)$ について z_u, z_v を z_x, z_y を用いて表せ.

「解」
$$z_u = z_x x_u + z_y y_u = z_x(u+v)_u + z_y(uv)_u = z_x + v z_y$$
$$z_v = z_x x_v + z_y y_v = z_x(u+v)_v + z_y(uv)_v = z_x + u z_y$$

【問題 5.6】(B) 次の合成関数について $z'\left(=\dfrac{dz}{dt}\right)$ を z_x, z_y を用いて表せ.

(1) $z = z(x, y)$, $\begin{cases} x = t \\ y = t^2 \end{cases}$ 　　(2) $z = z(x, y)$, $\begin{cases} x = \cos^3 t \\ y = \sin^3 t \end{cases}$

(3) $z = z(x, y)$, $\begin{cases} x = e^t + e^{-t} \\ y = e^t - e^{-t} \end{cases}$

【問題 5.7】(B) 次の合成関数について z_u, z_v を z_x, z_y を用いて表せ.

(1) $z = z(x, y)$, $\begin{cases} x = u - 2v \\ y = 2u - v \end{cases}$ 　　(2) $z = z(x, y)$, $\begin{cases} x = u^2 + v^2 \\ y = uv \end{cases}$

(3) $z = z(x, y)$, $\begin{cases} x = u \cos v \\ y = u \sin v \end{cases}$ 　　(4) $z = z(x, y)$, $\begin{cases} x = e^u \cos v \\ y = e^u \sin v \end{cases}$

5.6 極座標（2次元）

平面上の点 $P(x, y)$ は距離と角度を使って表すことができる.

　　　　原点 O からの距離 $r = \overline{OP}$ と
　　　　$\overrightarrow{OP}$ と x 軸（正の向き）のなす角 θ 　　$(0 \leq \theta < 2\pi)$

により点 P が定まり，これを (r, θ) と表し点 P の「極座標」という．θ を「偏角」といい，範囲は「$-\pi < \theta \leq \pi$」を採用することもある．また，原点 O は $r = 0$, 偏角 θ は不定とする．

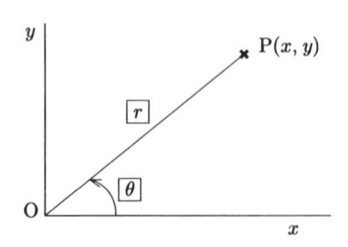

【極座標変換】（2次元）

$$\begin{cases} x = r\cos\theta \\ y = r\sin\theta \end{cases} \quad (r \geqq 0,\ 0 \leqq \theta < 2\pi)$$

を（2次元）「極座標変換」という．

ここでは2独立変数 (r,θ) を (x,y) に変える操作を表す．

（変換については6章参照）

【定理 5.3】 次の関係がある： $\quad r = \sqrt{x^2 + y^2},\ \tan\theta = \dfrac{y}{x}$

【定理 5.4】 関数 $z = f(x,y)$ と極座標変換について次式が成り立つ．

$$\begin{cases} z_r = \cos\theta \cdot z_x + \sin\theta \cdot z_y \\ z_\theta = -r\sin\theta \cdot z_x + r\cos\theta \cdot z_y \end{cases} , \quad \begin{pmatrix} z_r \\ z_\theta \end{pmatrix} = \begin{pmatrix} \cos\theta & \sin\theta \\ -r\sin\theta & r\cos\theta \end{pmatrix} \begin{pmatrix} z_x \\ z_y \end{pmatrix}$$

$$\begin{cases} z_x = \cos\theta \cdot z_r - \dfrac{\sin\theta}{r} \cdot z_\theta \\ z_y = \sin\theta \cdot z_r + \dfrac{\cos\theta}{r} \cdot z_\theta \end{cases} , \quad \begin{pmatrix} z_x \\ z_y \end{pmatrix} = \dfrac{1}{r}\begin{pmatrix} r\cos\theta & -\sin\theta \\ r\sin\theta & \cos\theta \end{pmatrix} \begin{pmatrix} z_r \\ z_\theta \end{pmatrix}$$

【定理 5.5】 関数 $z = f(x,y)$ と極座標変換について次式が成り立つ．

(1) $(z_x)^2 + (z_y)^2 = (z_r)^2 + \dfrac{1}{r^2}(z_\theta)^2$ \quad (2) $z_{xx} + z_{yy} = z_{rr} + \dfrac{1}{r}z_r + \dfrac{1}{r^2}z_{\theta\theta}$

【問題 5.8】 (B) 次の問いに答えよ．
(1) 連鎖律を用いて【定理 5.4】を示せ．
(2) 【定理 5.4】を用いて【定理 5.5】(1) を示せ．

【ex.5.9】 関数 $z = f(x, y)$ と極座標変換について z_{xx} を $r, \theta, z_r, z_\theta, z_{rr}, z_{r\theta}, z_{\theta\theta}$ を用いて表せ．（x, y を使わない）

「解」 連鎖律より $z_x = \cos\theta \cdot z_r - \dfrac{\sin\theta}{r} \cdot z_\theta = A$ とおく．

$$\begin{aligned}
z_{xx} &= A_x = \cos\theta \cdot A_r - \frac{\sin\theta}{r} \cdot A_\theta \\
&= \cos\theta \Big\{ \cos\theta\,(z_r)_r - \sin\theta \Big(\frac{1}{r}\Big)_r z_\theta - \frac{\sin\theta}{r}(z_\theta)_r \Big\} \\
&\quad - \frac{\sin\theta}{r} \Big\{ (\cos\theta)_\theta\,z_r + \cos\theta\,(z_r)_\theta - \frac{(\sin\theta)_\theta}{r} \cdot z_\theta - \frac{\sin\theta}{r}(z_\theta)_\theta \Big\} \\
&= \cos\theta \Big\{ \cos\theta \cdot z_{rr} - \sin\theta \Big(-\frac{1}{r^2}\Big) z_\theta - \frac{\sin\theta}{r} \cdot z_{r\theta} \Big\} \\
&\quad - \frac{\sin\theta}{r} \Big\{ -\sin\theta\,z_r + \cos\theta \cdot z_{r\theta} - \frac{\cos\theta}{r} \cdot z_\theta - \frac{\sin\theta}{r} \cdot z_{\theta\theta} \Big\} \\
&= \cos^2\theta \cdot z_{rr} + \frac{\sin\theta\cos\theta}{r^2} z_\theta - \frac{\sin\theta\cos\theta}{r} z_{r\theta} \\
&\quad + \frac{\sin^2\theta}{r} z_r - \frac{\sin\theta\cos\theta}{r} z_{r\theta} + \frac{\sin\theta\cos\theta}{r^2} z_\theta + \frac{\sin^2\theta}{r^2} z_{\theta\theta} \\
z_{xx} &= \cos^2\theta \cdot z_{rr} - \frac{2\sin\theta\cos\theta}{r} z_{r\theta} + \frac{\sin^2\theta}{r^2} z_{\theta\theta} + \frac{\sin^2\theta}{r} z_r + \frac{2\sin\theta\cos\theta}{r^2} z_\theta
\end{aligned}$$

【問題 5.9】 (C) 関数 $z = f(x, y)$ と極座標変換について次の問いに答えよ．
(1) z_{yy} を $r, \theta, z_r, z_\theta, z_{rr}, z_{r\theta}, z_{\theta\theta}$ を用いて表せ．　(2) 【定理 5.5】(2) を示せ．

【ex.5.10】 $z = (x^2 + y^2)^{3/2}$ について $(z_x)^2 + (z_y)^2$ と $z_{xx} + z_{yy}$ を【定理 5.5】を用いて計算せよ．

「解」 $r = \sqrt{x^2 + y^2}$ だから $z = (x^2 + y^2)^{3/2} = r^3$

$$\begin{aligned}
(z_x)^2 + (z_y)^2 &= (z_r)^2 + \frac{1}{r^2}(z_\theta)^2 = \{(r^3)_r\}^2 + \frac{1}{r^2}\{(r^3)_\theta\}^2 = (3r^2)^2 + 0 \\
&= 9r^4 = 9(x^2 + y^2)^2 \\
z_{xx} + z_{yy} &= z_{rr} + \frac{1}{r} z_r + \frac{1}{r^2} z_{\theta\theta} = (r^3)_{rr} + \frac{1}{r}(r^3)_r + \frac{1}{r^2}(r^3)_{\theta\theta} = 6r + \frac{1}{r} \cdot 3r^2 + 0 \\
&= 9r = 9\sqrt{x^2 + y^2}
\end{aligned}$$

【問題 5.10】 (B) 次の関数について $(z_x)^2 + (z_y)^2$ と $z_{xx} + z_{yy}$ を【定理 5.5】を用いて計算せよ．　(1) $z = \sqrt{x^2 + y^2}$ 　(2) $z = \log(x^2 + y^2)$ 　(3) $z = \tan^{-1}\dfrac{y}{x}$

5.7 2変数テイラー近似 (2次まで)

点 (a,b) の近傍で, 関数 $f(x,y)$ の $(x-a), (y-b)$ の多項式近似を考える. この節では $\rho = \sqrt{(x-a)^2 + (y-b)^2}$ ((x,y) と (a,b) の距離) とする.

【定理 5.6】(【1次のテイラー近似】2変数, (a,b) 中心)

関数 $f(x,y)$ が点 (a,b) の近傍でなめらかなとき次の近似式が成り立つ:

$$f(x,y) \fallingdotseq f(a,b) + f_x(a,b)(x-a) + f_y(a,b)(y-b) \quad \Big((x,y) \sim (a,b)\Big)$$

右辺の 1 次近似式を「(a,b) 中心の 1 次のテイラー近似」という.
(*) $(x,y) \sim (a,b)$ は「(x,y) が (a,b) に十分近い」の意味.

【定理 5.7】(誤差/剰余項:1次テイラー近似)

$f(x,y) = $「1次テイラー近似」$+R(x,y)$ とすると $\displaystyle\lim_{\rho \to +0} \frac{R(x,y)}{\rho} = 0$

【定理 5.8】(【2次のテイラー近似】2変数, (a,b) 中心)

関数 $f(x,y)$ が点 (a,b) の近傍でなめらかなとき次の近似式が成り立つ:

$$\begin{aligned} f(x,y) &\fallingdotseq f(a,b) + f_x(a,b)(x-a) + f_y(a,b)(y-b) \\ &+ \frac{1}{2}\Big\{f_{xx}(a,b)(x-a)^2 + 2f_{xy}(a,b)(x-a)(y-b) + f_{yy}(a,b)(y-b)^2\Big\} \\ & \hspace{6em} \Big((x,y) \sim (a,b)\Big) \end{aligned}$$

右辺の 2 次近似式を「(a,b) 中心の 2 次のテイラー近似」という.

【定理 5.9】(誤差項/剰余項:2次のテイラー近似)

$f(x,y) = $「2次のテイラー近似」$+R(x,y)$ とすると $\displaystyle\lim_{\rho \to +0} \frac{R(x,y)}{\rho^2} = 0$

5.8 全微分と接平面

【全微分】

2変数関数 $z = f(x,y)$ について, x,y の微小変化量を $\Delta x, \Delta y$ とすると z の変化量は $\Delta z = f(x+\Delta x, y+\Delta y) - f(x,y)$ である. 1次のテイラー近似より

$$\boxed{\Delta z = f_x(x,y)\,\Delta x + f_y(x,y)\,\Delta y + \varepsilon} \quad , \quad \lim_{\rho \to +0} \frac{\varepsilon}{\rho} = 0$$

が成り立つ. ここで $\rho = \sqrt{(\Delta x)^2 + (\Delta y)^2}$ である. このことを

$$\boxed{dz = f_x(x,y)dx + f_y(x,y)dy} \quad (\text{または} \quad \boxed{dz = z_x\,dx + z_y\,dy}\ )$$

と表し, 関数 $z = f(x,y)$ の「全微分」(または「微分」) という.

(∗) 関数の条件は「z_x, z_y が存在して連続」であれば十分.

【ex.5.11】 次の関数の全微分を求めよ. (1) $z = x^2 y$ (2) $z = e^x \sin y$

「解」 (1) $z_x = 2xy$, $z_y = x^2$ より $dz = 2xy\,dx + x^2\,dy$

(2) $z_x = e^x \sin y$, $z_y = e^x \cos y$ より
$dz = e^x \sin y\,dx + e^x \cos y\,dy \quad \left(= e^x(\sin y\,dx + \cos y\,dy)\right)$

【問題 5.11】(AB) 次の関数の全微分を求めよ.
(1) $z = x^2 y^3 + 2y$ (2) $z = e^x \cos y$ (3) $z = e^{xy}(x^2 + y^2 + 1)$

【定理 5.10】 なめらかな関数 $f(x,y)$ について
領域 D で $df = 0$ ならば $f(x,y)$ は D で定数関数である.

(∗) $df = 0 \iff f_x(x,y) = 0$, $f_y(x,y) = 0$
(∗) 少なくとも1つの近傍を含む, つながっている集合を「領域」という. 3次元領域も同様.

ex. $y\,dx + x\,dy = 0$ のとき $d(xy) = 0$ となり $xy = C$ (C は定数)

【接平面】

$z = f(x,y)$ が表す曲面を考える．全微分／1次のテイラー近似は各点での最良1次近似であり，この1次式は曲面上の点 $(a, b, f(a,b))$ を通る平面を表す．これを「曲面 $z = f(x,y)$ の点 $(a, b, f(a,b))$ での接平面」という．

【接平面の方程式】（曲面 $z = f(x,y)$ の点 $(a, b, f(a,b))$ での接平面）

$$z - f(a,b) = f_x(a,b)(x-a) + f_y(a,b)(y-b)$$

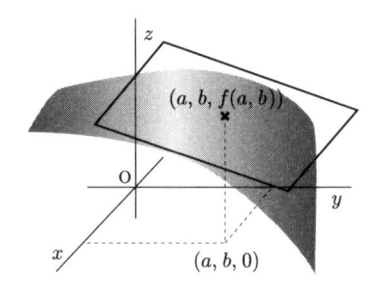

【ex.5.12】 楕円放物面 $z = x^2 + y^2$ の点 $(1, 2, 5)$ での接平面を求めよ．

「解」 $f(x,y) = x^2 + y^2$ とおくと $f_x(x,y) = 2x$, $f_y(x,y) = 2y$

$f_x(1,2) = 2$, $f_y(1,2) = 4$, $f(1,2) = 5$ より

接平面の方程式は $z - 5 = 2(x-1) + 4(y-2)$

$$z = 2x + 4y - 5$$

【問題 5.12】(B) 次の曲面の指定された点での接平面を求めよ．

(1) $z = xy$ 点 $(1,1,1)$ (2) $z = x^2 - y^2$ 点 $(1,1,0)$

(3) $z = e^{x+2y}$ 点 $(1,0,e)$

(4) $z = \sqrt{4 - x^2 - y^2}$ 点 $(-1, 1, \sqrt{2})$

(∗) 曲面 $F(x,y,z) = 0$ の接平面については後述．(p.152)

5.9　2変数関数の極値問題 I

【極大／極小，極値】

関数 $z = f(x,y)$ が点 (a,b) のある近傍で

$$f(x,y) < f(a,b) \quad \left((x,y) \neq (a,b)\right)$$

をみたすとき関数 $z = f(x,y)$ は点 (a,b) で「極大である」という．

$$f(x,y) > f(a,b) \quad \left((x,y) \neq (a,b)\right)$$

をみたすとき，関数 $z = f(x,y)$ は点 (a,b) で「極小である」という．

　　点 (a,b) で極大のとき　$f(a,b)$　を「極大値」，
　　点 (a,b) で極小のとき　$f(a,b)$　を「極小値」

といい，あわせて「極値」という．

> 「極大」とは「局所的最大」（狭い範囲での最大）
> 「極小」とは「局所的最小」（狭い範囲での最小）

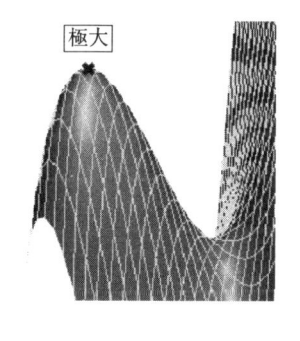

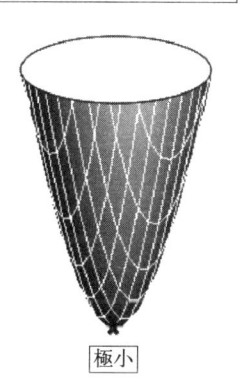

　関数 $f(x,y)$ が与えられたとき，極大／極小となる点を調べて極大値／極小値を求める問題を「極値問題」という．ここでは $f(x,y)$ は なめらかとする．

《極値問題の解き方の方針》

　　 候補点を探す 　→　 判定する 　→　 極値を求める
　　極値をとる点の候補　　極大，極小となるか？

|候補点の求め方|　連立方程式： $\begin{cases} f_x(x,y) = 0 \\ f_y(x,y) = 0 \end{cases}$ を解く．

【定理 5.11】（極値をとる点の必要条件）
関数 $f(x,y)$ が点 (a,b) で極大または極小ならば次をみたす：
$$\boxed{f_x(a,b) = 0 \ , \quad f_y(a,b) = 0}$$

$$\begin{pmatrix} f(x,y) \text{ が点 } (a,b) \text{ で極大または極小とする．} f(x,y) \text{ を } y=b \text{ という直線上} \\ \text{で考えると } F(x) = f(x,b) \text{ が } x = a \text{ で極値をもつので } \quad F'(a) = f_x(a,b) = 0 \\ \text{同様に } G(y) = f(a,y) \text{ が } y = b \text{ で極値をもつので } \quad G'(b) = f_y(a,b) = 0 \end{pmatrix}$$

極値をとる点があれば，連立方程式： $\begin{cases} f_x(x,y) = 0 \\ f_y(x,y) = 0 \end{cases}$ の解の中にある．
この連立方程式の解の1つ1つの点を「極値の候補点」という．

|候補点についての判定|

【定理 5.12】（候補点について極大／極小の判定）

> 点 (a,b) を候補点とする． （つまり　$f_x(a,b) = 0, f_y(a,b) = 0$）
>
> $A = f_{xx}(a,b), \ B = f_{xy}(a,b), \ C = f_{yy}(a,b), \ D = B^2 - AC$ とおく．
>
> (i) $D > 0$ ならば点 (a,b) で極値をとらない．（極大でも極小でもない）
>
> (ii) $D < 0$ ならば点 (a,b) で極値をとる．さらに
>
> $\qquad A > 0$ （または $C > 0$）ならば点 (a,b) で極小となる．
>
> $\qquad A < 0$ （または $C < 0$）ならば点 (a,b) で極大となる．

（＊）略証は巻末付録 A.5，補足 5.2 参照．

候補点ごとに判定する．候補点が複数ある場合
$$\boxed{A = f_{xx}(x,y), \ B = f_{xy}(x,y), \ C = f_{yy}(x,y), \ D = B^2 - AC}$$
を計算しておき，候補点ごとに値，符号を調べて定理を適用すればよい．

【極値問題のステップ】
　「Step1」　第1次，第2次偏導関数を計算する．
　「Step2」　候補点を求める．（$f_x(x,y) = 0$，$f_y(x,y) = 0$ を解く）
　「Step3」　候補点1つ1つについて判定する．（定理 5.12）
　「Step4」　極値をとる場合，極値を計算する．
　「Step5」　結果をまとめる．

【ex.5.13】　関数 $f(x,y) = x^3 + y^3 - 3xy$ の極値を求めよ．

「解」　$f(x,y) = x^3 + y^3 - 3xy$　より
$$f_x(x,y) = 3x^2 - 3y = 3(x^2 - y), \qquad f_y(x,y) = 3y^2 - 3x = 3(y^2 - x)$$
$$f_{xx}(x,y) = 6x, \qquad f_{xy}(x,y) = -3, \qquad f_{yy}(x,y) = 6y$$

[候補点]
　連立方程式：$\begin{cases} f_x(x,y) = 3(x^2 - y) = 0 & \cdots (1) \\ f_y(x,y) = 3(y^2 - x) = 0 & \cdots (2) \end{cases}$　について

(1) より　$y = x^2$　$\cdots (3)$　これを (2) に代入すると
$3(x^4 - x) = 0$，　$x(x^3 - 1) = 0$　となり　$x = 0, 1$
　(3) より　$x = 0$ のとき $y = 0$，　$x = 1$ のとき $y = 1$

したがって候補点は $(0, 0), (1, 1)$ の2点である．

[判定]
$D = \{f_{xy}(x,y)\}^2 - f_{xx}(x,y)f_{yy}(x,y) = 9 - 36xy, \quad A = f_{xx}(x,y) = 6x$

・$(0, 0)$ について
　$D = 9 - 36 \cdot 0 = 9 > 0$　だから点 $(0, 0)$ では極値をとらない．
・$(1, 1)$ について
　$D = 9 - 36 \cdot 1 \cdot 1 = -27 < 0$　だから点 $(1, 1)$ で極値をとり
　$A = 6 \cdot 1 = 6 > 0$ より点 $(1, 1)$ で極小となる．
　このとき極小値は $f(1, 1) = 1^3 + 1^3 - 3 \cdot 1 \cdot 1 = -1$

　　　以上より　　<u>点 $(1, 1)$ で極小値 -1</u>

【問題 5.13】(BC)　次の関数の極値を求めよ．

(1) $f(x,y) = x^2 + 3xy + 3y^2 - 2x - 3y$

(2) $f(x,y) = -x^2 + 2xy - 2y^2 + 4y + 2$

(3) $f(x,y) = 3x^2 + 3y^2 + y^3$

(4) $f(x,y) = xy + \dfrac{1}{x} + \dfrac{1}{y}$

(5) $f(x,y) = 2x^2 - 2y^2 - (x^2+y^2)^2$

(6) $f(x,y) = x^4 + y^4 + 6x^2 - 8xy + 6y^2$

【定理 5.13】　$f(x,y) = ax^2 + bxy + cy^2 + hx + ky + \ell$ （$\mathbf{R}^2$）
が極大値／極小値をもてば，それはそれぞれ最大値／最小値となる．
また，最大値，最小値の両方をもつことはない．
（a,b,c,h,k,ℓ は定数，a,b,c のいずれかは 0 でないとする．）

この定理は最小 2 乗法を用いた推定法，回帰分析などに利用される．

【ex.5.14】　$f(x,y) = 2x^2 + 4xy + 5y^2$　（$\mathbf{R}^2$）の最大値，最小値があればそれを求めよ．

「解」$f(x,y) = 2x^2 + 4xy + 5y^2$，　$f_x(x,y) = 4x + 4y$，　$f_y(x,y) = 4x + 10y$
$f_{xx}(x,y) = 4$，　$f_{xy}(x,y) = 4$，　$f_{yy}(x,y) = 10$
$\begin{cases} 4x + 4y = 0 \\ 4x + 10y = 0 \end{cases}$ を解いて，候補点は $(0,0)$ である．
$D = 4^2 - 4 \times 10 = -24 < 0$　，　$A = 4 > 0$　よりここで極小となり，
定理よりここで最小となる．$f(0,0) = 0$ より

<u>　　　　　　　点 $(0,0)$ で最小値 0　，　最大値なし．　　　　　　　</u>

【問題 5.14】(B)　$f(x,y) = x^2 - 2xy + 4y^2$　（$\mathbf{R}^2$）の最大値，最小値があればそれを求めよ．

5.10　2変数関数の極値問題 II（条件付き極値問題）

【条件付き極値問題】

$$\boxed{\text{条件}：g(x,y) = 0 \text{ の下で関数 } f(x,y) \text{ の極値を求める．}}$$

（ $g(x,y) = 0$ をみたす (x,y) の範囲で関数 $f(x,y)$ の極値を求める）

（∗）$g(x,y) = 0$ を「曲線」とみるとき，$dg = 0$ をみたす曲線上の点
（つまり $g = g_x = g_y = 0$ をみたす点）を「特異点」という．

【ラグランジュ (Lagrange) の未定乗数法】（【定理 5.14】）～候補点の求め方

条件：$g(x,y) = 0$ の下で関数 $f(x,y)$ が点 (a,b) で極値をとるとき

$\underline{dg(a,b) \neq 0}$ ならば次をみたす定数 λ が存在する：

$$\begin{cases} f_x(a,b) = \lambda\, g_x(a,b) \\ f_y(a,b) = \lambda\, g_y(a,b) \\ g(a,b) = 0 \end{cases}$$

（∗）極値の候補点を求めるには，連立方程式：$\begin{cases} f_x(x,y) = \lambda\, g_x(x,y) \\ f_y(x,y) = \lambda\, g_y(x,y) \\ g(x,y) = 0 \end{cases}$

を解く．ただし，特異点のチェックも必要．

【ex.5.15】条件：$x^2 + y^2 = 1$ の下で関数 $f(x,y) = xy$ の極値の候補点を求めよ．

「解」　条件を $g(x,y) = x^2 + y^2 - 1 = 0$ と表すと，条件下で $dg \neq 0$ である．
（$g = g_x = g_y = 0$ となる点はない）

ラグランジュの未定乗数法より

連立方程式：$\begin{cases} y = 2\lambda x & \cdots\ (1) \\ x = 2\lambda y & \cdots\ (2) \\ x^2 + y^2 - 1 = 0 & \cdots\ (3) \end{cases}$　を考える．

$(1)^2 + (2)^2$ より　$x^2 + y^2 = 4\lambda^2(x^2 + y^2)$　(3) より　$4\lambda^2 = 1$, $\lambda = \pm\dfrac{1}{2}$

- $\lambda = \dfrac{1}{2}$ のとき　(1) より $x = y$　(3) より $x = y = \pm\dfrac{1}{\sqrt{2}}$
- $\lambda = -\dfrac{1}{2}$ のとき　(1) より $x = -y$　(3) より $x = -y = \pm\dfrac{1}{\sqrt{2}}$

候補点は $\left(\pm\dfrac{1}{\sqrt{2}}, \pm\dfrac{1}{\sqrt{2}}\right)$, $\left(\pm\dfrac{1}{\sqrt{2}}, \mp\dfrac{1}{\sqrt{2}}\right)$ （複号同順）

【問題 5.15】(BC) 与えられた条件の下で次の関数の極値の候補点を求めよ．

(1) $f(x,y) = x + 2y$　　条件：$x^2 + y^2 = 4$
(2) $f(x,y) = 2x - y$　　条件：$x^2 - y^2 = 1$
(3) $f(x,y) = x^2 + y^2$　　条件：$xy = 1$
(4) $f(x,y) = x^3 + y^3$　　条件：$x^2 + y^2 = 1$

単位円上の
$f(x,y) = xy$

(∗)【ex.5.15】では，$x^2 + y^2 = 1$ が単位円という有界閉集合で，$f(x,y)$ が連続だから最大値と最小値が存在し（【定理 5.1】），
　点 $\left(\pm\dfrac{1}{\sqrt{2}}, \pm\dfrac{1}{\sqrt{2}}\right)$（複号同順）で
　　極大値かつ最大値 $\dfrac{1}{2}$，
　点 $\left(\pm\dfrac{1}{\sqrt{2}}, \mp\dfrac{1}{\sqrt{2}}\right)$（複号同順）で
　　極小値かつ最小値 $-\dfrac{1}{2}$
をとることが分かる．これは特殊なケースであるので次の判定法を紹介しておく．

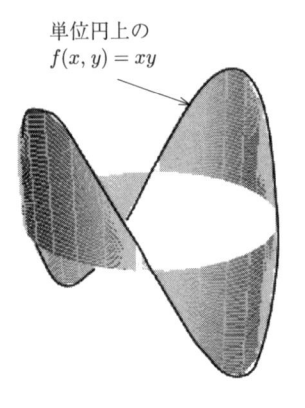

【定理 5.15】（判定法）　$F(x,y) = f(x,y) - \lambda g(x,y)$　とし，

$$L(x, y\,;\lambda) = \begin{vmatrix} 0 & g_x & g_y \\ g_x & F_{xx} & F_{xy} \\ g_y & F_{xy} & F_{yy} \end{vmatrix}$$

とする．点 (a,b) を極値の候補点とし，対応する $\lambda = \lambda_0$ に対して

　　$L(a,b\,;\lambda_0) > 0$　ならば $f(x,y)$ は点 (a,b) で極大となり，
　　$L(a,b\,;\lambda_0) < 0$　ならば $f(x,y)$ は点 (a,b) で極小となる．

ex.　【ex.5.15】の判定例

$F = xy - \lambda(x^2 + y^2 - 1)$,　$F_{xx} = -2\lambda$,　$F_{xy} = 1$,　$F_{yy} = -2\lambda$,　$g_x = 2x$,　$g_y = 2y$

候補点 $\left(\dfrac{1}{\sqrt{2}}, \dfrac{1}{\sqrt{2}}\right)$ と対応する $\lambda = \dfrac{1}{2}$ について,

$L\left(\dfrac{1}{\sqrt{2}}, \dfrac{1}{\sqrt{2}} ; \dfrac{1}{2}\right) = \begin{vmatrix} 0 & \sqrt{2} & \sqrt{2} \\ \sqrt{2} & -1 & 1 \\ \sqrt{2} & 1 & -1 \end{vmatrix} = 8 > 0$　より点 $\left(\dfrac{1}{\sqrt{2}}, \dfrac{1}{\sqrt{2}}\right)$ で極大.

【問題 5.16】(BC)　条件：$x^2 - y^2 = 1$　の下で関数 $f(x,y) = 2x - y$ の極値を求めよ.

(【問題 5.15】(2))

5.11　3変数関数について（偏導関数，極座標）

【偏微分係数】

3変数関数 $w = f(x,y,z)$ が点 (a,b,c) の近傍で定義されているとする.

・　変数 x だけに着目した微分係数：　$\displaystyle\lim_{h \to 0} \dfrac{f(a+h,b,c) - f(a,b,c)}{h}$

　　を関数 $w = f(x,y,z)$ の点 (a,b,c) での「x についての偏微分係数」

　　といい　$\boxed{f_x(a,b,c)}$　または　$\boxed{\dfrac{\partial f}{\partial x}(a,b,c)}$　という記号で表す.

・　同様に　$\displaystyle\lim_{k \to 0} \dfrac{f(a,b+k,c) - f(a,b,c)}{k}$　を点 (a,b,c) での「y につい

　　ての偏微分係数」といい　$\boxed{f_y(a,b,c)}$,　$\boxed{\dfrac{\partial f}{\partial y}(a,b,c)}$　という記号で表す.

　　さらに　$\displaystyle\lim_{\ell \to 0} \dfrac{f(a,b,c+\ell) - f(a,b,c)}{\ell}$　を点 (a,b,c) での「z につい

　　ての偏微分係数」といい　$\boxed{f_z(a,b,c)}$,　$\boxed{\dfrac{\partial f}{\partial z}(a,b,c)}$　という記号で表す.

　　x, y, z についての偏微分係数が存在するとき $f(x,y,z)$ は点 (a,b,c) で「偏微分可能である」といい，集合 D の各点で偏微分可能のとき「D で偏微分可能である」という.

【偏導関数】　3変数関数 $w = f(x, y, z)$ について

- 変数 x だけに着目した導関数： $\displaystyle\lim_{h \to 0} \frac{f(x+h, y, z) - f(x, y, z)}{h}$

  を「x についての偏導関数」といい，次の記号で表す：

$$\frac{\partial w}{\partial x} , \ \frac{\partial f}{\partial x}(x, y, z) , \ w_x , \ f_x(x, y, z)$$

- 変数 y だけに着目した導関数： $\displaystyle\lim_{k \to 0} \frac{f(x, y+k, z) - f(x, y, z)}{k}$

  を「y についての偏導関数」といい，次の記号で表す：

$$\frac{\partial w}{\partial y} , \ \frac{\partial f}{\partial y}(x, y, z) , \ w_y , \ f_y(x, y, z)$$

- 変数 z だけに着目した導関数： $\displaystyle\lim_{\ell \to 0} \frac{f(x, y, z+\ell) - f(x, y, z)}{\ell}$

  を「z についての偏導関数」といい，次の記号で表す：

$$\frac{\partial w}{\partial z} , \ \frac{\partial f}{\partial z}(x, y, z) , \ w_z , \ f_z(x, y, z)$$

【偏導関数の計算法】　着目した変数以外は定数と思って微分する．

$w_x = f_x(x, y, z)$ ： y, z を定数と思って，x について微分する．
$w_y = f_y(x, y, z)$ ： x, z を定数と思って，y について微分する．
$w_z = f_z(x, y, z)$ ： x, y を定数と思って，z について微分する．

【第 2 次偏導関数】

2 回偏微分して得られる偏導関数を「第 2 次偏導関数」といい，2 変数関数の場合と同様に次のように表す：

$$w_{xx}, \ w_{xy}, \ w_{xz}, \ w_{yx}, \ w_{yy}, \ w_{yz}, \ w_{zx}, \ w_{zy}, \ w_{zz}$$

$$w_{xx} = \frac{\partial^2 w}{\partial x^2} , \ w_{yz} = \frac{\partial^2 w}{\partial z \partial y} \quad \text{などの記号も同様．}$$

【第 n 次偏導関数】
　n 回偏微分して得られる偏導関数を「第 n 次偏導関数」という．

【第 n 次偏微分係数】
　第 n 次偏導関数の点 (a,b,c) での値を「点 (a,b,c) での第 n 次偏微分係数」という．

（∗）「何回でも偏微分できて偏導関数がすべて連続となる関数」や
　　「十分な高次数の偏導関数がすべて存在して連続となる関数」を
　　「なめらかな関数」という．なめらかな関数ならば，偏微分の
　　順序を交換してよい．　ex.　$w_{xz} = w_{zx},\ w_{xzx} = w_{xxz}$　など．

【ex.5.16】　次の関数を偏微分せよ．
　(1)　$w = x^3 y^2 e^{-z}$　　　　　(2)　$w = x^2 \sin(xyz^2) - 2ze^y$

「解」　(1)　$w_x = (x^3)_x y^2 e^{-z} = 3x^2 y^2 e^{-z}$
　　　　　　$w_y = x^3 (y^2)_y e^{-z} = 2x^3 y e^{-z}$
　　　　　　$w_z = x^3 y^2 (e^{-z})_z = x^3 y^2 e^{-z}(-z)_z = -x^3 y^2 e^{-z}$

　　(2)　$w_x = (x^2)_x \sin(xyz^2) + x^2 \{\sin(xyz^2)\}_x - 0$
　　　　　　$= 2x \sin(xyz^2) + x^2 \cos(xyz^2) \cdot (xyz^2)_x$
　　　　　　$= 2x \sin(xyz^2) + x^2 yz^2 \cos(xyz^2)$

　　　　$w_y = x^2 \{\sin(xyz^2)\}_y - 2z(e^y)_y = x^2 \cos(xyz^2) \cdot (xyz^2)_y - 2e^y$
　　　　　　$= x^3 z^2 \cos(xyz^2) - 2ze^y$

　　　　$w_z = x^2 \{\sin(xyz^2)\}_z - 2e^y(z)_z = x^2 \cos(xyz^2) \cdot (xyz^2)_z - 2e^y$
　　　　　　$= 2x^3 yz \cos(xyz^2) - 2e^y$

【問題 5.17】(AB)　次の関数を偏微分せよ．
　(1)　$w = xy^2 z^3$　　　　　　　(2)　$w = x^2 y^5 \log(1-z)$
　(3)　$w = (x^2 + y^2 + z^2)^4$　　(4)　$w = e^{x+2y}\sqrt{y^2 + z^2}$

【ex.5.17】 関数 $w = x^3 y^2 e^{-z}$ の点 $(1, 2, 0)$ での偏微分係数を求めよ．

「解」 $w = f(x, y, z) = x^3 y^2 e^{-z}$ とおく．

$w_x = (x^3)_x y^2 e^{-z} = 3x^2 y^2 e^{-z}$, $\quad w_y = x^3 (y^2)_y e^{-z} = 2x^3 y e^{-z}$

$w_z = x^3 y^2 (e^{-z})_z = x^3 y^2 e^{-z} (-z)_z = -x^3 y^2 e^{-z}$ より

$f_x(1, 2, 0) = 3 \times 1 \times 2^2 \times e^0 = 12$, $\quad f_y(1, 2, 0) = 2 \times 1 \times 2 \times e^0 = 4$

$f_z(1, 2, 0) = -1 \times 2^2 \times e^0 = -4$

【問題 5.18】(AB) 次の関数の点 $(2, -1, 0)$ での偏微分係数を求めよ．

(1) $w = x^3 y^2 z - xy$ 　　　　(2) $w = x^2 y^5 \log(1-z)$

(3) $w = (x^2 + y^2 + z^2)^4$ 　　(4) $w = e^{x+2y} \sqrt{y^2 + z^2}$

【ex.5.18】 関数 $w = x^3 y^2 e^{-z}$ の第2次偏導関数を求めよ．

「解」 $w_x = (x^3)_x y^2 e^{-z} = 3x^2 y^2 e^{-z}$, $\quad w_y = x^3 (y^2)_y e^{-z} = 2x^3 y e^{-z}$

$w_z = x^3 y^2 (e^{-z})_z = x^3 y^2 e^{-z} (-z)_z = -x^3 y^2 e^{-z}$

$w_{xx} = 3(x^2)_x y^2 e^{-z} = 6x y^2 e^{-z}$, $\quad w_{yy} = 2x^3 (y)_y e^{-z} = 2x^3 e^{-z}$

$w_{zz} = -x^3 y^2 (e^{-z})_z = x^3 y^2 e^{-z}$

$w_{yx} = w_{xy} = 3x^2 (y^2)_y e^{-z} = 6x^2 y e^{-z}$

$w_{zx} = w_{xz} = 3x^2 y^2 (e^{-z})_z = -3x^2 y^2 e^{-z}$

$w_{zy} = w_{yz} = 2x^3 y (e^{-z})_z = -2x^3 y e^{-z}$

【問題 5.19】(AB) 次の関数の第2次偏導関数を求めよ．

(1) $w = x^2 y^5 \log(1-z)$ 　　　　(2) $w = (x^2 + y^2 + z^2)^4$

【極座標 (3次元)】(球座標)

3次元上の点 $P(x, y, z)$ は原点からの距離 $r = \overline{OP}$ と2つの角度 θ, φ を用いて表すことができる：(r, θ, φ)
($r \geqq 0$, $0 \leqq \theta \leqq \pi$, $0 \leqq \varphi < 2\pi$)

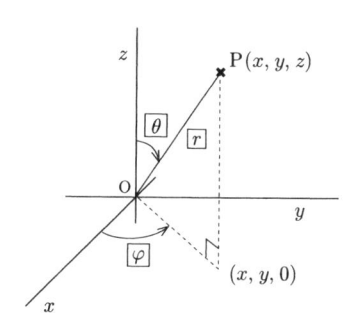

【極座標変換】(3次元)

$$\begin{cases} x = r\sin\theta\cos\varphi \\ y = r\sin\theta\sin\varphi \\ z = r\cos\theta \end{cases} \quad (r \geqq 0,\ 0 \leqq \theta \leqq \pi,\ 0 \leqq \varphi < 2\pi)$$

【定理 5.16】 次の関係がある：

$$r = \sqrt{x^2 + y^2 + z^2},\quad \tan\theta = \frac{\sqrt{x^2+y^2}}{z},\quad \tan\varphi = \frac{y}{x}$$

【定理 5.17】

関数 $w = f(x, y, z)$ と3次元極座標変換について次式が成り立つ.

(1) $(w_x)^2 + (w_y)^2 + (w_z)^2 = (w_r)^2 + \dfrac{1}{r^2}(w_\theta)^2 + \dfrac{1}{r^2\sin^2\theta}(w_\varphi)^2$

(2) $w_{xx} + w_{yy} + w_{zz} = w_{rr} + \dfrac{2}{r}w_r + \dfrac{1}{r^2}\left(w_{\theta\theta} + \dfrac{1}{\tan\theta}w_\theta + \dfrac{1}{\sin^2\theta}w_{\varphi\varphi}\right)$

≪補足≫ 曲面 $F(x,y,z) = 0$ の接平面

3変数関数 $F(x,y,z)$ を用いて $\boxed{F(x,y,z) = 0}$ で曲面を表すことがある．これは関係式 $F(x,y,z) = 0$ をみたす点の集合である．(巻末補足 A.5, 補足 5.4 参照)

【接平面の方程式】

曲面 $F(x,y,z) = 0$ 上の点 (a,b,c) での接平面の方程式は

$$\boxed{F_x(a,b,c)(x-a) + F_y(a,b,c)(y-b) + F_z(a,b,c)(z-c) = 0}$$

である．ここで, $(F_x(a,b,c), F_y(a,b,c), F_z(a,b,c)) \neq (0,0,0)$ とする．

【ex.5.19】 球面 $x^2 + y^2 + z^2 = 4$ の点 $(1,1,\sqrt{2})$ での接平面の方程式を求めよ．

「解」 $F(x,y,z) = x^2 + y^2 + z^2 - 4$ とおく．
$F_x = 2x$, $F_y = 2y$, $F_x = 2z$ より
$F_x(1,1,\sqrt{2}) = 2$, $F_y = (1,1,\sqrt{2}) = 2$, $F_x(1,1,\sqrt{2}) = 2\sqrt{2}$
接平面の方程式は $2(x-1) + 2(y-1) + 2\sqrt{2}(z - \sqrt{2}) = 0$
$x + y + \sqrt{2}\,z = 4$

【問題 5.20】 (B) 次の曲面の指定された点での接平面の方程式を求めよ．

(1) 楕円面 $x^2 + 2y^2 + 4z^2 = 4$ 点 $\left(-1, 1, \dfrac{1}{2}\right)$

(2) 一葉双曲面 $x^2 + y^2 - z^2 = 1$ 点 $(-1, 1, 1)$

(3) 二葉双曲面 $x^2 - y^2 - z^2 = 1$ 点 $(\sqrt{3}, 1, 1)$

5.12 類題／発展／応用　＊ 類題の番号は問題の番号に対応している．

[類題 5.1] (AB)　次の関数を偏微分せよ．

(1) $z = x^3 + 3xy + y^3$　　(2) $z = \dfrac{y}{x}$　　(3) $z = \sqrt{x^2 + y^2}$

(4) $z = \tan^{-1} \dfrac{2y}{x^2}$　　(5) $z = \dfrac{\sin(xy)}{x^2 + y^2}$　　(6) $z = \Big(\log(x - y - 1)\Big)^3$

(7) $z = e^{x^2 + y^2} \cos(x - 3y)$　　(8) $z = e^{2xy}(3x^2 - 2xy + y^2)$

[類題 5.2] (AB)　次の関数の点 $(1, -2)$ での偏微分係数を求めよ．

(1) $z = f(x, y) = x^3 + 3xy + y^3$　　(2) $z = f(x, y) = \sqrt{x^2 + y^2}$

(3) $z = f(x, y) = \Big(\log(x - y - 1)\Big)^3$　　(4) $z = f(x, y) = e^{2xy}(3x^2 - 2xy + y^2)$

[類題 5.3] (B)　f は微分可能な 1 変数関数とする．

(1) $z = f(x - 3y)$ のとき　$3z_x + z_y = 0$ が成り立つことを示せ．

(2) $z = f(xy^2)$ のとき　$2xz_x = yz_y$ が成り立つことを示せ．

(3) $z = f\left(\sqrt{x^2 + y^2}\right)$ のとき　$yz_x = xz_y$ が成り立つことを示せ．

[類題 5.4] (AB)　次の関数の第 2 次偏導関数を求めよ．

(1) $z = x^3 - 2xy - y^3$　　(2) $z = \sqrt{x^2 + y^2}$　　(3) $z = 2xy^2 \sin(xy)$

[類題 5.5] (AB)　次の関数の点 $(1, 2)$ での第 2 次偏微分係数を求めよ．

(1) $z = f(x, y) = x^2 y^3 - x^3 y^2$　　(2) $z = f(x, y) = \log(2x + y)$

(3) $z = f(x, y) = \sqrt{x^2 + y^2}$

[類題 5.6] (B)　次の合成関数について $z'\left(-\dfrac{dz}{dt}\right)$ を z_x, z_y を用いて表せ．

(1) $z = z(x, y),\ \begin{cases} x = 2t \\ y = t^3 \end{cases}$　　(2) $z = z(x, y),\ \begin{cases} x = \cos 2t \\ y = \sin 2t \end{cases}$

[類題 5.7] (B)　次の合成関数について z_u, z_v を z_x, z_y を用いて表せ．

(1) $z = z(x, y),\ \begin{cases} x = 2u + 3v \\ y = u - v \end{cases}$　　(2) $z = z(x, y),\ \begin{cases} x = u^2 v \\ y = uv^2 \end{cases}$

(3) $z = z(x, y),\ \begin{cases} x = e^{-u}(u + v) \\ y = e^{-u}(u - v) \end{cases}$

[類題 5.10] (B) 次の関数について $(z_x)^2 + (z_y)^2$, $z_{xx} + z_{yy}$ を【定理 5.5】を用いて求めよ．

(1) $z = \dfrac{1}{\sqrt{x^2 + y^2}}$ (2) $z = \log(\sqrt{x^2 + y^2})$ (3) $z = \dfrac{y}{x}$

[類題 5.11] (AB) 次の関数の全微分を求めよ．

(1) $z = 3x^3 y^2 - xy$ (2) $z = e^{-x} \cos(xy)$ (3) $z = (x - y) \log(x^2 + y^2 + 1)$

[類題 5.12] (B) 次の曲面の指定された点での接平面の方程式を求めよ．

(1) $z = x^3 + y^3$ 点 $(1, 1, 2)$ (2) $z = \log(x + 3y)$ 点 $(-2, 1, 0)$

(3) $z = \sqrt{4 - x^2 - 2y^2}$ 点 $(1, -1, 1)$

[類題 5.13] (BC) 次の関数の極値を求めよ．

(1) $f(x, y) = x^2 - 2xy + 4y^2 - 4x + 4y$

(2) $f(x, y) = x^3 + 3x^2 + y^2$ (3) $f(x, y) = x^3 + y^3 + 6xy$

(4) $f(x, y) = x^2 + xy + y^2 + \dfrac{3}{x} + \dfrac{3}{y}$ (5) $f(x, y) = xy(x^2 + y^2 - 1)$

[類題 5.14] (B) $f(x, y) = 4x^2 - 4xy + 3y^2 + 2$ （$\mathbf{R}^2$）の最大値，最小値があればそれを求めよ．

[類題 5.15] (BC) 与えられた条件の下で次の関数の極値の候補点を求めよ．

(1) $f(x, y) = x + y$ 条件：$x^2 + y^2 = 1$ (2) $f(x, y) = xy^3$ 条件：$x^2 + y^2 = 1$

(3) $f(x, y) = \dfrac{1}{x} + \dfrac{1}{y}$ 条件：$xy = 1$

[類題 5.16] (BC) 条件：$xy = 1$ の下で関数 $f(x, y) = \dfrac{1}{x} + \dfrac{1}{y}$ の極値を求めよ．

[類題 5.17] (AB) 次の関数を偏微分せよ．

(1) $w = x^2 z^4 \sin y$ (2) $w = \sqrt{x^2 + y^2 + z^2}$ (3) $w = e^{xy^2} \log(x^2 + y^2 + z^2)$

[類題 5.18] (AB) 次の関数の点 $(-1, 0, 1)$ での偏微分係数を求めよ．

(1) $w = x^2 z^4 \sin y$ (2) $w = \sqrt{x^2 + y^2 + z^2}$ (3) $w = e^{xy^2} \log(x^2 + y^2 + z^2)$

[類題 5.19] (AB) 次の関数の第 2 次偏導関数を求めよ．

(1) $w = x^2 z^4 \sin y$ (2) $w = \sqrt{x^2 + y^2 + z^2}$

[類題 5.20] (B) 次の曲面の与えられた点での接平面の方程式を求めよ．

(1) 楕円面 $x^2 + 2y^2 + 2z^2 = 5$ 点 $\left(2, \dfrac{1}{2}, \dfrac{1}{2}\right)$

(2) 一葉双曲面 $2x^2 + y^2 - 2z^2 = 1$ 点 $(1, 1, 1)$

(3) 二葉双曲面 $4x^2 - y^2 - z^2 = 1$ 点 $(1, -1, \sqrt{2})$

発展／応用／トピックス

[5-1] (AB)　次の関数が調和関数（$z_{xx}+z_{yy}=0$ をみたす関数）であることを示せ．
　(1)　$z = e^x \cos y$　　　　(2)　$z = \dfrac{y}{x^2+y^2}$

[5-2] (B)　関数 $w = \dfrac{1}{\sqrt{x^2+y^2+z^2}}$ が調和関数（$w_{xx}+w_{yy}+w_{zz}=0$ をみたす関数）であることを示せ．　(1) 直接計算する．　(2)【定理 5.17】を利用する．

[5-3] (AB)　なめらかな関数 $P(x,y), Q(x,y)$ が

　　コーシー‐リーマン（Cauchy-Riemann）の方程式：
$$\boxed{P_x = Q_y,\ P_y = -Q_x}$$

をみたすとき $P(x,y), Q(x,y)$ はともに調和関数であることを示せ．

(∗)　コーシー‐リーマンの方程式は「複素解析」（正則関数）に現れる．

[5-4] (C)　偏微分方程式　$z_{tt} = c^2 z_{xx}$（c は正定数）　をみたす関数 $z = z(t,x)$ を次のようにして求めよ．（$\mathbf{R}^2$ で考える）
　(1)　変数変換：$\begin{cases} u = x+ct \\ v = x-ct \end{cases}$ $\left(x = \dfrac{1}{2}(u+v),\ t = \dfrac{1}{2c}(u-v)\right)$　により
　　　$z_{tt} = c^2 z_{xx}$ は $z_{uv} = 0$ と変形できることを示せ．
　(2)　$z_{uv} = 0$ をみたす関数は　$z = F(u) + G(v)$（F, G は1変数関数）　と表されることを示せ．
　(3)　$z_{tt} = c^2 z_{xx}$ をみたす関数は　$z = F(x+ct) + G(x-ct)$（F, G は1変数関数）と表されることを示せ．

(∗)　$z_{tt} = c^2 z_{xx}$ を1次元波動方程式という．(3) はこの偏微分方程式の解である．

[5-5] (AB)　地震のマグニチュード M の定義は時代とともに変わってきているがその1つに次の式がある：（文献 [1]；震源の深さ 60 km 以下の場合）

$$M = \log_{10} A + 1.73 \log_{10} B - 0.83 \quad (A \text{ は地震計の最大片振幅，} B \text{ は震央距離})$$

A, B の観測誤差を $\Delta A, \Delta B$ とし，マグニチュードの誤差を ΔM とするとき次式を示せ：

$$\Delta M \fallingdotseq \frac{1}{\log 10}\left(\frac{\Delta A}{A} + 1.73\frac{\Delta B}{B}\right) \quad ((\Delta A, \Delta B) \sim (0,0))$$

[5-6] (BC)　3次元内の xy 平面上の円 $C : x^2 + y^2 = 4$ と曲面 $z = xy^3$ について, C 上の点 $\mathrm{P}(x, y, 0)$ とその x, y についての曲面上の点 (x, y, z) の距離 $|z|$ の最大値と最小値を求めよ.

[5-7] (BC)

平面上の 3 点 $(1, 1), (2, 9), (3, 7)$ と直線 $\ell : y = px + q$ について

　　$(1, 1)$ と $(1, p+q)$ の距離 $(= a)$,
　　$(2, 9)$ と $(2, 2p+q)$ の距離 $(= b)$,
　　$(3, 7)$ と $(3, 3p+q)$ の距離 $(= c)$

について 2 変数関数 $f(p, q) = a^2 + b^2 + c^2$ を最小にする p, q を求めよ.

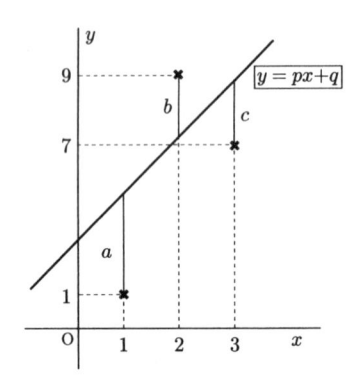

(∗)　こうした直線は要因 x から y の値を予測する推定式として利用される. 最初に与えられた点は調査データに対応する. こうした直線を「回帰直線」といい, このような統計手法を「回帰分析」という.

例えば, 走力から走り幅跳びの記録を予測したり, 小テストの点から本試験の点を予測したり, 宣伝費から販売量を推測したり, ある要因から病気になる確率を予測したりする. ただ, 要因が 1 つだと誤差が大きいので, 多様な要因を考慮して予測式を作るのが実用的である. これを「重回帰分析」といい, n 個の要因があれば $n+1$ 変数関数で同様の操作をする.（実際にはコンピュータソフトを利用する）

第6章　重積分

> **応用例**
> - 面積，体積，曲面積，重心（2, 3次元）
>   - **ex.** （4章既出）　球の体積，表面積，半円板の重心，円錐体の重心
> - 2次元連続型確率分布
>   - **ex.** 2次元確率変数の平均，分散，共分散，確率計算
>   - 2種類の製品寿命，あわせて3年以下の確率は？
> - その他　**ex.**　曲面を通過する流量は？磁束は？
>
> **章末／巻末参照**　・重心　・電位（ポテンシャル）　・透過流量
>   ・2次元分布の確率計算　・正規分布　・広義積分（2次元）
>
> **応用項目，応用分野**（4章冒頭紹介の多次元版）
> - Fourier 解析，微分方程式，逆問題，確率論，Wavelet（多次元）
> - 古典力学，流体力学，電磁気学，…

重積分は多変数関数の定積分である．ここでは2重積分，3重積分を扱う．

6.1　2重積分の定義

2変数関数 $f(x, y)$ が有界閉領域 D で有界であるとする．

1 領域分割と代表点

領域を分割し，分割小領域を

$$D_1, D_2, ..., D_j, ..., D_n$$

とする．さらに各小領域 D_j から 1点 (x_j, y_j) を任意に選ぶ．これを D_j の代表点という．

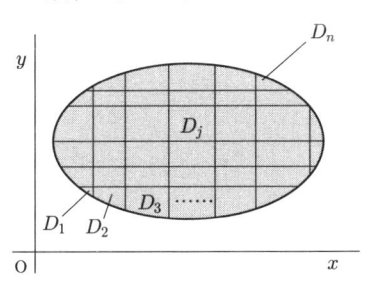

2 リーマン和

小領域 D_j の面積を ΔS_j とし

$$\sum_{j=1}^{n} f(x_j, y_j) \Delta S_j$$

を考える．これを $f(x,y)$ の与えられた分割についての「リーマン和」という．

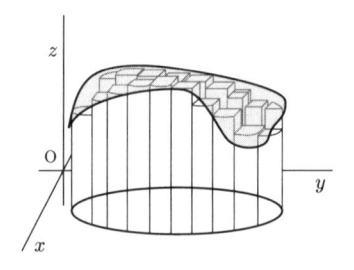

3 分割を細かくする極限

小領域 D_j の直径を Δd_j とし，$|\Delta| = \max_j \Delta d_j$ とする．
（直径は領域内の2点間の距離の最大値のこと．長方形領域では対角線の長さ．）
$|\Delta| \to +0$ のとき，分割や代表点に依らずリーマン和が同じ値に収束するとき

$$\lim_{|\Delta| \to +0} \sum_{j=1}^{n} f(x_j, y_j) \Delta S_j = \iint_D f(x,y) dxdy$$

と表し「$f(x,y)$ の D での2重積分」（または単に「積分」）という．
このとき「$f(x,y)$ は D で積分可能である」という．
また，$f(x,y)$ を「被積分関数」，D を「積分領域」という．

《積分領域の条件》

積分領域 D は「区分的になめらかな曲線で囲まれた有界閉領域」

「有界集合」　（半径を大きくすれば）円で囲むことができる集合．
「閉集合」　　境界をすべて含む集合．
「区分的になめらかな曲線」　有限個の点を除いてなめらかな曲線．
　　　ex.　円板領域，長方形領域，三角形領域など．（境界含む）

（∗）以降 D は「区分的になめらかな曲線で囲まれた有界閉領域」とする．

【定理 6.1】　$f(x,y)$ が D で連続ならば積分可能．

（∗）以下，連続関数のみを扱う．

6.2　2重積分の性質

【定理 6.2】　$f(x,y), g(x,y)$ は D で連続とする．

(1)　$\iint_D kf(x,y)\,dxdy = k\iint_D f(x,y)\,dxdy$　　（k は定数）

(2)　$\iint_D (f(x,y) \pm g(x,y))\,dxdy = \iint_D f(x,y)\,dxdy \pm \iint_D g(x,y)\,dxdy$
　　　　　　　　　　　　　　　　　　　　　　　　　　　　　（複号同順）

(3)　D で $f(x,y) \geqq g(x,y)$ ならば　$\iint_D f(x,y)\,dxdy \geqq \iint_D g(x,y)\,dxdy$

(4)　D を D_1 と D_2 に分割したとき（境界は区分的になめらかとする）

$$\iint_D f(x,y)\,dxdy = \iint_{D_1} f(x,y)\,dxdy + \iint_{D_2} f(x,y)\,dxdy$$

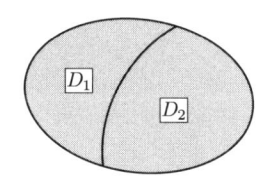

（∗）　境界／曲線など面積 0 の集合上の 2 重積分の値は 0 である．

2 重積分は体積および面積と次のような関連性がある．

【定理 6.3】　「D の面積」$= \iint_D 1\,dxdy$

【定理 6.4】　関数 $z = f(x,y)$ が D で $f(x,y) \geqq 0$ のとき

曲面 $z = f(x,y)$ (D) と xy 半面上の領域 D にはさまれた直柱領域

　　（D を通る z 軸に平行な直線
　　すべてでできる領域のうち，
　　曲面と D ではさまれる部分）

の体積 V は

$$\boxed{V = \iint_D f(x,y)\,dxdy}$$

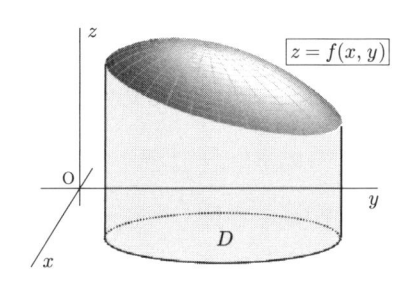

6.3 領域と不等式，縦線型領域，横線型領域

【領域と不等式】 ここで扱うのは主に次の4タイプ．

(a) $y \leqq \psi(x)$ (b) $\varphi(x) \leqq y$ (c) $x \leqq \psi(y)$ (d) $\varphi(y) \leqq x$

(a) $\boxed{y \leqq \psi(x)}$ が表す領域は $\boxed{\text{曲線 } y = \psi(x) \text{ より下}}$ にある領域

(b) $\boxed{\varphi(x) \leqq y}$ が表す領域は $\boxed{\text{曲線 } y = \varphi(x) \text{ より上}}$ にある領域

(c) $\boxed{x \leqq \psi(y)}$ が表す領域は $\boxed{\text{曲線 } x = \psi(y) \text{ より左}}$ にある領域

(d) $\boxed{\varphi(y) \leqq x}$ が表す領域は $\boxed{\text{曲線 } x = \varphi(y) \text{ より右}}$ にある領域

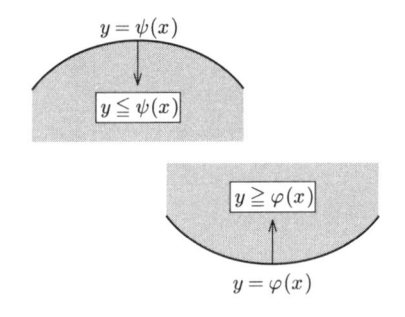

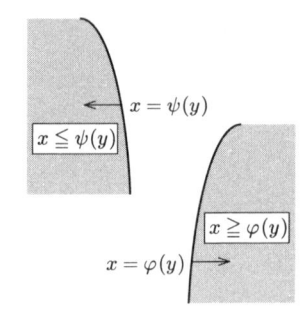

【ex.6.1】 領域 $D : 0 \leqq x \leqq y \leqq 1$ は
不等式を3つに分けて

$0 \leqq x$ ($x = 0$ (y 軸) より右)

$x \leqq y$ ($y = x$ より上，または $x = y$ より左)

$y \leqq 1$ ($y = 1$ より下)

より右図のようになる．

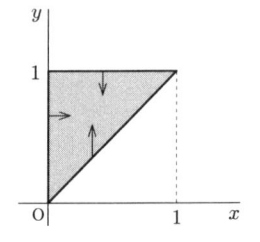

【ex.6.2】 領域 $D : 0 \leqq y \leqq e^x,\ 0 \leqq x \leqq 1$

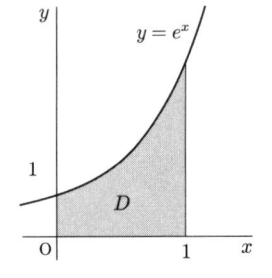

(∗) 他にも円板領域などは次のようになる．($c, d, R > 0$ とする)

$D_1 : x^2 + y^2 \leqq R^2$ は原点中心，半径 R の円の内部および周

$D_2 : (x-a)^2 + (y-b)^2 \leqq R^2$ は (a, b) 中心，半径 R の円の内部および周

$D_3 : \dfrac{(x-a)^2}{c^2} + \dfrac{(y-b)^2}{d^2} \leqq 1$ は楕円の内部および周

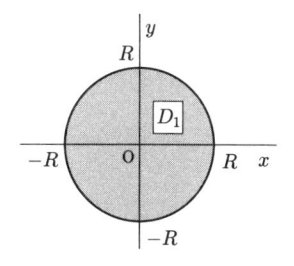

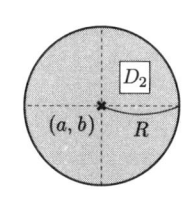

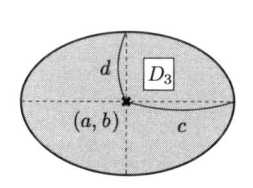

【ex.6.3】 右図の領域 D は

$D : x^2 \leqq y \leqq 1$

$D : x^2 \leqq y \leqq 1, \ -1 \leqq x \leqq 1$

$D : -\sqrt{y} \leqq x \leqq \sqrt{y}, \ 0 \leqq y \leqq 1$

などと表すことができる．
（表現は1通りではない）

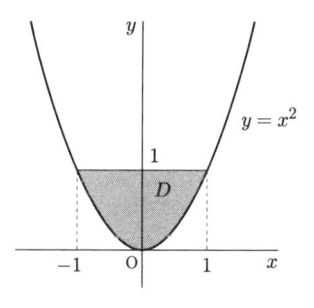

【問題 6.1】 (B) 次の領域を図示せよ．

(1) $D : 0 \leqq y \leqq 1, \ 0 \leqq x \leqq 3$

(2) $D : 0 \leqq y \leqq \sqrt{x}, \ 0 \leqq x \leqq 1$

(3) $D : x^2 \leqq y \leqq x, \ 0 \leqq x \leqq 1$

(4) $D : 0 \leqq y \leqq x \leqq 1$

(5) $D : -x^2 \leqq y \leqq 1 - 2x^2, \ -1 \leqq x \leqq 1$

(6) $D : x^2 + (y-1)^2 \leqq 1$

(7) $D : \dfrac{x^2}{4} + \dfrac{y^2}{2} \leqq 1$

【縦線型領域】 $\boxed{D : \varphi(x) \leqq y \leqq \psi(x),\ a \leqq x \leqq b}$ (a, b は定数)

の形で表される領域を「縦線型領域」という.

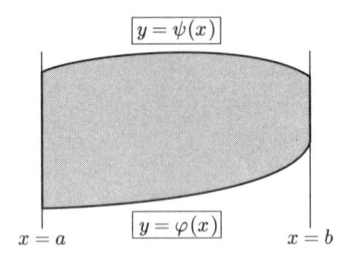

【ex.6.4】 縦線型領域と不等式表現

(1) $x \leqq y \leqq e^x,\ 0 \leqq x \leqq 1$ (2) $\begin{cases} -\sqrt{1-x^2} \leqq y \leqq \sqrt{1-x^2} \\ -1 \leqq x \leqq 1 \end{cases}$

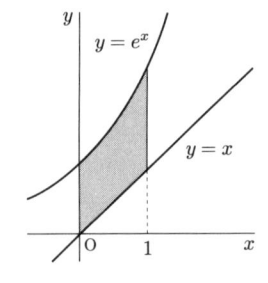

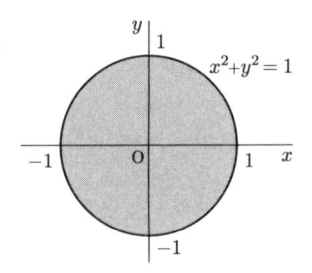

【縦線型領域の不等式表現】

$\boxed{0}$ 領域の左右を y 軸に平行な直線ではさむ.

$\boxed{1}$ 上下の境界を $y = \cdots$ の形で表す.

下の境界を $y = \varphi(x)$, 上の境界を $y = \psi(x)$ とすると y の範囲は

$$\boxed{\varphi(x) \leqq y \leqq \psi(x)}$$

$\boxed{2}$ x の範囲を調べる.

領域の左端／右端を見ればよい： $\boxed{a \leqq x \leqq b}$

【ex.6.5】 次の領域（境界含む）を縦線型領域として不等式で表せ．

(1)

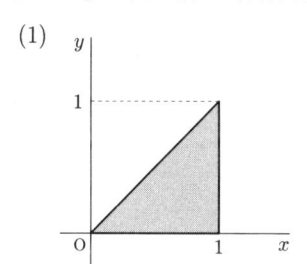

(2)

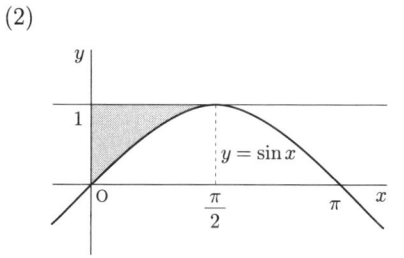

「解」　(1) $0 \leqq y \leqq x$, $0 \leqq x \leqq 1$　　(2) $\sin x \leqq y \leqq 1$, $0 \leqq x \leqq \pi/2$

【問題 6.2】(B) 次の領域（境界含む）を縦線型領域として不等式で表せ．

(1)

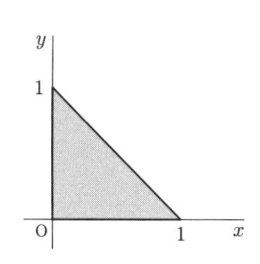

(2)

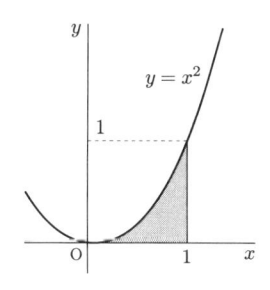

(3)

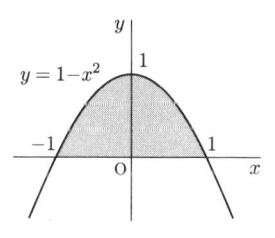

(4)

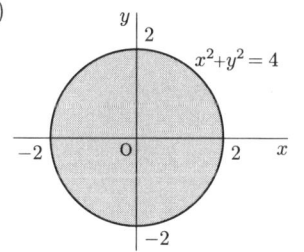

【問題 6.3】(B) 次の領域を図示し，縦線型領域として不等式で表せ．
(1)　$D : y = 1 - x$, $y = x - 1$ および y 軸で囲まれる領域
(2)　$D : 0 \leqq y \leqq x^3 \leqq 1$

【横線型領域】 $\boxed{D\,:\,\varphi(y) \leqq x \leqq \psi(y),\ c \leqq y \leqq d}$ （c, d は定数）

の形で表される領域を「横線型領域」という．

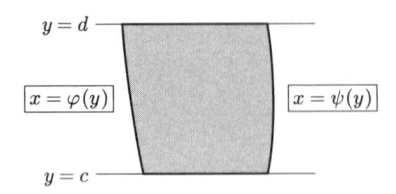

【ex.6.6】 横線型領域と不等式表現

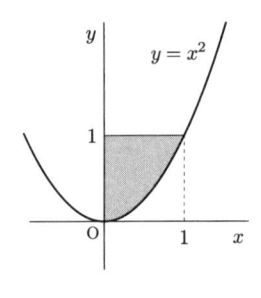

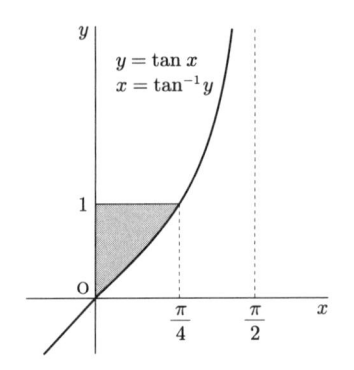

(1) $0 \leqq x \leqq \sqrt{y}$, $0 \leqq y \leqq 1$ 　　　(2) $0 \leqq x \leqq \tan^{-1} y$, $0 \leqq y \leqq 1$

【横線型領域の不等式表現】

- $\boxed{0}$ 領域の上下を x 軸に平行な直線ではさむ．
- $\boxed{1}$ 左右の境界を $x = \cdots$ の形で表す．

  左の境界を $x = \varphi(y)$，右の境界を $x = \psi(y)$ とすると x の範囲は

  $$\boxed{\varphi(y) \leqq x \leqq \psi(y)}$$

- $\boxed{2}$ y の範囲を調べる．

  領域の下端／上端を見ればよい： $\boxed{c \leqq y \leqq d}$

【ex.6.7】 次の領域（境界含む）を横線型領域として不等式で表せ.

(1)

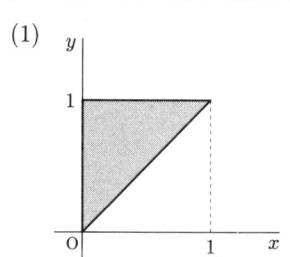

(2)

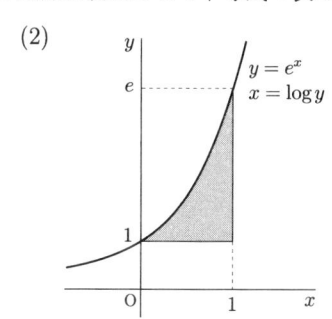

「解」 (1) $0 \leqq x \leqq y,\ 0 \leqq y \leqq 1$ (2) $\log y \leqq x \leqq 1,\ 1 \leqq y \leqq e$

【問題 6.4】(B) 次の領域（境界含む）を横線型領域として不等式で表せ.

(1)

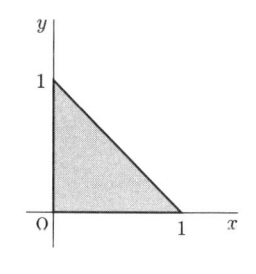

(2)

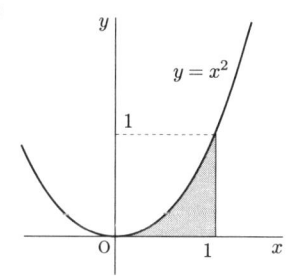

(3)

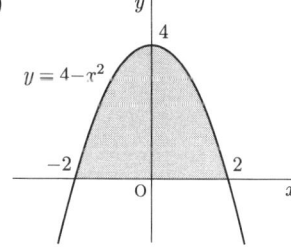

(4)

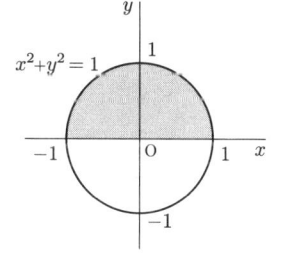

【問題 6.5】(B) 次の領域を図示し，横線型領域として不等式で表せ.
(1) $D : y = 1 - x,\ y = x + 1$ および x 軸で囲まれる領域
(2) $D : x^2 \leqq y \leqq 1$

【問題 6.6】(B)　次の縦線型領域を横線型領域として不等式で表せ.

(1)　$D: 0 \leqq y \leqq 2,\ 0 \leqq x \leqq 3$

(2)　$D: 0 \leqq y \leqq x,\ 0 \leqq x \leqq 1$

(3)　$D: 0 \leqq y \leqq \sqrt{2-x^2},\ 0 \leqq x \leqq \sqrt{2}$

(4)　$D: 1 \leqq y \leqq e^x,\ 0 \leqq x \leqq 1$

【問題 6.7】(B)　次の横線型領域を縦線型領域として不等式で表せ.

(1)　$D: 0 \leqq x \leqq y,\ 0 \leqq y \leqq 1$

(2)　$D: y^2 \leqq x \leqq \sqrt{y},\ 0 \leqq y \leqq 1$

(3)　$D: 0 \leqq x \leqq \sqrt{4-y^2},\ 0 \leqq y \leqq 2$

(4)　$D: 0 \leqq x \leqq \tan y,\ 0 \leqq y \leqq \pi/4$

6.4　2重積分の計算（累次積分：縦線型の場合）

縦線型領域の場合に2重積分は「累次積分」（逐次積分）にして計算できる．「累次積分」とは1変数の定積分を繰り返し行う積分である．

【定理 6.5】　関数 $f(x,y)$ が縦線型領域 $D: \varphi(x) \leqq y \leqq \psi(x),\ a \leqq x \leqq b$ で連続のとき

$$\iint_D f(x,y)\,dxdy = \int_a^b \left(\int_{\varphi(x)}^{\psi(x)} f(x,y)\,dy \right) dx$$

$\int_a^b \left(\int_{\varphi(x)}^{\psi(x)} f(x,y)\,dy \right) dx$　の計算

- $\int_{\varphi(x)}^{\psi(x)} f(x,y)\,dy$　は $f(x,y)$ を $\underline{x\ を定数と思って}$ y について積分する．
- 計算結果は x についての関数で，これを $[a,b]$ で積分する．

(*)　$\int_a^b \left(\int_{\varphi(x)}^{\psi(x)} f(x,y)\,dy \right) dx = \int_a^b dx \int_{\varphi(x)}^{\psi(x)} f(x,y)\,dy$　と表すこともある．

【ex.6.8】 次の積分の値を求めよ． $\iint_D xy^2 \, dxdy \quad D : 0 \leqq x \leqq y \leqq 1$

「解」

D は右図のようになり

$x \leqq y \leqq 1, \ 0 \leqq x \leqq 1$ (縦線型)

と表されるから

$$\iint_D xy^2 \, dxdy = \int_0^1 \left(\int_x^1 xy^2 \, dy \right) dx$$

$$\int_x^1 xy^2 \, dy = x \int_x^1 y^2 \, dy = x \left[\frac{y^3}{3} \right]_{y=x}^{y=1} = x \cdot \frac{1-x^3}{3} = \frac{1}{3}(x - x^4)$$

$$\iint_D xy^2 \, dxdy = \int_0^1 \frac{1}{3}(x - x^4) \, dx = \frac{1}{3}\left[\frac{x^2}{2} - \frac{x^5}{5} \right]_0^1 = \frac{1}{3}\left(\frac{1}{2} - \frac{1}{5} \right) = \frac{1}{10}$$

【問題 6.8】 (B)　次の式の積分領域を図示し，積分の値を求めよ．

(1) $\iint_D (x+y) \, dxdy \qquad D : 0 \leqq y \leqq 2, \ 0 \leqq x \leqq 1$

(2) $\iint_D x^2 y \, dxdy \qquad D : 0 \leqq y \leqq x, \ 0 \leqq x \leqq 2$

(3) $\iint_D e^y \, dxdy \qquad D : 0 \leqq y \leqq 1-x, \ 0 \leqq x \leqq 1$

(4) $\iint_D xy \, dxdy \qquad D : x^2 \leqq y \leqq x, \ 0 \leqq x \leqq 1$

(5) $\iint_D (2y-x) \, dxdy \qquad D : 2x^2 - 1 \leqq y \leqq x^2, \ -1 \leqq x \leqq 1$

(6) $\iint_D e^{2x-y} \, dxdy \qquad D : 0 \leqq y \leqq x \leqq 1$

(7) $\iint_D y \, dxdy \qquad D :$ 直線 $y = x+1, \ y = 1-x, \ x$ 軸で囲まれる閉領域

6.5 2重積分の計算（累次積分：横線型の場合）

【定理 6.6】 関数 $f(x,y)$ が横線型領域 $D : \varphi(y) \leqq x \leqq \psi(y),\ c \leqq y \leqq d$ で連続のとき

$$\iint_D f(x,y)\,dxdy = \int_c^d \left(\int_{\varphi(y)}^{\psi(y)} f(x,y)\,dx \right) dy$$

- $\displaystyle\int_{\varphi(y)}^{\psi(y)} f(x,y)\,dx$ は $f(x,y)$ を y を定数と思って x について積分する．
- 計算結果は y についての関数で，これを $[c,d]$ で積分する．

【ex.6.8】（再）次の積分の値を求めよ． $\displaystyle\iint_D xy^2\,dxdy \quad D : 0 \leqq x \leqq y \leqq 1$

「解」 D は右図のようになり

$0 \leqq x \leqq y,\ 0 \leqq y \leqq 1$ （横線型）と表され

$\displaystyle\iint_D xy^2\,dxdy = \int_0^1 \left(\int_0^y xy^2\,dx \right) dy$ となる．

$\displaystyle\int_0^y xy^2\,dx = y^2 \int_0^y x\,dx = y^2 \left[\frac{x^2}{2} \right]_{x=0}^{x=y} = y^2 \cdot \frac{y^2}{2} = \frac{y^4}{2}$

$\displaystyle\iint_D xy^2\,dxdy = \frac{1}{2}\int_0^1 y^4\,dy = \frac{1}{2}\left[\frac{y^5}{5}\right]_0^1 = \frac{1}{2}\cdot\frac{1}{5} = \frac{1}{10}$

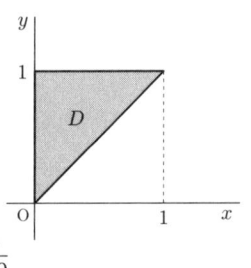

【問題 6.9】(B) 次の式の積分領域を図示し，積分の値を求めよ．

(1) $\displaystyle\iint_D (x+y)\,dxdy \qquad D : 0 \leqq x \leqq 2,\ 0 \leqq y \leqq 1$

(2) $\displaystyle\iint_D xy^3\,dxdy \qquad D : \sqrt{y} \leqq x \leqq 2\sqrt{y},\ 0 \leqq y \leqq 1$

(3) $\displaystyle\iint_D xy\,dxdy \qquad D : y^2 \leqq x \leqq y,\ 0 \leqq y \leqq 1$

(4) $\displaystyle\iint_D (x-2y)\,dxdy \qquad D : 3y^2 - 2 \leqq x \leqq y^2,\ -1 \leqq y \leqq 1$

(5) $\displaystyle\iint_D e^{2x+y}\,dxdy \qquad D : 0 \leqq y \leqq x \leqq 1$

(6) $\displaystyle\iint_D y\,dxdy \qquad D : 直線\ y = x+1,\ y = 1-x,\ x\ 軸で囲まれる閉領域$

(7) $\displaystyle\iint_D xy\,dxdy \qquad D : 直線\ y = 1-x,\ y = x-1,\ y\ 軸で囲まれる閉領域$

6.6 積分の順序交換

縦線型領域であり横線型領域でもあるとき，領域の見方を変えると，例えば【ex.6.8】では

$$\int_0^1 \left(\int_x^1 xy^2 \, dy \right) dx = \int_0^1 \left(\int_0^y xy^2 \, dx \right) dy$$

これは積分順序を変える操作になっている．これを「積分の順序交換」という．

$$\boxed{累次積分} \longrightarrow \boxed{2重積分の積分領域} \longrightarrow \begin{cases} 縦線型 & \to & 横線型 \\ 横線型 & \to & 縦線型 \end{cases}$$

【ex.6.9】 次の積分の順序交換をせよ： $\int_0^1 \left(\int_0^{\sqrt{x}} f(x,y) \, dy \right) dx$

「解」

$$\int_0^1 \left(\int_0^{\sqrt{x}} f(x,y) \, dy \right) dx = \iint_D f(x,y) \, dxdy$$

$D: 0 \leqq y \leqq \sqrt{x}, \ 0 \leqq x \leqq 1$（縦線型）
$D: y^2 \leqq x \leqq 1, \ 0 \leqq y \leqq 1$（横線型）より

$$\int_0^1 \left(\int_0^{\sqrt{x}} f(x,y) \, dy \right) dx = \int_0^1 \left(\int_{y^2}^1 f(x,y) \, dx \right) dy$$

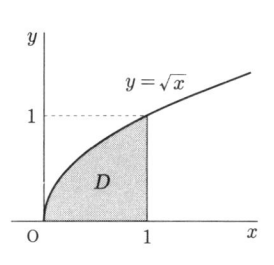

【ex.6.10】 次の積分を順序交換して積分値を求めよ： $\int_0^1 \left(\int_y^1 e^{x^2} \, dx \right) dy$

「解」 $\int_0^1 \left(\int_y^1 e^{x^2} \, dx \right) dy = \iint_D e^{x^2} \, dxdy$

$D: y \leqq x \leqq 1, \ 0 \leqq y \leqq 1$（横線型）
$D: 0 \leqq y \leqq x, \ 0 \leqq x \leqq 1$（縦線型）より

$$\begin{aligned}
\int_0^1 \left(\int_y^1 e^{x^2} \, dx \right) dy &= \int_0^1 \left(\int_0^x e^{x^2} \, dy \right) dx \\
&= \int_0^1 e^{x^2} \left(\int_0^x 1 \, dy \right) dx \\
&= \int_0^1 x e^{x^2} \, dx = \frac{1}{2} \left[e^{x^2} \right]_0^1 = \frac{1}{2}(e-1)
\end{aligned}$$

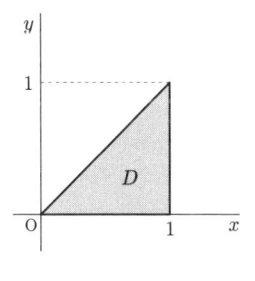

【問題 6.10】 (B)　次の積分の順序交換をせよ．

(1) $\int_0^1 \left(\int_0^x f(x,y)\,dy \right) dx$　　　　(2) $\int_0^1 \left(\int_{x^2}^x f(x,y)\,dy \right) dx$

(3) $\int_0^1 \left(\int_0^{1-y^2} f(x,y)\,dx \right) dy$　　　(4) $\int_0^2 \left(\int_y^{2y} f(x,y)\,dx \right) dy$

【問題 6.11】 (BC)　$\int_0^1 \left(\int_{\sqrt{x}}^1 \sqrt{y^3+1}\,dy \right) dx$　の値を求めよ．

【定理 6.7】　長方形領域 $D : a \leqq x \leqq b,\ c \leqq y \leqq d$ の場合

$$\int_a^b \left(\int_c^d f(x,y)\,dy \right) dx = \int_c^d \left(\int_a^b f(x,y)\,dx \right) dy$$

長方形領域で，さらに関数が変数分離型：$f(x,y) = g(x)h(y)$ の場合

$$\int_a^b \left(\int_c^d f(x,y)\,dy \right) dx = \int_c^d \left(\int_a^b f(x,y)\,dx \right) dy = \left(\int_a^b g(x)\,dx \right) \left(\int_c^d h(y)\,dy \right)$$

6.7　変換（ヤコビアン，1次変換，極座標変換）

uv 平面上の領域 Ω について　　$T : \begin{cases} x = x(u,v) \\ y = y(u,v) \end{cases} \quad (u,v) \in \Omega$

は (u,v) から (x,y) に変数を変え，領域をうつす操作である．この T を「変換」（変数変換）という．この変換による xy 平面上の領域を D とする．

$$T\ :\ \Omega \ni (u,v) \mapsto (x,y) \in D$$

【ex.6.11】　$T : \begin{cases} x = u+v \\ y = 2v \end{cases}$，　$\Omega\ :\ 0 \leqq u \leqq 1,\ 0 \leqq v \leqq 1$
$D\ :\ 2x-2 \leqq y \leqq 2x,\ 0 \leqq y \leqq 2$

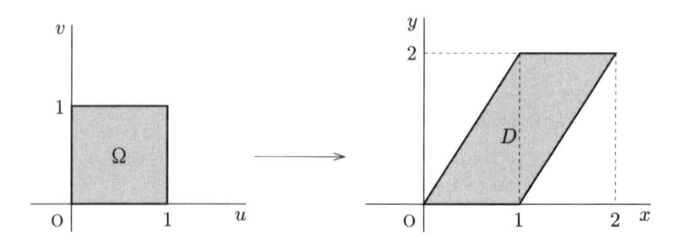

《1対1変換》 変換 T により，D の1点に対し Ω の1点のみが対応するとき，T を「1対1変換」という．

1対1変換 T に対し，D から Ω への逆向きの変換：
$$D \ni (x,y) \mapsto (u,v) \in \Omega$$
を定義できる．これを「T の逆変換」といい T^{-1} と表す．

【変換のヤコビアン】 変換 $T: \begin{cases} x = x(u,v) \\ y = y(u,v) \end{cases}$ $(u,v) \in \Omega$ に対し

行列式 $\begin{vmatrix} x_u & x_v \\ y_u & y_v \end{vmatrix}$ を変換 T の「ヤコビアン（Jacobian）」といい

J, $J(u,v)$, $\dfrac{\partial(x,y)}{\partial(u,v)}$ という記号で表す．

$$J = J(u,v) = \frac{\partial(x,y)}{\partial(u,v)} = \begin{vmatrix} x_u & x_v \\ y_u & y_v \end{vmatrix}$$

【ex.6.12】 次の変換のヤコビアンを計算せよ．

(1) 変換：$\begin{cases} x = u+v \\ y = u-2v \end{cases}$ (2) 変換：$\begin{cases} x = u+2v \\ y = uv \end{cases}$

「解」 (1) $J = \begin{vmatrix} x_u & x_v \\ y_u & y_v \end{vmatrix} = \begin{vmatrix} 1 & 1 \\ 1 & -2 \end{vmatrix} = -2-1 = -3$

(2) $J = \begin{vmatrix} x_u & x_v \\ y_u & y_v \end{vmatrix} = \begin{vmatrix} 1 & 2 \\ v & u \end{vmatrix} = u-2v$

【問題 6.12】(A) 次の変換のヤコビアンを計算せよ．

(1) 変換：$\begin{cases} x = 2u+v \\ y = 3u \end{cases}$ (2) 変換：$\begin{cases} x = u^2+v^2 \\ y = uv \end{cases}$ (3) 変換：$\begin{cases} x = u\cos v \\ y = u\sin v \end{cases}$

【1次変換】 a,b,c,d は定数とする．

$$\text{変換 } T : \begin{cases} x = au + bv \\ y = cu + dv \end{cases} , \quad \begin{pmatrix} x \\ y \end{pmatrix} = \begin{pmatrix} a & b \\ c & d \end{pmatrix} \begin{pmatrix} u \\ v \end{pmatrix}$$

を「1次変換」という．さらに $ad - bc \neq 0$ をみたすとき「正則1次変換」という．

【定理 6.8】　正則1次変換の性質

(1) ヤコビアン $J = ad - bc \, (\neq 0)$

(2) $\mathbf{R}^2$ で1対1変換である．

(3) 1次変換により領域の面積は $|J| = |ad - bc|$ 倍となる．（文献 [16]）

(4) 逆変換 T^{-1} も正則1次変換で

$$\begin{cases} u = \dfrac{1}{ad-bc}(dx - by) \\ v = \dfrac{1}{ad-bc}(-cx + ay) \end{cases} , \quad \begin{pmatrix} u \\ v \end{pmatrix} = \frac{1}{ad-bc} \begin{pmatrix} d & -b \\ -c & a \end{pmatrix} \begin{pmatrix} x \\ y \end{pmatrix}$$

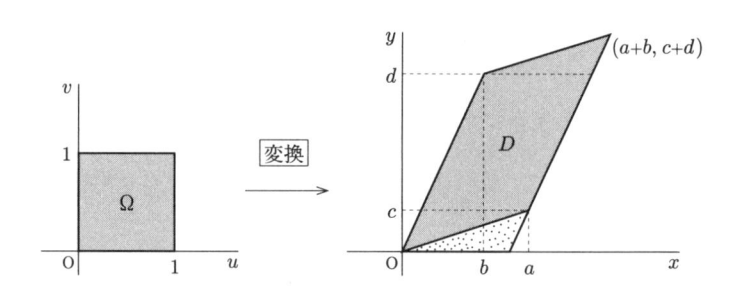

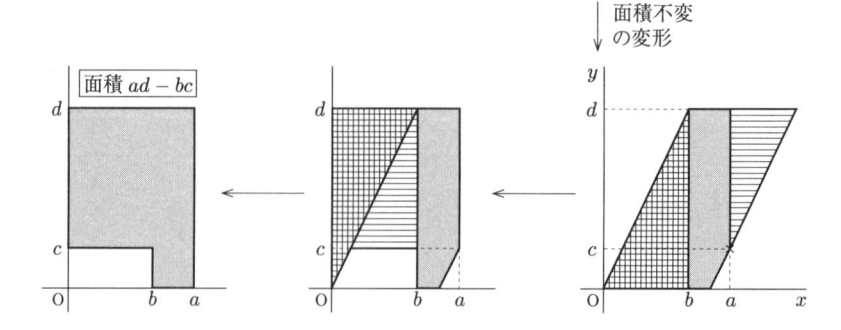

【極座標変換】（2次元）　変換 $T:\begin{cases} x = r\cos\theta \\ y = r\sin\theta \end{cases}$　$(r \geq 0, 0 \leq \theta < 2\pi)$

を（2次元）「極座標変換」という．

【定理 6.9】　極座標変換の性質　　$\varphi(\theta) \leq r \leq \psi(\theta), \alpha \leq \theta \leq \beta$

(1) ヤコビアン $J = r$
(2) 原点を除く領域で1対1である．
(3) $r = \sqrt{x^2 + y^2}$, $\tan\theta = \dfrac{y}{x}$

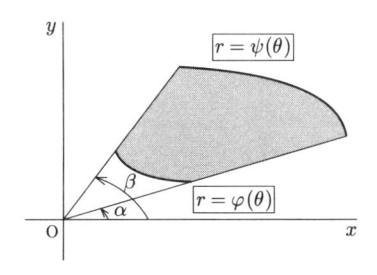

【領域の極座標表現】　$\varphi(\theta) \leq r \leq \psi(\theta), \alpha \leq \theta \leq \beta$　のタイプ

[0]　領域を原点からの半直線ではさむ．
[1]　偏角 θ の原点からの半直線を固定し，
　　　原点からの距離 r の範囲を調べる：
　　　　　$\varphi(\theta) \leq r \leq \psi(\theta)$
[2]　θ の範囲を調べる：　$\alpha \leq \theta \leq \beta$

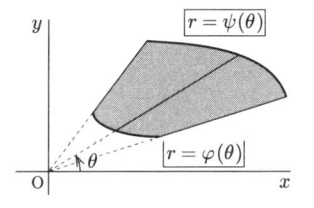

【ex.6.13】
(1)　$D : x^2 + y^2 \leq 1$　　　　$\Omega : 0 \leq r \leq 1, 0 \leq \theta < 2\pi$
　（原点以外は1対1）

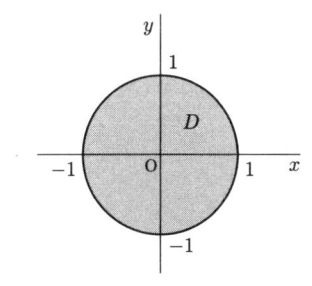

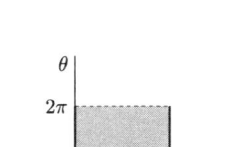

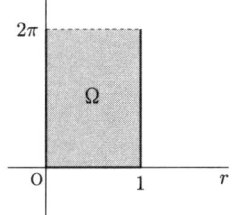

(2) $D : x^2 + y^2 \leq 1, 0 \leq y \leq x$ $\Omega : 0 \leq r \leq 1, 0 \leq \theta \leq \pi/4$
（原点以外は 1 対 1）

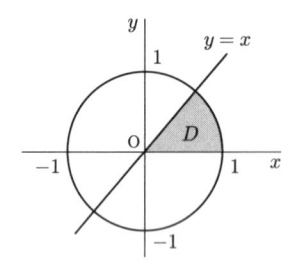

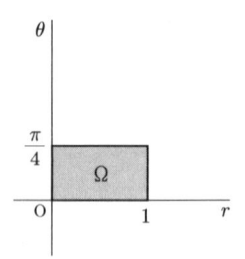

(3) $D : 1 \leq x^2 + y^2 \leq 4, x \geq 0, y \geq 0$ $\Omega : 1 \leq r \leq 2, 0 \leq \theta \leq \dfrac{\pi}{2}$
（1 対 1 対応）

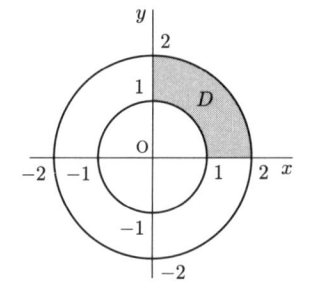

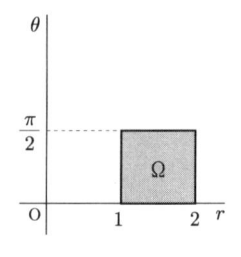

(4) $D : (x-1)^2 + y^2 \leq 1, y \geq 0$ $\Omega : 0 \leq r \leq 2\cos\theta, 0 \leq \theta \leq \dfrac{\pi}{2}$
（原点以外は 1 対 1）

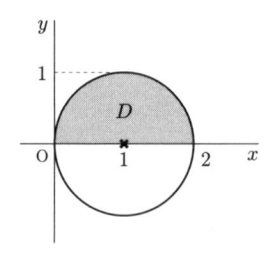

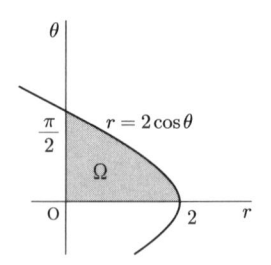

【問題 6.13】(B) 次の領域を極座標で表せ．

(1) $D : x^2 + y^2 \leq 9$ (2) $D : x^2 + y^2 \leq 4, x \leq 0, y \geq 0$

(3) $D : 1 \leq x^2 + y^2 \leq 9$ (4) $D : x^2 + y^2 \leq x$

6.8　2重積分の変数変換

【定理 6.10】　変換：$\begin{cases} x = x(u,v) \\ y = y(u,v) \end{cases}$　により xy 平面上の有界閉領域 D と uv 平面上の有界閉領域 Ω が 1 対 1 に対応するとき

$$\iint_D f(x,y)\,dxdy = \iint_\Omega f\bigl(x(u,v), y(u,v)\bigr) |J(u,v)|\,dudv$$

（＊）略証（概略説明）は巻末付録 A.6, 補足 6.1 参照．

正則1次変換の場合　$\begin{cases} x = au + bv \\ y = cu + dv \end{cases}$　$(ad - bc \neq 0)$

$$\iint_D f(x,y)\,dxdy = \iint_\Omega f(au+bv, cu+dv) |ad - bc|\,dudv$$

極座標変換の場合　$\begin{cases} x = r\cos\theta \\ y = r\sin\theta \end{cases}$

$$\iint_D f(x,y)\,dxdy = \iint_\Omega f(r\cos\theta, r\sin\theta)\, r\,drd\theta$$

特に　$\Omega : \varphi(\theta) \leqq r \leqq \psi(\theta),\ \alpha \leqq \theta \leqq \beta$　のとき

$$\iint_D f(x,y)\,dxdy = \int_\alpha^\beta \left(\int_{\varphi(\theta)}^{\psi(\theta)} f(r\cos\theta, r\sin\theta)\, r\,dr \right) d\theta$$

（＊）極座標変換では原点 $(x,y) = (0,0)$ や $\theta = 0, 2\pi$ の場合などに1対1対応ではないし，それらを除くと閉領域にならないことが多い．
しかし実際には，境界を除く内部領域で1対1 であれば境界を含めた閉領域で上の定理および公式を利用できる．より一般には，1対1 でない点の集合の面積が0 であればよい．

【ex.6.14】 変換：$x = u+v, y = v$ を利用して次の 2 重積分の値を求めよ．

$$\iint_D xy\,dxdy \quad D : 0 \leqq x - y \leqq 1,\ 0 \leqq y \leqq 1$$

「解」 ヤコビアン $J = \begin{vmatrix} 1 & 1 \\ 0 & 1 \end{vmatrix} = 1 \neq 0$

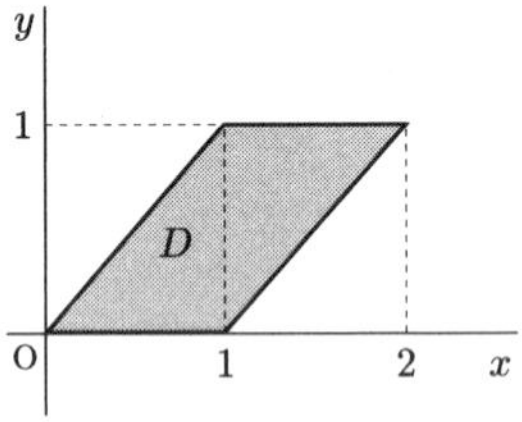

だからこの変換は正則 1 次変換である．
領域 D は右図のとおりで，この変換により
$\Omega : 0 \leqq u \leqq 1,\ 0 \leqq v \leqq 1$（正方形領域）
に 1 対 1 に対応する．

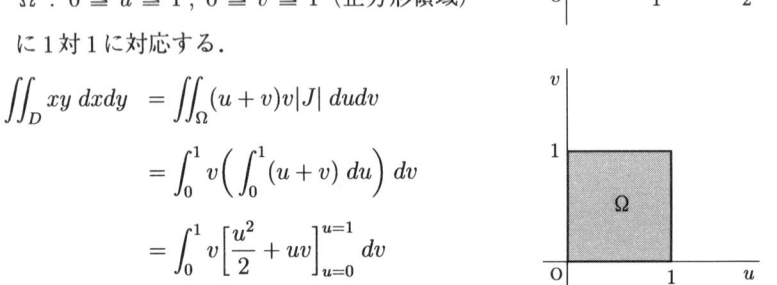

$$\begin{aligned}
\iint_D xy\,dxdy &= \iint_\Omega (u+v)v|J|\,dudv \\
&= \int_0^1 v \left(\int_0^1 (u+v)\,du \right) dv \\
&= \int_0^1 v \left[\frac{u^2}{2} + uv \right]_{u=0}^{u=1} dv \\
&= \int_0^1 v \left(\frac{1}{2} + v \right) dv = \int_0^1 \left(\frac{v}{2} + v^2 \right) dv \\
&= \left[\frac{v^2}{4} + \frac{v^3}{3} \right]_0^1 = \frac{1}{4} + \frac{1}{3} = \frac{7}{12}
\end{aligned}$$

【問題 6.14】 (BC) 変数変換を利用して次の 2 重積分の値を求めよ．

(1) $\iint_D (x - 2y)\,dxdy \quad D : |x+y| \leqq 2,\ |x-y| \leqq 1$

　　変換：$x = u+v, y = u-v$（1 次変換）

(2) $\iint_D y\,dxdy \quad D : (x-1)^2 \leqq y \leqq 1,\ 0 \leqq x \leqq 2$

　　変換：$x = u+1, y = v$（平行移動）

（補） 平行移動：$\begin{cases} x = u + \alpha \\ y = v + \beta \end{cases}$ （α, β は定数） は $J = 1$ の 1 対 1 変換である．

【ex.6.15】 極座標変換を利用して $\iint_{x^2+y^2\leqq 1} x^2\, dxdy$ の値を求めよ．

「解」 領域：$x^2+y^2\leqq 1$ を極座標で表すと

$\Omega : 0 \leqq r \leqq 1, \, 0 \leqq \theta \leqq 2\pi$ （長方形領域）

（Ω の境界を除く内部で1対1対応，ヤコビアン $J=r$）

$$\iint_{x^2+y^2\leqq 1} x^2\, dxdy = \iint_\Omega r^2 \cos^2\theta \cdot r\, drd\theta = \frac{1}{2}\iint_\Omega r^3(1+\cos 2\theta)\, drd\theta$$

$$= \frac{1}{2}\int_0^{2\pi}(1+\cos 2\theta)\left(\int_0^1 r^3\, dr\right) d\theta$$

$$= \frac{1}{2}\int_0^{2\pi}(1+\cos 2\theta)\left(\frac{1}{4}[r^4]_0^1\right) d\theta$$

$$= \frac{1}{8}\int_0^{2\pi}(1+\cos 2\theta)\, d\theta = \frac{1}{8}\left[\theta + \frac{1}{2}\sin 2\theta\right]_0^{2\pi} = \frac{1}{8}\cdot 2\pi$$

$$= \frac{\pi}{4}$$

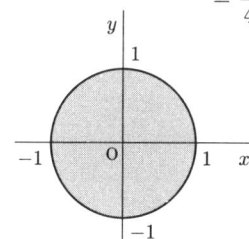

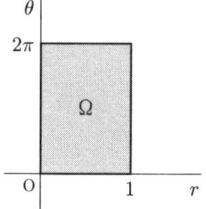

（＊）【定理 6.7】より $\dfrac{1}{2}\left(\displaystyle\int_0^{2\pi}(1+\cos 2\theta)\, d\theta\right)\left(\displaystyle\int_0^1 r^3\, dr\right)$ と変形して計算してよい．

【問題 6.15】（BC） 極座標変換を利用して次の2重積分の値を求めよ．

(1) $\iint_{x^2+y^2\leqq 1} x\, dxdy$ 　　(2) $\iint_{x^2+y^2\leqq 4} y^2\, dxdy$

(3) $\iint_D \dfrac{1}{\sqrt{x^2+y^2}}\, dxdy$ 　　$D : 1 \leqq x^2+y^2 \leqq 9$

(4) $\iint_D xy\, dxdy$ 　　$D : x^2+y^2 \leqq 1, \, x \geqq 0, \, y \geqq 0$

(5) $\iint_D (x^2+y^2)\, dxdy$ 　　$D : x^2+y^2 \leqq 1, \, y \geqq x$

(6) $\iint_D \dfrac{y}{x^2}\, dxdy$ 　　$D : 1 \leqq x^2+y^2 \leqq 4, \, 0 \leqq y \leqq x$

(7) $\iint_D \sqrt{x^2+y^2}\, dxdy$ 　　$D : (x-1)^2+y^2 \leqq 1, \, y \geqq 0$

6.9 2重積分の応用（体積，曲面積，重心）

《体積》

【定理 6.4】（再）　<u>D で $f(x,y) \geqq 0$ のとき</u>
曲面 $z = f(x,y)$ (D) と xy 平面上の領域 D にはさまれた直柱領域（下図）
の体積 V は

$$\boxed{V = \iint_D f(x,y)\, dxdy}$$

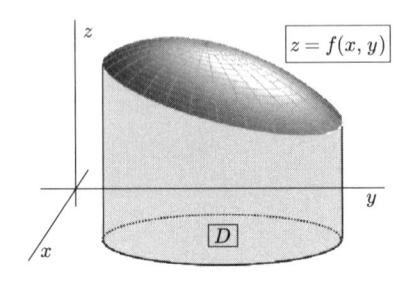

（∗）D を通る z 軸に平行な直線すべてでできる領域を「D を通る直柱領域」という．
【定理 6.4】の領域は「D を通る直柱領域」のうち曲面と D ではさまれる部分であり，
$\boxed{0 \leqq z \leqq f(x,y)\,,\,(x,y) \in D}$ と表すことができる．

【ex.6.16】　曲面 $z = x^2 + y^2 + 1$　$(D : |x| \leqq 1,\ |y| \leqq 1)$ と xy 平面上の領域
D にはさまれた直柱領域の体積を求めよ．

「解」
$$\begin{aligned}
\text{体積 } V &= \iint_D (x^2 + y^2 + 1)\, dxdy \\
&= \int_{-1}^{1} \left\{ \int_{-1}^{1} (x^2 + y^2 + 1)\, dy \right\} dx \\
&= \int_{-1}^{1} 2\left[x^2 y + \frac{y^3}{3} + y \right]_{y=0}^{y=1} dx \\
&= \int_{-1}^{1} \left(2x^2 + \frac{8}{3} \right) dx \\
&= 2 \cdot \frac{2}{3} \left[x^3 + 4x \right]_0^1 = \frac{20}{3}
\end{aligned}$$

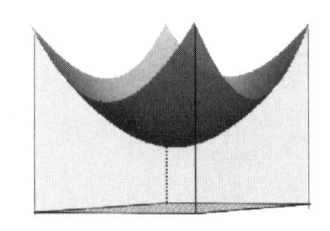

【ex.6.17】 球 $x^2+y^2+z^2 \leqq 4$ と円柱 $x^2+y^2 \leqq 1$ が重なる部分の体積を求めよ.

「解」 xy 平面についての対称性より $z \geqq 0$ の部分の体積を 2 倍する.
2 次元領域 $D : x^2+y^2 \leqq 1$ とすると
$z \geqq 0$ の部分の上部境界曲面は
$$z = \sqrt{4-x^2-y^2} \quad (D)$$
したがって求める体積は
$$V = 2 \iint_D \sqrt{4-x^2-y^2}\, dxdy$$
極座標変換により
$$\begin{aligned}
V &= 2 \iint_\Omega \sqrt{4-r^2}\, r\, drd\theta \quad (\Omega : 0 \leqq r \leqq 1,\ 0 \leqq \theta \leqq 2\pi) \\
&= 2 \int_0^{2\pi} 1\, d\theta \int_0^1 \sqrt{4-r^2}\, r\, dr \\
&= 4\pi \cdot \frac{-1}{3} \left[(4-r^2)^{3/2} \right]_0^1 \\
&= \frac{4\pi}{3}(8 - 3\sqrt{3})
\end{aligned}$$

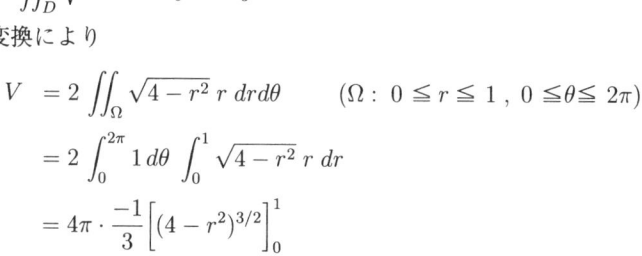

【問題 6.16】 (BC) 次の領域の体積を求めよ.

(1) 曲面 $z = x^3 + y^3$ $(D : 0 \leqq x \leqq 1, 0 \leqq y \leqq 1)$ と xy 平面上の領域 D にはさまれた直柱領域の体積

(2) 曲面 $z = xy$ $(D : 0 \leqq y \leqq 1-x, 0 \leqq x \leqq 1)$ と xy 平面上の領域 D にはさまれた直柱領域の体積

(3) 曲面 $z = e^{x^2+y^2}$, 円柱面 $x^2+y^2=1$, xy 平面で囲まれる領域の体積

(4) 球 $x^2+y^2+z^2 \leqq 4$ と円柱 $x^2+y^2 \leqq 2x$ が重なる部分の体積

《曲面積》(表面積)

【定理 6.11】　$f(x,y)$ はなめらかとする．

曲面 $z = f(x,y)$ (D) の曲面積 S は

$$S = \iint_D \sqrt{1 + \{f_x(x,y)\}^2 + \{f_y(x,y)\}^2}\, dxdy$$

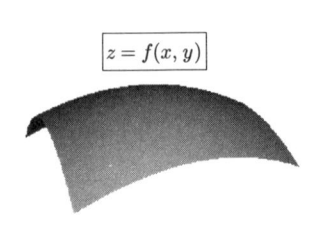

【ex.6.18】　曲面 $z = x^2 + y^2$ $(x^2 + y^2 \leqq 1)$ の曲面積を求めよ．

「解」　$f(x,y) = x^2 + y^2$ とおくと

$1 + \{f_x(x,y)\}^2 + \{f_y(x,y)\}^2 = 1 + (2x)^2 + (2y)^2 = 1 + 4(x^2 + y^2)$

求める曲面積は　$S = \iint_D \sqrt{1 + 4(x^2 + y^2)}\, dxdy$　$(D : x^2 + y^2 \leqq 1)$

極座標変換により

$$\begin{aligned}
S &= \iint_\Omega \sqrt{1 + 4r^2}\, r\, drd\theta \quad (\Omega : 0 \leqq r \leqq 1,\ 0 \leqq r \leqq 2\pi) \\
&= \int_0^{2\pi} 1\, d\theta \cdot \int_0^1 \sqrt{1 + 4r^2}\, r\, dr \\
&= 2\pi \cdot \frac{1}{12}\Big[(1 + 4r^2)^{3/2}\Big]_0^1 \\
&= \frac{\pi(5\sqrt{5} - 1)}{6}
\end{aligned}$$

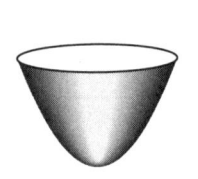

【問題 6.17】 (BC)　次の曲面の曲面積を求めよ．

(1)　$z = x^2$ $(0 \leqq y \leqq x,\ 0 \leqq x \leqq 1)$

(2)　$z = xy$ $(x^2 + y^2 \leqq 1,\ x \geqq 0,\ y \geqq 0)$

(3)　球面 $x^2 + y^2 + z^2 = 4$ のうち，円柱面 $x^2 + y^2 = 1$ の内側にある部分

《重心》(2次元)

【定理 6.12】 一様密度の 領域 D の重心を $(\bar{x}, \bar{y})$ とすると

$$\bar{x} = \frac{1}{M}\iint_D x\,dxdy \quad , \quad \bar{y} = \frac{1}{M}\iint_D y\,dxdy$$

ここで $M = \iint_D 1\,dxdy = $ 「D の面積」 である.

【ex.6.19】 一様密度の半円板 $D : 0 \leqq y \leqq \sqrt{1-x^2},\ -1 \leqq x \leqq 1$ の重心 $(\bar{x}, \bar{y})$ を求めよ.

「解」

$D : 0 \leqq y \leqq \sqrt{1-x^2},\ -1 \leqq x \leqq 1$

D の面積は $M = \dfrac{1}{2}\cdot \pi \cdot 1^2 = \dfrac{\pi}{2}$

$$\begin{aligned}\iint_D x\,dxdy &= \int_{-1}^{1}\left(\int_0^{\sqrt{1-x^2}} x\,dy\right)dx \\ &= \int_{-1}^{1} x\sqrt{1-x^2}\,dx \\ &= 0 \quad (\,x\sqrt{1-x^2}\ \text{は奇関数})\end{aligned}$$

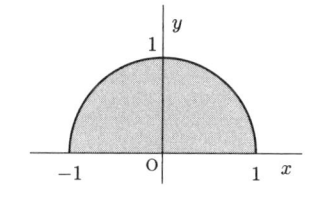

$$\begin{aligned}\iint_D y\,dxdy &= \int_{-1}^{1}\left(\int_0^{\sqrt{1-x^2}} y\,dy\right)dx = \int_{-1}^{1}\frac{1}{2}\left[y^2\right]_{y=0}^{y=\sqrt{1-x^2}}dx \\ &= \frac{1}{2}\int_{-1}^{1}(1-x^2)\,dx = \int_0^1 (1-x^2)\,dx \quad (\,1-x^2\ \text{は偶関数})\\ &= 1 - \frac{1}{3} = \frac{2}{3}\end{aligned}$$

$\bar{x} = \dfrac{0}{\pi/2} = 0 \quad , \quad \bar{y} = \dfrac{2/3}{\pi/2} = \dfrac{4}{3\pi}$ したがって D の重心は $\left(0,\ \dfrac{4}{3\pi}\right)$

【問題 6.18】 (BC) 次の領域の重心を求めよ. ただし, 密度一様とする.

(1) 領域 $D : x^2 \leqq y \leqq \sqrt{x},\ 0 \leqq x \leqq 1$

(2) 領域 $D : x^2 \leqq y \leqq x,\ 0 \leqq x \leqq 1$

(3) 円板 $x^2 + y^2 \leqq 4$ から円板 $x^2 + (y-1)^2 < 1$ を取り除いた領域
 $D : x^2 + y^2 \leqq 4,\ x^2 + (y-1)^2 \geqq 1$

6.10　3重積分 I（定義と計算方法）

3変数関数 $f(x,y,z)$ が3次元領域 D で定義されているとき，積分を定義する（領域や関数の条件は省く）．領域を分割し，分割小領域から代表点 (x_j, y_j, z_j) を選び，リーマン和：$\sum_j f(x_j, y_j, z_j) \Delta V_j$（$\Delta V_j$ は分割小領域の体積）に対して分割を細かくする極限を考える．分割や代表点に依らずリーマン和が同じ値に収束するとき，この極限値を

$$\boxed{\iiint_D f(x,y,z)\,dxdydz}$$

と表し「$f(x,y,z)$ の D での3重積分」という．

このとき $f(x,y,z)$ は D で積分可能であるといい，$f(x,y,z)$ を「被積分関数」，D を「積分領域」という．また3重積分も2重積分【定理 6.2】と同様の性質をもつ．

【3次元領域の不等式表現】　$\boxed{D : \varphi(x,y) \leq z \leq \psi(x,y),\ (x,y) \in A}$
（A は2次元領域）　の形の場合

$\boxed{1}$ 領域 D を xy 平面に射影した2次元領域を A とする．
　　言い換えれば，D を通る直柱領域と xy 平面の交わりの2次元領域．

$\boxed{2}$ 領域の上部境界曲面を $z = \psi(x,y)$，
　　下部境界曲面を $z = \varphi(x,y)$ とする．

$\boxed{3}$ このとき　$D : \varphi(x,y) \leq z \leq \psi(x,y),\ (x,y) \in A$

【3重積分の計算法】

$$\boxed{D : \varphi(x,y) \leq z \leq \psi(x,y),\ (x,y) \in A\ \ (A\ は2次元領域)}$$

関数 $f(x,y,z)$ が D で連続のとき

$$\boxed{\iiint_D f(x,y,z)\,dxdydz = \iint_A \left(\int_{\varphi(x,y)}^{\psi(x,y)} f(x,y,z)\,dz \right) dxdy}$$

・$\int_{\varphi(x,y)}^{\psi(x,y)} f(x,y,z)\,dz$　は $f(x,y,z)$ を <u>x,y を定数と思って</u> z について積分し
（計算結果は x,y についての2変数関数）その後 A での2重積分を計算する．

【ex.6.20】 次の積分値を求めよ．

$$\iiint_D (1+2z)\,dxdydz \qquad D: x+y+z \leq 1,\ x \geq 0,\ y \geq 0,\ z \geq 0$$

「解」 D は右図のようになり
$D: 0 \leq z \leq 1-x-y,\ 0 \leq y \leq 1-x,\ 0 \leq x \leq 1$
と表される．したがって

$$\iiint_D (1+2z)\,dxdydz = \iint_A \left(\int_0^{1-x-y}(1+2z)\,dz\right)dxdy$$

$(A: 0 \leq y \leq 1-x,\ 0 \leq x \leq 1)$

$$\int_0^{1-x-y}(1+2z)\,dz = \left[z+z^2\right]_{z=0}^{z=1-x-y}$$
$$= (1-x-y) + (1-x-y)^2$$

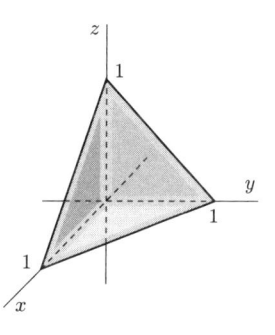

$$\iiint_D (1+2z)\,dxdydz = \int_0^1 \left(\int_0^{1-x}\{(1-x-y)+(1-x-y)^2\}\,dy\right)dx$$
$$= \int_0^1 \left[-\frac{1}{2}(1-x-y)^2 - \frac{1}{3}(1-x-y)^3\right]_{y=0}^{y=1-x}dx$$
$$= \int_0^1 \left(\frac{1}{2}(1-x)^2 + \frac{1}{3}(1-x)^3\right)dx$$
$$= \left[-\frac{1}{6}(1-x)^3 - \frac{1}{12}(1-x)^4\right]_0^1$$
$$= \frac{1}{6} + \frac{1}{12} = \frac{1}{4}$$

【問題 6.19】(BC) 次の3重積分の値を求めよ．

(1) $\iiint_D (x+z)\,dxdydz \qquad D: 0 \leq z \leq 1,\ 0 \leq y \leq 2,\ -1 \leq x \leq 1$

(2) $\iiint_D z\,dxdydz \qquad D: 0 \leq z \leq xy,\ 0 \leq y \leq x,\ 0 \leq x \leq 1$

(3) $\iiint_D (xy+z)\,dxdydz \qquad D: 0 \leq z \leq x^2+y^2,\ x^2+y^2 \leq 1$

(4) $\iiint_D (x+z)\,dxdydz \qquad D: x^2+y^2+z^2 \leq 1,\ z \geq 0$

6.11 3重積分 II（変数変換）

uvw 空間の領域 Ω について $\quad T: \begin{cases} x = x(u,v,w) \\ y = y(u,v,w) \\ z = z(u,v,w) \end{cases} \quad (u,v,w) \in \Omega$

は (u,v,w) から (x,y,z) に変数を変え，領域をうつす操作である．この T を「変換」（変数変換）という．この変換による xyz 空間の領域を D とする．

《1対1変換》 　変換 T により，D の1点に対し Ω の1点のみが対応するとき，T を「1対1変換」という．

《変換のヤコビアン》 　変換 T に対し，行列式 $\begin{vmatrix} x_u & x_v & x_w \\ y_u & y_v & y_w \\ z_u & z_v & z_w \end{vmatrix}$ を変換 T の「ヤコビアン」といい，J, $J(u,v,w)$, $\dfrac{\partial(x,y,z)}{\partial(u,v,w)}$ という記号で表す．

$$J = J(u,v,w) = \frac{\partial(x,y,z)}{\partial(u,v,w)} = \begin{vmatrix} x_u & x_v & x_w \\ y_u & y_v & y_w \\ z_u & z_v & z_w \end{vmatrix}$$

【極座標変換（3次元）】（球座標変換）

$$\begin{cases} x = r\sin\theta\cos\varphi \\ y = r\sin\theta\sin\varphi \\ z = r\cos\theta \end{cases} \quad (r \geqq 0,\ 0 \leqq \theta \leqq \pi,\ 0 \leqq \varphi < 2\pi)$$

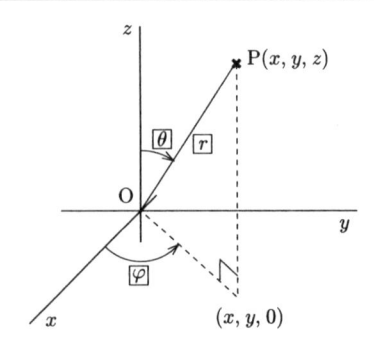

【定理 6.13】 3次元極座標変換の性質
(1) ヤコビアン $J = r^2 \sin\theta$
(2) z 軸を除く領域で 1 対 1 である.
(3) $r = \sqrt{x^2 + y^2 + z^2}$, $\tan\theta = \dfrac{\sqrt{x^2 + y^2}}{z}$, $\tan\varphi = \dfrac{y}{x}$

【ex.6.21】

$x^2 + y^2 + z^2 \leqq a^2 \ (a > 0)$ 　　$0 \leqq r \leqq a,\ 0 \leqq \theta \leqq \pi,\ 0 \leqq \varphi < 2\pi$

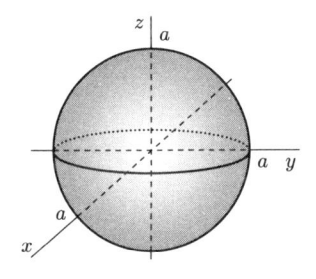

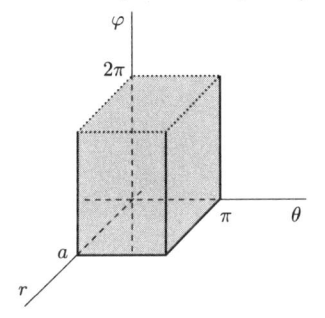

$x^2 + y^2 + z^2 \leqq 1,\ z \geqq 0$ 　　$0 \leqq r \leqq 1,\ 0 \leqq \theta \leqq \dfrac{\pi}{2},\ 0 \leqq \varphi < 2\pi$

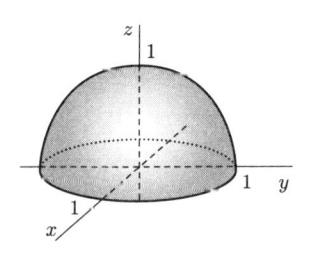

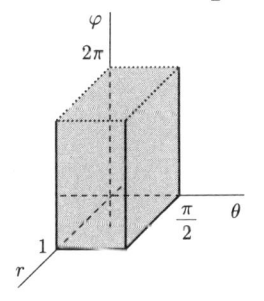

$\begin{cases} x^2 + y^2 + z^2 \leqq 4 \\ x \geqq 0,\ y \geqq 0,\ z \geqq 0 \end{cases}$ 　　$0 \leqq r \leqq 2,\ 0 \leqq \theta \leqq \dfrac{\pi}{2},\ 0 \leqq \varphi \leqq \dfrac{\pi}{2}$

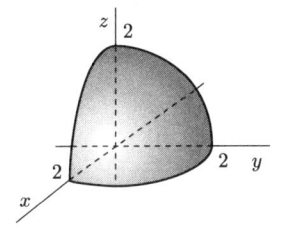

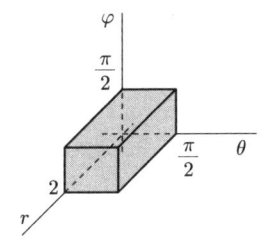

【3重積分の変数変換】(【定理 6.14】)

変換：$\begin{cases} x = x(u,v,w) \\ y = y(u,v.w) \\ z = z(u,v.w) \end{cases}$ により xyz 空間の有界閉領域 D と uvw 空間の

有界閉領域 Ω が 1 対 1 に対応するとき

$$\iiint_D f(x,y,z)\,dxdydz = \iiint_\Omega f\bigl(x(u,v,w), y(u,v,w), z(u,v,w)\bigr)\,|J(u,v,w)|\,dudvdw$$

（＊） 1 対 1 対応でない点の集合の体積が 0 ならば，上の式を利用できる．

$\boxed{\text{3次元極座標変換の場合}}$

$$\boxed{\iiint_D f(x,y,z)\,dxdydz = \iiint_\Omega f(r\sin\theta\cos\varphi, r\sin\theta\sin\varphi, r\cos\theta)\,r^2\sin\theta\,drd\theta d\varphi}$$

【ex.6.22】 極座標変換を利用して次の積分の値を求めよ．

$$\iiint_D z\,dxdydz \qquad D : x^2 + y^2 + z^2 \leq 4,\ z \geq 0$$

＊ 直方体領域で被積分関数が変数分離の形 ならば【定理 6.7】と同様のことが成り立つ．

「解」 領域：$x^2 + y^2 + z^2 \leq 4,\ z \geq 0$ を極座標で表すと

$\Omega : 0 \leq r \leq 2,\ 0 \leq \theta \leq \dfrac{\pi}{2},\ 0 \leq \varphi \leq 2\pi$ （直方体領域）

（Ω の境界を除く内部で 1 対 1 対応，ヤコビアン $J = r^2 \sin\theta$）

$$\begin{aligned}
\iiint_D z\,dxdydz &= \iiint_\Omega r\cos\theta \cdot r^2\sin\theta\,drd\theta d\varphi = \iiint_\Omega r^3 \sin\theta\cos\theta\,drd\theta d\varphi \\
&= \left(\int_0^2 r^3\,dr\right)\left(\int_0^{\pi/2} \sin\theta\cos\theta\,d\theta\right)\left(\int_0^{2\pi} 1\,d\varphi\right) \\
&= \left[\frac{1}{4}r^4\right]_0^2 \cdot \left[\frac{1}{2}\sin^2\theta\right]_0^{\pi/2} \cdot 2\pi \\
&= 4 \cdot \frac{1}{2} \cdot 2\pi \\
&= 4\pi
\end{aligned}$$

【問題 6.20】(C)　極座標変換を利用して次の3重積分の値を求めよ．

(1) $\iiint_D (x^2 + y^2 + z^2)\,dxdydz \quad D : x^2 + y^2 + z^2 \leqq 1$

(2) $\iiint_D x\,dxdydz \quad D : x^2 + y^2 + z^2 \leqq 1,\ x \geqq 0,\ y \geqq 0,\ z \geqq 0$

(3) $\iiint_D x^2\,dxdydz \quad D : 1 \leqq x^2 + y^2 + z^2 \leqq 4$

(4) $\iiint_D \dfrac{1}{\sqrt{x^2 + y^2 + z^2}}\,dxdydz \quad D : 1 \leqq x^2 + y^2 + z^2 \leqq 4,\ y \geqq 0,\ z \geqq 0$

6.12　類題／発展／応用　＊類題の番号は問題の番号に対応している．

[類題 6.1] (B)　次の領域を図示せよ．

(1) $D : 1 \leqq y \leqq 3,\ -1 \leqq x \leqq 2$ 　　(2) $D : \log x \leqq y \leqq \sqrt{x},\ 1 \leqq x \leqq 2$

(3) $D : |y| \leqq x^2,\ |x| \leqq 1$ 　　(4) $D : 0 \leqq y \leqq x^3 \leqq 1$

(5) $D : (x-1)^2 + y^2 \leqq 4$ 　　(6) $D : \dfrac{x^2}{3} + \dfrac{y^2}{4} \leqq 1$

[類題 6.2] (B)　次の領域（境界含む）を縦線型領域として不等式で表せ．

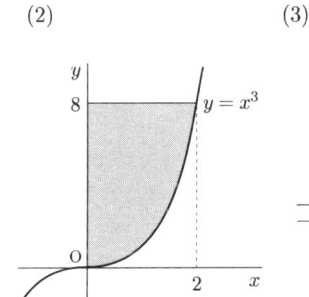

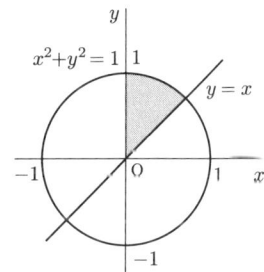

(1)　　　　　　　　　(2)　　　　　　　　　(3)

[類題 6.3] (B)　次の領域を図示し，縦線型領域として不等式で表せ．

(1) 単位円板領域で y 軸より左側の領域（境界含む）

(2) $D : 0 \leqq \sqrt{x} \leqq y \leqq 1$

[類題 6.4] (B)　次の領域（境界含む）を横線型領域として不等式で表せ．
(1)　　　　　　　　　(2)　　　　　　　　　(3)

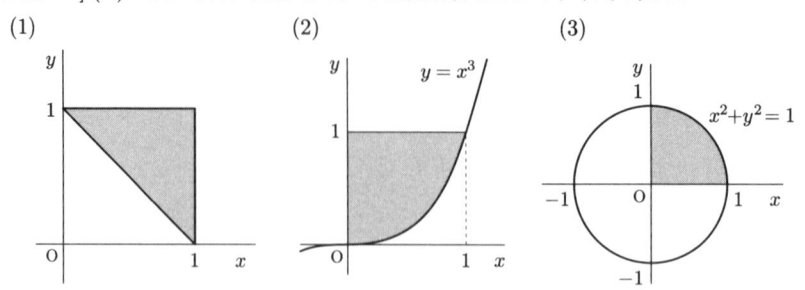

[類題 6.5] (B)　次の領域を図示し，横線型領域として不等式で表せ．
(1) 単位円板領域で x 軸より下側の領域（境界含む）
(2) $D : 0 \leqq \sqrt{x} \leqq y \leqq 1$

[類題 6.6] (B)　次の縦線型領域を横線型領域として不等式で表せ．
(1) $D : 0 \leqq y \leqq x^2,\ 0 \leqq x \leqq 1$　　(2) $D : x \leqq y \leqq \sqrt{x},\ 0 \leqq x \leqq 1$
(3) $D : x+1 \leqq y \leqq 1-x^2,\ -1 \leqq x \leqq 0$

[類題 6.7] (B)　次の横線型領域を縦線型領域として不等式で表せ．
(1) $D : 0 \leqq x \leqq y^2,\ 0 \leqq y \leqq 1$　　(2) $D : y \leqq x \leqq \sqrt{y},\ 0 \leqq y \leqq 1$
(3) $D : 0 \leqq x \leqq \log y,\ 1 \leqq y \leqq e^2$

[類題 6.8] (B)　次の式の積分領域を図示し，積分の値を求めよ．
(1) $\iint_D (x-y)\,dxdy$　　$D : 1 \leqq y \leqq 3,\ -1 \leqq x \leqq 1$
(2) $\iint_D x^2 y^3\,dxdy$　　$D : 0 \leqq y \leqq \sqrt{x},\ 0 \leqq x \leqq 1$
(3) $\iint_D y^2\,dxdy$　　$D : |y| \leqq x^2,\ |x| \leqq 1$
(4) $\iint_D (y^2 - y^3)\,dxdy$　　$D : \sqrt{x} \leqq y \leqq 2\sqrt{x},\ 0 \leqq x \leqq 1$
(5) $\iint_D (x+y)\,dxdy$　　$D : \sqrt{1-x^2} \leqq y \leqq 1,\ 0 \leqq x \leqq 1$
(6) $\iint_D x\,dxdy$　　$D : y = x^2\ (x \geqq 0),\ y = 2x^2\ (x \geqq 0),\ y = 4$ で囲まれる領域
（境界含む）

[類題 6.9] (B)　次の式の積分領域を図示し，積分の値を求めよ．

(1) $\iint_D (x-y)\,dxdy$　　　$D: -1 \leqq x \leqq 1,\ 1 \leqq y \leqq 3$

(2) $\iint_D y^2\,dxdy$　　　$D: 0 \leqq x \leqq \sqrt{y},\ 0 \leqq y \leqq 1$

(3) $\iint_D x^2\,dxdy$　　　$D: |x| \leqq y^2,\ |y| \leqq 1$

(4) $\iint_D (x+2y)\,dxdy$　　　$D: \sqrt{1-y^2} \leqq x \leqq 1,\ 0 \leqq y \leqq 1$

(5) $\iint_D xy\,dxdy$　　　D：単位円の内部および周のうち第 1 象限の部分（境界含む）

(6) $\iint_D x\,dxdy$　　　$D: x^2+y^2 \leqq 1,\ 0 \leqq x \leqq y$

[類題 6.10] (B)　次の積分の順序交換をせよ．

(1) $\int_0^{1/2} \left(\int_0^{1-2x} f(x,y)\,dy \right) dx$　　(2) $\int_{-1}^{0} \left(\int_{x+1}^{1-x^2} f(x,y)\,dy \right) dx$

(3) $\int_0^1 \left(\int_{y^2}^{\sqrt{y}} f(x,y)\,dx \right) dy$　　(4) $\int_0^1 \left(\int_{\sqrt{y}}^{2\sqrt{y}} f(x,y)\,dx \right) dy$

[類題 6.11] (BC)　次の積分を順序交換して値を求めよ：$\int_0^{\sqrt{\pi/2}} \left(\int_x^{\sqrt{\pi/2}} \cos(y^2)\,dy \right) dx$

[類題 6.12] (A)　次の変換のヤコビアンを計算せよ．

(1) 変換：$\begin{cases} x = u+v \\ y = 3u \end{cases}$　　(2) 変換：$\begin{cases} x = e^u(u+v) \\ y = e^u(u-v) \end{cases}$

(3) 変換：$\begin{cases} x = e^u \cos v \\ y = e^u \sin v \end{cases}$

[類題 6.13] (B)　次の領域を極座標で表せ．

(1) $D: x^2+y^2 \leqq 3$　　(2) $D: x^2+y^2 \leqq 4,\ y \geqq |x|$

(3) $D: 1 \leqq x^2+y^2 \leqq 9,\ y \geqq x$　　(4) $D: x^2+y^2 \leqq y,\ x \geqq 0$

[類題 6.14] (BC)　変数変換を利用して次の 2 重積分の値を求めよ．

(1) $\iint_D x\,dxdy$　　$D: \dfrac{x}{2} \leqq y \leqq 2x,\ x+y \leqq 3$，変換：$\begin{cases} x = u+2v \\ y = 2u+v \end{cases}$

(2) $\iint_D y\,dxdy$　　$D: 2 \leqq x-y \leqq 3,\ 1 \leqq y \leqq 2$，変換：$\begin{cases} x = u+v+1 \\ y = v+1 \end{cases}$

[類題 6.15] (BC)　極座標変換を利用して次の2重積分の値を求めよ.

(1) $\iint_{x^2+y^2 \leq 2} y\, dxdy$ 　　(2) $\iint_{1 \leq x^2+y^2 \leq 4} \dfrac{1}{(x^2+y^2)^{3/2}}\, dxdy$

(3) $\iint_D xy\, dxdy$ 　　$D : x^2+y^2 \leq 1,\, x \geq 0,\, y \leq 0$

(4) $\iint_D e^{x^2+y^2}\, dxdy$ 　　$D : x^2+y^2 \leq 1,\, y \geq |x|$

(5) $\iint_D \dfrac{x}{\sqrt{x^2+y^2}}\, dxdy$ 　　$D : 1 \leq x^2+y^2 \leq 9,\, 0 \leq y \leq -x$

(6) $\iint_D y\, dxdy$ 　　$D : x^2+(y-1)^2 \leq 1,\, x \geq 0$

(7) $\iint_D y\, dxdy$ 　　$D : \dfrac{x^2}{4} + \dfrac{(y-3)^2}{9} \leq 1$

[類題 6.16] (B)　次の領域の体積を求めよ.

(1) 曲面 $z = e^x + e^y$ 　($D : 0 \leq y \leq 1-x,\, 0 \leq x \leq 1$)　と xy 平面上の領域 D にはさまれた直柱領域

(2) 放物面 $z = x^2+y^2$ と平面 $z = 1$ で囲まれる領域 ($0 \leq z \leq 1$)

[類題 6.17] (BC)　次の曲面の曲面積を求めよ.

(1) 平面 $z = 2x + 3y + 1$ で $0 \leq y \leq x \leq 1$ となる部分

(2) 球面 $x^2+y^2+z^2 = 2$ のうち放物面 $z = x^2+y^2$ の内側の部分 ($z \geq x^2+y^2$)

[類題 6.18] (B)　次の領域の重心を求めよ. ただし, 密度一様とする.

(1) 領域 $D : x^2 \leq y \leq x+2,\, -1 \leq x \leq 2$

(2) 四半円板 $D : 0 \leq y \leq \sqrt{1-x^2},\, 0 \leq x \leq 1$

[類題 6.19] (BC)　次の3重積分の値を求めよ.

(1) $\iiint_D yz^2 e^x\, dxdydz$ 　　$D : 0 \leq z \leq 3,\, 0 \leq y \leq 2,\, 0 \leq x \leq 1$

(2) $\iiint_D xy\, dxdydz$ 　　$D : 0 \leq z \leq x^2+y^2,\, 0 \leq y \leq x,\, 0 \leq x \leq 1$

(3) $\iiint_D z\, dxdydz$ 　　$D : x^2+y^2+z^2 \leq 1,\, z \geq 0,\, y \geq 0$

[類題 6.20] (C)　極座標変換を利用して次の3重積分の値を求めよ.

(1) $\iiint_D \sqrt{x^2+y^2+z^2}\, dxdydz$ 　　$D : x^2+y^2+z^2 \leq 4$

(2) $\iiint_D xy\, dxdydz$ 　　$D : x^2+y^2+z^2 \leq 1,\, x \geq 0,\, y \geq 0,\, z \geq 0$

(3) $\iiint_D y\, dxdydz$ 　　$D : 1 \leq x^2+y^2+z^2 \leq 4,\, y \geq 0,\, z \geq 0$

|発展／応用／トピックス|

[6–1] (BC)　次の領域の重心を求めよ．密度は一様とする．

　(1)　三角錐体：$D : 2x + 2y + z \leq 2,\ x \geq 0,\ y \geq 0,\ z \geq 0$
　(2)　円錐体：$D : z + \sqrt{x^2 + y^2} \leq 1,\ z \geq 0$
　(3)　半球体：$D : x^2 + y^2 + z^2 \leq 1,\ z \geq 0$

（∗）3次元領域の重心

　　一様密度の 領域 D の重心 を $(\overline{x}, \overline{y}, \overline{z})$ とすると

$$\overline{x} = \frac{1}{M} \iiint_D x\, dxdydz\ ,\quad \overline{y} = \frac{1}{M} \iiint_D y\, dxdydz\ ,\quad \overline{z} = \frac{1}{M} \iiint_D z\, dxdydz$$

　　ここで $M = \iiint_D 1\, dxdydz =$「$D$ の体積」

[6–2] (BC)　球体 $V : x^2 + y^2 + z^2 \leq 1$ に一様に電荷が分布していて，電荷密度を α（定数）とする．このとき，点 $(0, 0, 2)$ での電位（ポテンシャル）U は

$$U = \iiint_V \frac{\alpha}{\rho}\, dxdydz \quad \left(\rho = \sqrt{x^2 + y^2 + (z-2)^2}\right)$$

である．U の値を求めよ．

　（∗）点 (a, b, c) での電位は $U = \iiint_V \dfrac{\alpha}{\rho}\, dxdydz\ \left(\rho = \sqrt{(x-a)^2 + (y-b)^2 + (z-c)^2}\right)$

[6–3] (A)　流体の密度 $\rho = 1$，流体の速度 $\boldsymbol{v} = (1, 2, 3)$ のとき，単位時間に xy 平面上の単位円板 $S : x^2 + y^2 \leq 1$ を通る流体の質量 m は

$$m = \iint_S \rho\, \boldsymbol{v} \cdot (0, 0, 1)\, dxdy$$

（$\boldsymbol{v} \cdot (0, 0, 1)$ の $\cdot$ は内積）である．m の値を求めよ．

　（∗）一般には面積分を用いて表される．

[6–4] (B)　インプットした平面上の点を機械に指定させたとき，x, y についての誤差を (x, y) と表す．(x, y) が2次元標準正規分布にしたがうとき $x^2 + y^2 \leq 1$（誤差距離が1以下）の確率は

$$P(x^2 + y^2 \leq 1) = \frac{1}{2\pi} \iint_D \exp\left(-\frac{x^2 + y^2}{2}\right) dxdy \quad (D : x^2 + y^2 \leq 1)$$

である．この確率を計算せよ．

[6–5] (B)　互いに独立な精密機器製品 A, B の故障時間間隔 X, Y がともに平均1年の指数分布にしたがうとき，$X+Y \leq 1$（あわせて1年以内）となる確率は次式で与えられる：
$$P(X+Y \leq 1) = \iint_D \exp(-x-y)\,dxdy \quad (x+y \leq 1,\ x \geq 0,\ y \geq 0)$$
この確率を計算せよ．

[6–6] (C)　次の方法で $\int_0^\infty e^{-x^2}dx = \dfrac{\sqrt{\pi}}{2}$, $\int_{-\infty}^\infty e^{-x^2/2}dx = \sqrt{2\pi}$ を示せ．

(1)　$D_R : 0 \leq x \leq R,\ 0 \leq y \leq R \quad A_R : x^2+y^2 \leq R,\ x \geq 0,\ y \geq 0$
（ここで $R > 0$）とおくとき，次を示せ．
$$\iint_{A_R} e^{-x^2-y^2}\,dxdy < \iint_{D_R} e^{-x^2-y^2}\,dxdy < \iint_{A_{\sqrt{2}R}} e^{-x^2-y^2}\,dxdy$$

(2)　$\iint_{D_R} e^{-x^2-y^2}\,dxdy = \left(\int_0^R e^{-x^2}\,dx\right)^2$ を示せ．

(3)　$\iint_{A_R} e^{-x^2-y^2}\,dxdy$ を計算せよ．

(4)　$R \to \infty$ とすることで $\int_0^\infty e^{-x^2}dx = \dfrac{\sqrt{\pi}}{2}$ を示せ．

(5)　$\int_{-\infty}^\infty e^{-x^2/2}dx = \sqrt{2\pi}$ を示せ．

付録A　　各章補足

A.1　1章補足

補足 1.1（数列の極限について）

【定理 1.15】（数列の極限の性質）　　（$\lim_{n\to\infty} a_n = \alpha$, $\lim_{n\to\infty} b_n = \beta$ とする）

(1) $\lim_{n\to\infty} c a_n = c \lim_{n\to\infty} a_n = c\alpha$　　（c は定数）

(2) $\lim_{n\to\infty}(a_n \pm b_n) = \lim_{n\to\infty} a_n \pm \lim_{n\to\infty} b_n = \alpha \pm \beta$　　（複号同順）

(3) $\lim_{n\to\infty}(a_n b_n) = \lim_{n\to\infty} a_n \lim_{n\to\infty} b_n = \alpha\beta$

(4) $\lim_{n\to\infty} \dfrac{a_n}{b_n} = \dfrac{\lim_{n\to\infty} a_n}{\lim_{n\to\infty} b_n} = \dfrac{\alpha}{\beta}$　　（$\lim_{n\to\infty} b_n \neq 0$）

(5) 有限項を除いて $a_n \leqq b_n$ ならば　$\lim_{n\to\infty} a_n \leqq \lim_{n\to\infty} b_n$

(6) 有限項を除いて $x_n \leqq a_n \leqq y_n$ かつ $\lim_{n\to\infty} x_n = \lim_{n\to\infty} y_n = \alpha$
ならば　$\lim_{n\to\infty} a_n = \alpha$　　（はさみうちの原理）

《単調数列》　　$a_1 < a_2 < \cdots < a_n < \cdots$ のとき $\{a_n\}$ は「単調増加数列」という．

$a_1 > a_2 > \cdots > a_n > \cdots$ のとき $\{a_n\}$ は「単調減少数列」という．

「単調増加数列／単調減少数列」をあわせて「単調数列」という．

《有界数列》　　「すべての n について $m \leqq a_n \leqq M$」となる定数 m, M が存在するとき，数列 $\{a_n\}$ は「有界である」という．

ex.　$a_n = \dfrac{(-1)^{n-1}}{n}$ は有界数列．　（$-1/2 \leqq a_n \leqq 1$）

【定理 1.16】　数列 $\{a_n\}$ が単調かつ有界ならば $\{a_n\}$ は収束する．

【定理 1.17】　収束する数列は有界である．

【定理 1.18】（関数の極限との関係）　$\lim_{x\to\infty} f(x) = \alpha$　ならば　$\lim_{n\to\infty} f(n) = \alpha$

【定理 1.19】　関数 $f(x)$ が $x = \alpha$ で連続で，$\lim_{n\to\infty} a_n = \alpha$ のとき　$\lim_{n\to\infty} f(a_n) = f(\alpha)$

補足 1.2 (偶関数, 奇関数)

関数 $y = f(x)$ が $\boxed{f(-x) = f(x)}$ をみたすとき $f(x)$ を「偶関数」,
$\boxed{f(-x) = -f(x)}$ をみたすとき $f(x)$ を「奇関数」という.

偶関数のグラフは y 軸について対称, 奇関数のグラフは原点について対称である.

- ex. 偶関数の例　　$y = x^n$ (n は偶数), $y = \cos x$, $y = |x|$, $y = \cosh x$ など
- ex. 奇関数の例　　$y = x^n$ (n は奇数), $y = \sin x$, $y = \tan x$, $y = \sinh x$ など

(∗)　(奇関数) × (偶関数) は「奇関数」
　　　(奇関数) × (奇関数), (偶関数) × (偶関数) は「偶関数」

A.2　2章補足

補足 2.1 (曲線表示)

(Type 1)　曲線 $y = f(x)$

関数 $y = f(x)$ のグラフ. 曲線 $x = g(y)$ も同様.

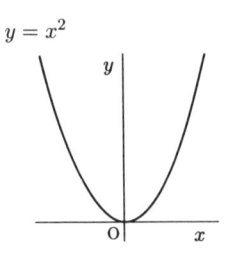

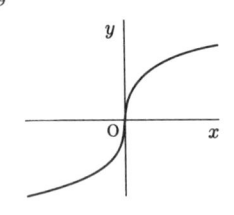

- ex.　$y = x^2$　　　　　　　　　　$x = y^3$

(Type 2)　曲線 $x = x(t), y = y(t)$　(パラメータ表示)

t の変化によって点 (x, y) の軌跡が表す曲線.

- ex. (アステロイド)
  $x = \cos^3 t, y = \sin^3 t$ $(0 \leqq t \leqq 2\pi)$

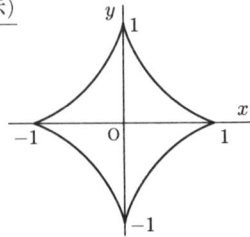

(Type 3)　曲線 $r = r(\theta)$　　（極表示）

偏角 θ のとき，原点からの距離 r によって
点 (x, y) を定め，その点の軌跡が表す曲線．

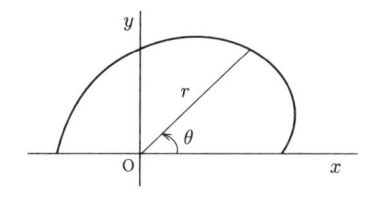

曲線 $r = r(\theta)$ は 曲線 $x = r(\theta)\cos\theta,\ y = r(\theta)\sin\theta$ とパラメータ表示できる．
r は負の値を考えることもあり，$r < 0$ のときはパラメータ表示で考えればよい．

ex.　$r = \dfrac{\ell}{1 + \varepsilon\cos\theta}$ 　　$(\ell > 0,\ \varepsilon \geqq 0 :定数)$

＊　これは 2 次曲線の表現であり，ε を「離心率」という．

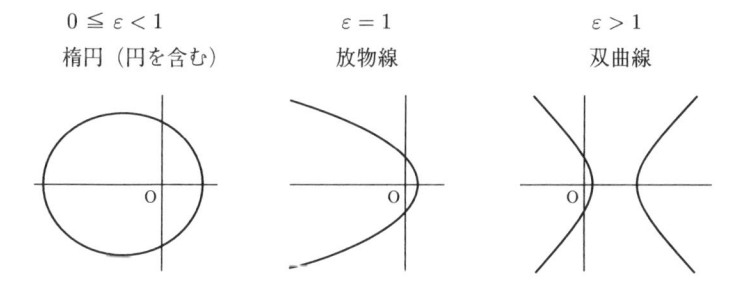

$0 \leqq \varepsilon < 1$	$\varepsilon = 1$	$\varepsilon > 1$
楕円（円を含む）	放物線	双曲線

(Type 4)　曲線 $f(x, y) = 0$

関係式 $f(x, y) = 0$ をみたす点 (x, y) の集合としての曲線．

ex.　（デカルトの正葉線）　　$x^3 + y^3 - 3xy = 0$

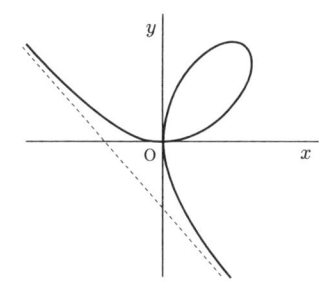

補足 2.2 (曲率)

曲線 C の曲がる度合いを考える．円を考えれば半径が大きい方が曲がる度合いは小さく（ゆるやか），半径が小さければ曲がる度合いが大きい（急）．

したがって曲線の各点の近傍で，（第1次，第2次微分係数が一致するように）曲線を円で近似し半径の逆数を曲がる度合いとして採用する．近似した円を「曲率円」，その半径を「曲率半径」，曲率半径の逆数を「曲率」という．

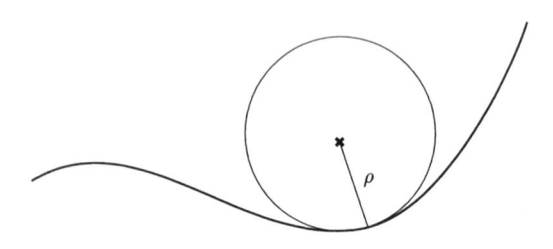

【曲率の公式】　κ：曲率　　$\rho = \dfrac{1}{\kappa}$：曲率半径

(1) 曲線 $y = f(x)$ の場合　　$\kappa = \dfrac{|f''(x)|}{\{1+(f'(x))^2\}^{3/2}}$

(2) 曲線 $x = x(t)$, $y = y(t)$ の場合　　$\kappa = \dfrac{|x'(t)y''(t) - x''(t)y'(t)|}{\{(x'(t))^2 + (y'(t))^2\}^{3/2}}$

(*) 曲率半径は「線路のカーブ」「サーキットのコーナー」の曲がる度合いの指標として利用されている．

補足 2.3 (平均値の定理，ロピタルの定理の証明について)

【ロル (Rolle) の定理】

関数 $f(x)$ が $[a,b]$ で連続，(a,b) で微分可能，$f(a) = f(b)$ のとき，$f'(c) = 0$ となる点 c $(a < c < b)$ が存在する．

(証)　$f(x)$ が $[a,b]$ で一定のときは明らか．一定でないときを考える．

定理 1.14 より $f(x)$ は $[a,b]$ で最大値，最小値をもち，$f(a) = f(b)$ より (a,b) のある点 c で最大または最小となる．点 c で最大とする（最小のときも同様の議論）．

$$x > c \text{ で } \frac{f(x)-f(c)}{x-c} < 0 \text{ となり } \lim_{x \to c+0} \frac{f(x)-f(c)}{x-c} \leq 0$$

$$x < c \text{ で } \frac{f(x)-f(c)}{x-c} > 0 \text{ となり } \lim_{x \to c-0} \frac{f(x)-f(c)}{x-c} \geq 0$$

微分可能性より $f'(c)$ が存在し，$f'(c) \leq 0$ かつ $f'(c) \geq 0$ より　$f'(c) = 0$

【コーシーの平均値の定理】

関数 $f(x), g(x)$ が $[a,b]$ で連続，(a,b) で微分可能とし，(a,b) で $g'(x) \neq 0$ とする．このとき
$$\frac{f(b)-f(a)}{g(b)-g(a)} = \frac{f'(c)}{g'(c)}$$
となる点 c $(a < c < b)$ が存在する．

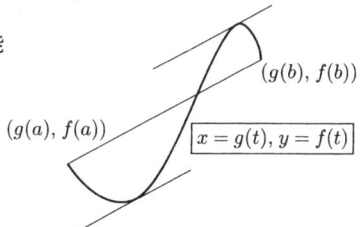

(証)　まず，$g'(x) \neq 0$ とロルの定理より $g(a) \neq g(b)$ である．$\dfrac{f(b)-f(a)}{g(b)-g(a)} = k$ とおき，
$$F(x) = f(x) - f(a) - k(g(x) - g(a)) \quad (a \leqq x \leqq b)$$
を考える．このとき $F(a) = F(b)$ で，ロルの定理より $F'(c) = f'(c) - kg'(c) = 0$ となる点 c $(a < c < b)$ が存在する．この c について $\dfrac{f(b)-f(a)}{g(b)-g(a)} = \dfrac{f'(c)}{g'(c)}$ となる．

【ラグランジュの平均値の定理】

関数 $f(x)$ が $[a,b]$ で連続，(a,b) で微分可能のとき $\dfrac{f(b)-f(a)}{b-a} = f'(c)$ となる点 c $(a < c < b)$ が存在する．

(＊)　コーシーの平均値の定理で $g(x) = x$ の場合である．

【ロピタルの定理 (定理 2.8)，$\dfrac{0}{0}$ 型の証明】($\dfrac{\infty}{\infty}$ 型の場合は文献 [13] 参照．)

$x = a$ での値を変えても極限値に影響しないから $f(a) = g(a) = 0$ としておく．

コーシーの平均値の定理より，点 a に近い各点 $x \ (> a)$ について
$$\frac{f(x)}{g(x)} = \frac{f(x)-f(a)}{g(x)-g(a)} = \frac{f'(c)}{g'(c)}$$
となる c $(a < c < x)$ が存在し，$x \to a+0$ のとき $c \to a+0$ となるから
$$\lim_{x \to a+0} \frac{f(x)}{g(x)} = \lim_{x \to a+0} \frac{f'(c)}{g'(c)} = \ell$$

$x < a$ のときも同様に $\displaystyle\lim_{x \to a-0} \frac{f(x)}{g(x)} = \ell$，したがって $\displaystyle\lim_{x \to a} \frac{f(x)}{g(x)} = \ell$

補足 2.4 (【ex.2.20】について)

【ex.2.14】より $f^{(n)}(0)$ を求めて

$$f(0) + f'(0)x + \frac{f''(0)}{2!}x^2 + \cdots + \frac{f^{(n)}(0)}{n!}x^n$$

に代入すれば,【ex.2.20】の形が現れる. 以下, $f^{(n)}(0)$ または係数の計算.

(1) $f(x) = e^x$ とおくと $f^{(n)}(x) = e^x$, $f^{(n)}(0) = 1$

(2) $f(x) = \sin x$ とおくと $f^{(n)}(x) = \sin\left(x + \frac{n\pi}{2}\right)$, $f^{(n)}(0) = \sin\left(\frac{n\pi}{2}\right)$

$n = 2m$ (偶数) のとき $f^{(n)}(0) = \sin m\pi = 0$

$n = 2m+1$ (奇数) のとき $f^{(n)}(0) = \sin\left(m\pi + \frac{\pi}{2}\right) = \cos m\pi = (-1)^m$

(3) $f(x) = \cos x$ とおくと $f^{(n)}(x) = \cos\left(x + \frac{n\pi}{2}\right)$, $f^{(n)}(0) = \cos\left(\frac{n\pi}{2}\right)$

$n = 2m$ (偶数) のとき $f^{(n)}(0) = \cos m\pi = (-1)^m$

$n = 2m+1$ (奇数) のとき $f^{(n)}(0) = \cos\left(m\pi + \frac{\pi}{2}\right) = -\sin m\pi = 0$

(4) $f(x) = \log(1+x)$ とおくと $f^{(n)}(x) = \frac{(-1)^{n-1}(n-1)!}{(1+x)^n}$,

$f^{(n)}(0) = (-1)^{n-1}(n-1)!$, $\frac{f^{(n)}(0)}{n!}x^n = \frac{(-1)^{n-1}(n-1)!}{n!}x^n = \frac{(-1)^{n-1}}{n}x^n$

(5) $f(x) = (1+x)^\alpha$ とおくと $f^{(n)}(x) = n!\binom{\alpha}{n}(1+x)^{\alpha-n}$, $f^{(n)}(0) = n!\binom{\alpha}{n}$

A.3　3章補足

補足 3.1　置換積分法での変換の例

$f(x)$ は1変数関数, $R(x)$ は1変数有理関数, $R(x,y)$ は2変数有理関数.

- $\int f(ax+b)\,dx$ $(a \neq 0)$ の場合　　$ax + b = t$ とおく.

- $\int f(g(x))g'(x)\,dx$ の場合　　$g(x) = t$ とおく.

- $\int R(\sqrt{ax+b})\,dx$ $(a \neq 0)$ の場合　　$\sqrt{ax+b} = t$ とおく.

- $\int R(\cos^2 x, \sin^2 x)\,dx$ の場合　　$\tan x = t$ とおく.

$$\cos^2 x = \frac{1}{1+t^2}, \quad \sin^2 x = \frac{t^2}{1+t^2}, \quad dx = \frac{1}{1+t^2}\,dt$$

- $\int R(\cos x, \sin x)\,dx$ の場合 $\tan\dfrac{x}{2}=t$ とおく.
  $$\cos x = \frac{1-t^2}{1+t^2}, \qquad \sin x = \frac{2t}{1+t^2}, \qquad dx = \frac{2}{1+t^2}\,dt$$
- $\int R(x,\sqrt{x^2+\alpha})\,dx$ の場合 $x+\sqrt{x^2+\alpha}=t$ とおく.
  $$x=\frac{t^2-\alpha}{2t}, \qquad \sqrt{x^2+\alpha}=\frac{t^2+\alpha}{2t}, \qquad dx=\frac{t^2+\alpha}{2t^2}\,dt$$
- $\int R(x,\sqrt{a^2-x^2})\,dx\ (a>0)$ の場合 $x=a\sin t$ とおく.
- $\int R(x,\sqrt{a^2+x^2})\,dx\ (a>0)$ の場合 $x=a\tan t$ とおく.
- $\int R(x,\sqrt{x^2-a^2})\,dx\ (a>0)$ の場合 $x=\dfrac{a}{\cos t}$ とおく.
- $\int R(e^x)\,dx$ の場合 $e^x=t$ とおく.

補足 3.2　部分分数分解 (一般の場合)

分母の因数は次の 2 タイプ：

「Type1」　$(x-a)^k$　(k は自然数)

「Type2」　$(x^2+bx+c)^\ell$　(ℓ は自然数, $b^2-4c<0$)

分母の因数に応じて分解するときの項を考える：

「Type1」　$\boxed{\dfrac{A_1}{x-a}+\dfrac{A_2}{(x-a)^2}+\cdots+\dfrac{A_k}{(x-a)^k}}$　(分子は定数)

「Type2」　$\boxed{\dfrac{S_1 x+T_1}{x^2+bx+c}+\dfrac{S_2 x+T_2}{(x^2+bx+c)^2}+\cdots+\dfrac{S_\ell x+T_\ell}{(x^2+bx+c)^\ell}}$　(分子は 1 次以下)

こうした式の和の形に分解できる．分解後の積分計算については

(I) $\displaystyle\int\frac{1}{(x-a)^m}\,dx$　(II) $\displaystyle\int\frac{Sx+T}{(x^2+bx+c)^m}\,dx$　(m は自然数, S,T は定数)

が計算できればよい．(I) は **3.7** と同様．(II) も途中までは同様で，$\displaystyle\int\frac{t}{(t^2+\beta^2)^m}\,dt$，$\displaystyle\int\frac{1}{(t^2+\beta^2)^m}\,dt$ の形の積分が現れる．前者は **3.7** と同様だが後者は漸化式を利用する：

$I_n=\displaystyle\int\frac{1}{(t^2+\beta^2)^n}\,dt$ とおくと $I_{n+1}=\dfrac{1}{\beta^2}\left\{\dfrac{t}{2n(t^2+\beta^2)^n}+\dfrac{2n-1}{2n}I_n\right\}$　(n は自然数)

A.4　4章補足

補足 4.1　定積分の応用2（回転体の曲面積，重心）

【回転体の曲面積】（側面の曲面積）

曲線 $y = f(x)$ $(\geqq 0)$，x 軸および直線 $x = a, x = b$ $(a < b)$ で囲まれた図形を x 軸の周りに1回転してできる回転体の曲面積（側面の曲面積）S は

$$\boxed{S = 2\pi \int_a^b f(x)\sqrt{1 + (f'(x))^2}\,dx}$$

【ex.4.13】　「球の曲面積（表面積）」

曲線 $y = \sqrt{R^2 - x^2}$ $(-R \leqq x \leqq R)$ と x 軸で囲まれた図形を x 軸の周りに1回転してできる回転体は，半径 R の球である．これを利用して球の曲面積（表面積）S を求めよ．

「解」　$f(x) = \sqrt{R^2 - x^2}$ とおくと

$$1 + (f'(x))^2 = 1 + \left(\frac{-2x}{2\sqrt{R^2 - x^2}}\right)^2 = 1 + \frac{x^2}{R^2 - x^2} = \frac{R^2}{R^2 - x^2}$$

$$f(x)\sqrt{1 + (f'(x))^2} = \sqrt{R^2 - x^2} \cdot \frac{R}{\sqrt{R^2 - x^2}} = R \quad \text{より，球の曲面積は}$$

$$S = 2\pi \int_{-R}^{R} R\,dx = 4\pi R^2$$

【重心】　1次元の場合

区間 $[a,b]$ が質量をもつとし（棒や針金など），点 x での密度を $f(x)$ とすると

$$\text{質量は}\quad M = \int_a^b f(x)\,dx,\quad \text{重心は}\quad \bar{x} = \frac{1}{M}\int_a^b x f(x)\,dx$$

【ex.4.14】　区間 $[0,1]$ の点 x での密度を $f(x) = x$ とする．重心を求めよ．

「解」　質量は $M = \int_0^1 x\,dx = \frac{1}{2}$

重心は $\bar{x} = \dfrac{1}{M}\int_0^1 x f(x)\,dx = \dfrac{1}{1/2}\int_0^1 x^2\,dx = \dfrac{2}{3}$

【重心】 2次元，密度一様の場合

平面上の図形 D が質量をもつとする．
 （円板，半円板，扇形など）
y 軸に平行な直線で D と重なる部分の長さを
 （各 x について） $f(x)$ $(a \leq x \leq b)$ とし，
x 軸に平行な直線で D と重なる部分の長さを
 （各 y について） $g(y)$ $(c \leq y \leq d)$ とする．

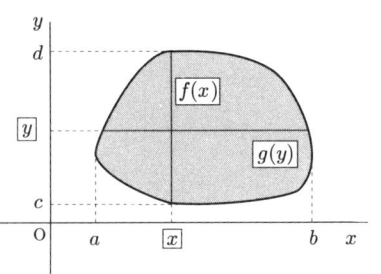

このとき D の重心 $(\overline{x}, \overline{y})$ は

$$\overline{x} = \frac{\int_a^b x f(x)\, dx}{D\text{ の面積}} \quad,\quad \overline{y} = \frac{\int_c^d y g(y)\, dy}{D\text{ の面積}}$$

また 「D の面積」$= \int_a^b f(x)\, dx = \int_c^d g(y)\, dy$ である．

【ex.4.15】 半径 R の半円板 D の重心を求めよ（密度一様とする）．
D： $y = \sqrt{R^2 - x^2}$ $(-R \leq x \leq R)$ と x 軸で囲まれた図形

「解」 y 軸と平行な直線と重なる部分の長さは $f(x) = \sqrt{R^2 - x^2}$ $(-R \leq x \leq R)$
　　　x 軸と平行な直線と重なる部分の長さは $g(y) = 2\sqrt{R^2 - y^2}$ $(0 \leq x \leq R)$
　　　D の面積は $\pi R^2 / 2$

$(-x)f(-x) = -x\sqrt{R^2 - x^2} = -xf(x)$ より

$xf(x)$ は奇関数だから $\int_{-R}^R x f(x)\, dx = 0$, $\overline{x} = 0$

$R^2 - y^2 = t$ とおいて置換積分すると

$$\int_0^R y g(y)\, dx = \int_0^R 2y\sqrt{R^2 - y^2}\, dy$$
$$= \int_0^{R^2} \sqrt{t}\, dt = \frac{2}{3}\left[t^{3/2}\right]_0^{R^2} = \frac{2R^3}{3}$$

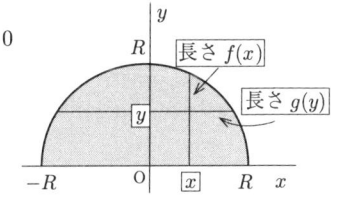

$$\overline{y} = \frac{\int_0^R y g(y)\, dy}{D\text{ の面積}} = \frac{2R^3}{3} \Big/ \frac{\pi R^2}{2} = \frac{4R}{3\pi}$$ 　したがって D の重心は $\left(0, \dfrac{4R}{3\pi}\right)$

補足 4.2 （広義積分の収束判定）

【定理 4.9】 広義積分 $\int_a^b |f(x)|\, dx$ が収束 $\implies$ 広義積分 $\int_a^b f(x)\, dx$ が収束

(∗) $\int_a^b |f(x)|\, dx$ が収束するとき，広義積分 $\int_a^b f(x)\, dx$ は「絶対収束する」という．

【広義積分の収束判定法】 $f(x) \geqq 0$ とする．

(i) $\underline{\int_a^\infty f(x)\, dx\ \text{について}}$

・ $\lim_{x\to\infty} x^r f(x)$ が収束する r $(r>1)$ が存在 $\implies \int_a^\infty f(x)\, dx$ は収束

・ $\lim_{x\to\infty} x f(x) = \ell$ $(0 < \ell \leqq \infty)$ $\implies \int_a^\infty f(x)\, dx = \infty$

(i) $\underline{\int_{-\infty}^b f(x)\, dx\ \text{について}}$

・ $\lim_{x\to-\infty} |x|^r f(x)$ が収束する r $(r>1)$ が存在 $\implies \int_{-\infty}^b f(x)\, dx$ は収束

・ $\lim_{x\to-\infty} |x| f(x) = \ell$ $(0 < \ell \leqq \infty)$ $\implies \int_{-\infty}^b f(x)\, dx = \infty$

(ii α) $\underline{\int_a^b f(x)\, dx,\ \lim_{x\to a+0} f(x) = \infty\ \text{の場合}}$

・ $\lim_{x\to a+0} (x-a)^r f(x)$ が収束する r $(r<1)$ が存在 $\implies \int_a^b f(x)\, dx$ は収束

・ $\lim_{x\to a+0} (x-a) f(x) = \ell$ $(0 < \ell \leqq \infty)$ $\implies \int_a^b f(x)\, dx = \infty$

(ii β) $\underline{\int_a^b f(x)\, dx,\ \lim_{x\to b-0} f(x) = \infty\ \text{の場合}}$

・ $\lim_{x\to b-0} (b-x)^r f(x)$ が収束する r $(r<1)$ が存在 $\implies \int_a^b f(x)\, dx$ は収束

・ $\lim_{x\to b-0} (b-x) f(x) = \ell$ $(0 < \ell \leqq \infty)$ $\implies \int_a^b f(x)\, dx = \infty$

(∗) $f(x) \leqq 0$ の場合は $-f(x)$ を考えることで上の判定法を利用できる．
　　また，上の判定法を $f(x)$ の代わりに $|f(x)|$ に適用すると，
　　定符号関数以外でも「収束」についての十分条件は得られる．例えば
　　「$\lim_{x\to\infty} x^r |f(x)|$ が収束する r $(r>1)$ が存在 $\implies \int_a^\infty f(x)\, dx$ は収束」

《収束判定の意義》

定積分の値を求めるときに原始関数が不明な場合やシンプルに表現できない場合は多々ある．そうした場合，コンピュータを利用して近似値を求めることになるが，発散するケースでは計算する意味がない．収束すれば近似値を求める意味があるので，値が分からなくても「収束／発散」が判明すればそれは意義のあることである．もちろん証明や議論にも必要なことである．

なお，発散する広義積分をコンピュータで計算すると，丸め込みにより見かけ上収束して値が出てくるケースがあるが，それは間違いである．（プログラムやソフトによる）

A.5　5章補足

補足 5.1（陰関数定理）

【陰関数定理1】

2変数関数 $F(x,y)$ が C^1 級で $F_y(a,b) \neq 0$ ならば，点 (a,b) のある近傍で関係式 $F(x,y)=0$ から得られる陰関数 $y=y(x)$ がただ1つだけ存在する：

$$F(x,y(x))=0 ，\quad y(a)=b$$

さらに $y=y(x)$ は C^1 級であり　$y' = -\dfrac{F_x(x,y)}{F_y(x,y)}$　が成り立つ．

（∗）この定理により $F_y \neq 0$ ならば陰関数の一意存在が保証される．
　　また，$F_x \neq 0$ のときは $x=x(y)$ の形の陰関数の一意存在が分かる．

【陰関数定理2】

3変数関数 $F(x,y,z)$ が C^1 級で $F_z(a,b,c) \neq 0$ ならば，点 (a,b,c) のある近傍で関係式 $F(x,y,z)=0$ から得られる陰関数 $z=z(x,y)$ がただ1つだけ存在する：

$$F(x,y,z(x,y))=0 ，\quad z(a,b)=c$$

さらに $z=z(x,y)$ は C^1 級で　$z_x = -\dfrac{F_x(x,y,z)}{F_z(x,y,z)}$，$z_y = -\dfrac{F_y(x,y,z)}{F_z(x,y,z)}$　となる．

（∗）$F_x \neq 0$ のときは $x=x(y,z)$ の形の陰関数の一意存在が分かる．$F_y \neq 0$ のときは $y=y(x,z)$ の形の陰関数の一意存在が分かる．

補足 5.2 (【定理 5.12】(ii) の略証)

(ii) で $A > 0$ の場合を考える。$D = B^2 - AC < 0$ より $AC > 0$ で，$C > 0$ となる．候補点 (a,b) での2次のテイラー近似より（$f_x(a,b) = 0$, $f_y(a,b) = 0$ も使う）

$$f(x,y) = f(a,b) + \frac{1}{2}\left\{A(x-a)^2 + 2B(x-a)(y-b) + C(y-b)^2\right\} + \varepsilon$$

$h = x - a, k = y - b$ とおくと $(h,k) \neq (0,0)$ のとき

$$\begin{aligned}
f(x,y) &= f(a,b) + \frac{1}{2}\left\{Ah^2 + 2Bhk + Ck^2\right\} + \varepsilon \\
&= f(a,b) + \frac{C}{4}\left(k + \frac{B}{C}h\right)^2 - \frac{B^2 - AC}{4C}h^2 + \frac{A}{4}\left(h + \frac{B}{A}k\right)^2 - \frac{B^2 - AC}{4A}k^2 + \varepsilon \\
&\geq f(a,b) + \frac{-D}{4C}h^2 + \frac{-D}{4A}k^2 + \varepsilon \\
&\geq f(a,b) + \beta\rho^2 + \varepsilon \quad \left(\rho = \sqrt{h^2 + k^2},\ \beta = \min\left\{\frac{-D}{4C}, \frac{-D}{4A}\right\} > 0\right) \\
&= f(a,b) + \rho^2\left(\beta + \frac{\varepsilon}{\rho^2}\right)
\end{aligned}$$

$\displaystyle\lim_{\rho \to +0} \frac{\varepsilon}{\rho^2} = 0$ より $(x,y) \sim (a,b)$, $(x,y) \neq (a,b)$ のとき $\beta + \frac{\varepsilon}{\rho^2} > 0$ となり $f(x,y) > f(a,b)$ が成り立つ．したがって点 (a,b) で極小となる．(ii) で $A < 0$ の場合も同様．

補足 5.3 (ベクトル解析の記号と偏微分方程式)

【ベクトル解析の記号】　　$f(x,y,z), g(x,y,z), h(x,y,z)$ を3変数関数とし，

$\mathbf{F}(x,y,z) = (f(x,y,z), g(x,y,z), h(x,y,z))$ とする．これを「ベクトル関数」という．

以下，・ は内積，× は外積を表す．

- $\nabla = \left(\dfrac{\partial}{\partial x}, \dfrac{\partial}{\partial y}, \dfrac{\partial}{\partial z}\right)$

- $\mathrm{grad} f = \left(\dfrac{\partial f}{\partial x}, \dfrac{\partial f}{\partial y}, \dfrac{\partial f}{\partial z}\right)$ を「$f(x,y)$ の勾配」という．$\mathrm{grad} f = \nabla f$ とも表す．

- $\mathrm{div}\mathbf{F} = \dfrac{\partial f}{\partial x} + \dfrac{\partial g}{\partial y} + \dfrac{\partial h}{\partial z}$ を「$\mathbf{F}$ の発散」という．$\mathrm{div}\mathbf{F} = \nabla \cdot \mathbf{F}$ とも表す．

- $\mathrm{rot}\mathbf{F} = \left(\dfrac{\partial h}{\partial y} - \dfrac{\partial g}{\partial z}, \dfrac{\partial f}{\partial z} - \dfrac{\partial h}{\partial x}, \dfrac{\partial g}{\partial x} - \dfrac{\partial f}{\partial y}\right)$ を「$\mathbf{F}$ の回転」という．
  $\mathrm{rot}\mathbf{F} = \nabla \times \nabla \mathbf{F}$ とも表す．

- $\Delta = \dfrac{\partial^2}{\partial x^2} + \dfrac{\partial^2}{\partial y^2} + \dfrac{\partial^2}{\partial z^2}$ を「ラプラシアン」という．　$\Delta f = \dfrac{\partial^2 f}{\partial x^2} + \dfrac{\partial^2 f}{\partial y^2} + \dfrac{\partial^2 f}{\partial z^2}$

偏微分方程式の例

（＊） いずれも，設定／仮定，単位の選び方などによって変わることに注意．

【流体の運動方程式（Euler）】：（粘性がない場合）... 流体力学

v：速度ベクトル場，$\mathbf{F}$：外力，ρ：密度，p：圧力，t：時間変数

$$\frac{\partial v}{\partial t} - v \times \mathrm{rot}\, v = \mathbf{F} - \frac{\nabla p}{\rho} - \nabla\left(\frac{1}{2}v^2\right) \quad \text{または} \quad \frac{\partial v}{\partial t} + (v\cdot\nabla)v = \mathbf{F} - \frac{\nabla p}{\rho}$$

$\dfrac{D}{Dt} = \dfrac{\partial}{\partial t} + (v\cdot\nabla)$ （Lagrange 微分）を用いると $\quad \dfrac{D}{Dt}v = \mathbf{F} - \dfrac{\nabla p}{\rho}$

【Maxwell（マクスウェル）の方程式】 （Maxwell–Hertz）... 電磁気学

$\mathbf{E}$：電場，$\mathbf{D}$：電束密度，$\mathbf{H}$：磁場，$\mathbf{B}$：磁束密度，ρ：電荷密度，$\mathbf{I}$：電流密度

$$\mathrm{rot}\, \mathbf{E} + \frac{\partial \mathbf{B}}{\partial t} = \mathbf{o}, \quad \mathrm{div}\, \mathbf{B} = 0$$

$$\mathrm{rot}\, \mathbf{H} - \frac{\partial \mathbf{D}}{\partial t} = \mathbf{I}, \quad \mathrm{div}\, \mathbf{D} = \rho$$

【Schrödinger（シュレーディンガー）の方程式】 ... 量子力学

m：質量，$\hbar = h/(2\pi)$，h：プランク定数，V：スカラーポテンシャル場，ψ：状態関数

$$i\hbar \frac{\partial}{\partial t}\psi = -\frac{\hbar^2}{2m}\Delta\psi + V\psi$$

【熱伝導方程式】 $\quad c\rho\dfrac{\partial u}{\partial t} = \mathrm{div}(K\nabla u) \quad c$：比熱，$\rho$：密度，$u$：温度，$K$：熱伝導率

K：一定 のとき $\quad c\rho\dfrac{\partial u}{\partial t} = a\Delta u \quad \left(a = \dfrac{K}{c\rho}\right)$

【波動方程式】 $\quad \dfrac{\partial^2 u}{\partial t^2} = a^2 \Delta u \quad u$：状態関数，$a$：定数

$\square = \dfrac{\partial^2}{\partial t^2} - a^2\Delta \quad$ とおくと $\quad \square u = 0$

【Laplace（ラプラス）方程式】 $\quad \Delta u = 0 \quad$（熱伝導などの定常状態に対応）

補足 5.4（曲面の例；いくつかの 2 次曲面）

・楕円面　　$\dfrac{x^2}{a^2} + \dfrac{y^2}{b^2} + \dfrac{z^2}{c^2} = 1$

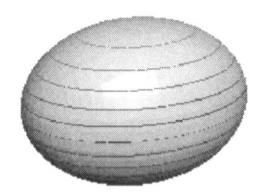

・一葉双曲面　$\dfrac{x^2}{a^2} + \dfrac{y^2}{b^2} - \dfrac{z^2}{c^2} = 1$　　・二葉双曲面　$\dfrac{x^2}{a^2} - \dfrac{y^2}{b^2} - \dfrac{z^2}{c^2} = 1$

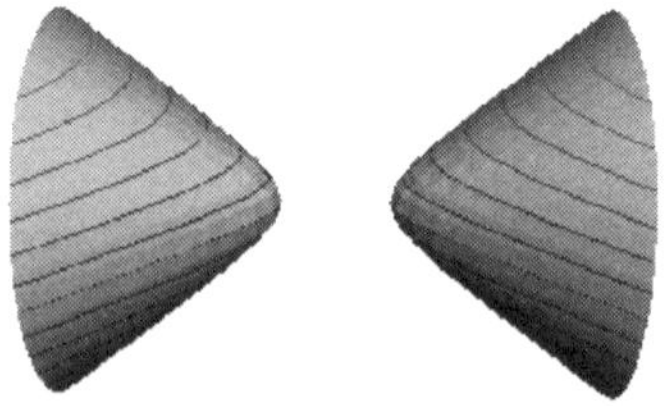

・楕円放物面　$2z = \dfrac{x^2}{a^2} + \dfrac{y^2}{b^2}$ 　　・双曲放物面　$2z = \dfrac{x^2}{a^2} - \dfrac{y^2}{b^2}$

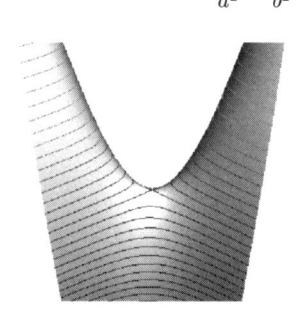

（＊）2 次曲面とは，x, y, z の 2 次式 $F(x, y, z)$ について，$F(x, y, z) = 0$ で表される曲面のことである．ほかにも，楕円柱，双曲柱，放物柱などがある．

A.6 6章補足

補足 6.1 （定理 6.10 の概略説明）

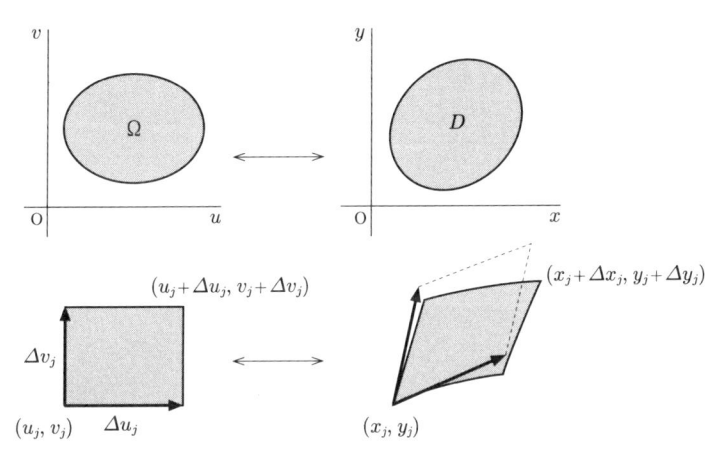

領域 Ω を長方形分割し，各微小領域の左下角に代表点をとり (u_j, v_j) とする．変換に対応して領域 D が分割され，点 (x_j, y_j)：$x_j = x(u_j, v_j), y_j = y(u_j, v_j)$ は対応する微小領域の代表点となる．$dx = x_u du + x_v dv$，$dy = y_u du + y_v dv$ より D の分割小領域は

$$\bigl(x_u(u_j, v_j), y_u(u_j, v_j)\bigr)\Delta u_j, \ \bigl(x_v(u_j, v_j), y_v(u_j, v_j)\bigr)\Delta v_j$$

で作られる平行四辺形で近似され，その面積は $|J(u_j, v_j)|\Delta u_j \Delta v_j$ となるからリーマン和は

$$\sum f(x_j, y_j)\Delta S_j \fallingdotseq \sum f\bigl(x(u_j, v_j), y(u_j, v_j)\bigr)|J(u_j, v_j)|\Delta u_j \Delta v_j$$

となり，両辺で分割を細かくする極限を考えればよい．

補足 6.2 （広義積分：$\iint_D f(x, y)\,dxdy$）

領域列 $\{D_n\}$ が $D_1 \subset D_2 \subset \cdots \subset D_n \subset \cdots$ となるとき領域列 $\{D_n\}$ を「単調領域列」という．ここでは各 D_n は有界閉領域に限定しておく．また積分領域 D は有界閉領域以外も考える．

領域 D と単調領域列 $\{D_n\}$ に対し，すべての n について $D_n \subset D$ であり，D 内のどの有界閉領域も n を大きくすれば D_n に含まれるとき，単調領域列 $\{D_n\}$ は D に収束するという．これを次のように表す： $\{D_n\} : D_1 \subset D_2 \subset \cdots \subset D_n \subset \cdots \to D$

1. 積分領域 D が無限領域の場合

$\boxed{\text{ex.}}$ $\mathbf{R}^2$, 上半平面：$\{(x,y)|y \geqq 0\}$ など

$D_1 \subset D_2 \subset \cdots \subset D_n \subset \cdots \to D$ となるどんな領域列 $\{D_n\}$（各 D_n は有界閉領域）に対しても，数列 $\{I_n\}$, $I_n = \iint_{D_n} f(x,y)\, dxdy$ が同じ値に収束するとき
$$\iint_D f(x,y)\, dxdy = \lim_{n \to \infty} \iint_{D_n} f(x,y)\, dxdy \quad \text{と定める．}$$

【定理 6.15】 D で $f(x,y) \geqq 0$ のとき，$D_1 \subset D_2 \subset \cdots \subset D_n \subset \cdots \to D$ となる1つの領域列 $\{D_n\}$（各 D_n は有界閉領域）について数列 $\left\{\iint_{D_n} f(x,y)\, dxdy\right\}$ が収束すれば
$$\iint_D f(x,y)\, dxdy = \lim_{n \to \infty} \iint_{D_n} f(x,y)\, dxdy$$

【ex.6.23】 広義積分 $\iint_D e^{-x-2y}\, dxdy$, $(D : x \geqq 0,\, y \geqq 0)$ を計算せよ．

「解」 $D_n : 0 \leqq x \leqq n, 0 \leqq y \leqq n$ とおく．$(D_1 \subset D_2 \subset \cdots \subset D_n \subset \cdots \to D)$
$e^{-x-2y} > 0$ より $\displaystyle \lim_{n \to \infty} \iint_{D_n} e^{-x-2y}\, dxdy$ を計算すればよい．

$$\begin{aligned}
\iint_{D_n} e^{-x-2y}\, dxdy &= \int_0^n \left(\int_0^n e^{-x-2y}\, dy \right) dx \\
&= \left(\int_0^n e^{-x}\, dx \right) \left(\int_0^n e^{-2y}\, dy \right) = \left[-e^{-x} \right]_0^n \cdot \left[\frac{-1}{2} e^{-2y} \right]_0^n \\
&= \frac{1}{2}(1 - e^{-n})(1 - e^{-2n})
\end{aligned}$$

したがって $\displaystyle \iint_D e^{-x-2y}\, dxdy = \frac{1}{2} \lim_{n \to \infty} (1 - e^{-n})(1 - e^{-2n}) = \frac{1}{2}$

2. 被積分関数が非有界の場合

$\boxed{\text{ex.}}$ $f(x,y) = \dfrac{1}{xy}$ $(D : x^2 + y^2 \leqq 1)$, $f(x,y) = \log(x^2 + y^2)$ $(D : |x| \leqq 1, |y| \leqq 1)$

各 D_n は被積分関数が有界となる有界閉領域で，$D_1 \subset D_2 \subset \cdots \subset D_n \subset \cdots \to D$ となるどんな領域列 $\{D_n\}$ に対しても，数列 $\{I_n\}$, $I_n = \iint_{D_n} f(x,y)\, dxdy$ が同じ値に収束するとき
$$\iint_D f(x,y)\, dxdy = \lim_{n \to \infty} \iint_{D_n} f(x,y)\, dxdy \quad \text{と定める．}$$

【定理 6.16】　D で $f(x,y) \geqq 0$ のとき, 1つの領域列 $\{D_n\}$:
$D_1 \subset D_2 \subset \cdots \subset D_n \subset \cdots \to D$ （各 D_n は被積分関数が有界となる有界閉領域）
について数列 $\left\{ \iint_{D_n} f(x,y)\, dxdy \right\}$ が収束すれば

$$\iint_D f(x,y)\, dxdy = \lim_{n \to \infty} \iint_{D_n} f(x,y)\, dxdy$$

【ex.6.24】　広義積分 $\iint_D \dfrac{1}{\sqrt{x^2+y^2}}\, dxdy,\ (D: x^2+y^2 \leqq 1)$ を計算せよ.

「解」　$\dfrac{1}{\sqrt{x^2+y^2}}$ は原点（の近傍）のみで非有界である.
$D_n: \dfrac{1}{n^2} \leqq x^2+y^2 \leqq 1$　とおくと, 各 D_n は有界閉領域であり $\dfrac{1}{\sqrt{x^2+y^2}}$
は有界で, $D_1 \subset D_2 \subset \cdots \subset D_n \subset \cdots \to D$　となる. $\dfrac{1}{\sqrt{x^2+y^2}} > 0$ より
$\displaystyle\lim_{n \to \infty} \iint_{D_n} \dfrac{1}{\sqrt{x^2+y^2}}\, dxdy$　を計算すればよい.（極座標変換を利用）

$$\iint_{D_n} \dfrac{1}{\sqrt{x^2+y^2}}\, dxdy = \iint_{\Omega_n} \dfrac{1}{r} \cdot r\, drd\theta \quad (\Omega_n: \dfrac{1}{n} \leqq r \leqq 1,\ 0 \leqq \theta \leqq 2\pi)$$

$$= \iint_{\Omega_n} 1\, drd\theta = \left(\int_{\frac{1}{n}}^{1} 1\, dr \right)\left(\int_0^{2\pi} 1\, d\theta \right)$$

$$= 2\pi \left(1 - \dfrac{1}{n} \right)$$

したがって　$\displaystyle\iint_D \dfrac{1}{\sqrt{x^2+y^2}}\, dxdy = 2\pi \lim_{n \to \infty}\left(1 - \dfrac{1}{n} \right) = 2\pi$

付録 B   問題の答え／応用問題の略解

B.1 問題の答え

【1章 問題の答え】

【1.1】 (1) $x \neq 3$ (2) $x \leq 0, 3 \leq x$ (3) $-1 < x < 2$

【1.2】 (1) $(g \circ f)(x) = \dfrac{1}{x^2 + x + 1}$, $(f \circ g)(x) = \dfrac{1}{x^2} + \dfrac{1}{x} + 1 = \dfrac{x^2 + x + 1}{x^2}$

(2) $(g \circ f)(x) = \sqrt{\dfrac{2}{x-1}}$, $(f \circ g)(x) = \dfrac{\sqrt{x-1}+1}{\sqrt{x-1}-1} = \dfrac{x + 2\sqrt{x-1}}{x-2}$

$(f \circ f)(x) = x$, $(f \circ f \circ f)(x) = \dfrac{x+1}{x-1}$

【1.3】 $\lim\limits_{x \to +0} f(x) = 0$, $\lim\limits_{x \to -0} f(x) = 1$, $\lim\limits_{x \to 3/2} f(x) = \dfrac{1}{2}$

【1.4】 (1) 1000   (2) $\dfrac{1}{16}$ (3) $\dfrac{1}{125}$ 【1.5】 約 500 秒 = 8 分 20 秒

【1.6】 (1) 9   (2) 5   (3) -2 【1.7】 (1) 4   (2) 4   (3) $\dfrac{1}{216}$ (4) 9   (5) $\dfrac{5}{9}$

(6) $2^{1/2} = \sqrt{2}$ (7) $\dfrac{1}{10}$ (8) -16 【1.8】 (1) $a^{7/3}$ (2) $a^{-3/5}$ (3) $a^{-4/3}$

【1.9】 (1) a^4 (2) a^{-2} (3) a^{10} (4) $a^{-3}b^3$ (5) $a^6 b^3$ (6) $a^{3/4}$ (7) a^{-3} (8) ab

【1.10】 (1) 2   (2) $-\dfrac{2}{5}$ (3) 6   (4) $\dfrac{1}{5}$ (5) 15   (6) 8   【1.11】 (1) 2   (2) -2

(3) $\dfrac{1}{2}$ (4) 4   (5) $\dfrac{2}{3}$ (6) -1 【1.12】 (1) $\dfrac{3}{2}$ (2) $\dfrac{1}{2}$ (3) 3

【1.13】 (1) $120° = \dfrac{2}{3}\pi$, $15° = \dfrac{\pi}{12}$, $75° = \dfrac{5}{12}\pi$

(2) $\dfrac{3}{4}\pi = 135°$, $\dfrac{2}{5}\pi = 72°$, $\dfrac{7}{12}\pi = 105°$

【1.14】 略   【1.15】 略 ((1), (2) は定理 1.6, (3) は定理 1.7, 1.6 を利用)

【1.16】 (1) $\dfrac{\sqrt{6}+\sqrt{2}}{4}$ (2) $\dfrac{\sqrt{6}-\sqrt{2}}{4}$ 【1.17】 略 (2 倍角の公式と定理 1.6 を利用)

【1.18】 0   (加法定理または和積の公式を利用)

【1.19】 (1) $\sqrt{2}\sin\left(\theta + \dfrac{\pi}{4}\right)$ (2) $\sqrt{2}\sin\left(\theta - \dfrac{\pi}{4}\right)$ (3) $2\sin\left(\theta - \dfrac{\pi}{6}\right)$

【1.20】 (1) 0   (2) $\dfrac{\pi}{2}$ (3) $\dfrac{\pi}{3}$ (4) $-\dfrac{\pi}{4}$ (5) $\dfrac{\pi}{2}$ (6) 0   (7) $\dfrac{\pi}{3}$ (8) $\dfrac{5}{6}\pi$

(9) 0   (10) $-\dfrac{\pi}{4}$ (11) $\dfrac{\pi}{3}$ (12) $-\dfrac{\pi}{6}$ 【1.21】 (1) $\dfrac{2\sqrt{6}}{5}$ (2) $\dfrac{1}{\sqrt{3}}$ (3) $\dfrac{\sqrt{6}}{12}$

【1.22】略　(1) $\tan^{-1}\dfrac{1}{2} = \theta$, $\tan^{-1}\dfrac{1}{3} = \varphi$ とおいて加法定理を利用.

(2) $\sin^{-1} x = \theta$ とおく. θ の範囲に注意して定理 1.6 を利用.

(3) $\tan^{-1} x = \theta$ とおく. 定理 1.6 を利用.

【1.23】(1) $\dfrac{2}{3}$　(2) $\dfrac{1}{\sqrt{2}}$　(3) 3　(4) $\dfrac{1}{2}$　(5) 1　(6) 0　(7) 0　(8) 0　(9) e^2

【2章 問題の答え】

【2.1】(1) $3(x^2-1) = 3(x+1)(x-1)$　(2) $x(5x^3-4)$　(3) $2(5x^4 + 2x^3 - 2)$

(4) $2x(24x^6 + 9x^4 - 2)$　(5) $\dfrac{7}{(3x+1)^2}$　(6) $\dfrac{1-x^2}{(x^2+x+1)^2} = -\dfrac{(x+1)(x-1)}{(x^2+x+1)^2}$

(7) $-\dfrac{2x}{(x^2+1)^2}$　(8) $-\dfrac{3}{(x-2)^2}$

【2.2】(1) $18x^2(x^3-4)^5$　(2) $8(5x^4-2)(x^5-2x+1)^7$　(3) $4(2x+1)^5(5x^4+x^3+3)$

(4) $5x(x^2+1)^4(3x^5-1)^2(15x^5+9x^3-2)$　(5) $\dfrac{20}{(3x+1)^2}\left(\dfrac{x-1}{3x+1}\right)^4 = \dfrac{20(x-1)^4}{(3x+1)^6}$

(6) $\dfrac{-5x^2-2x+1}{(x^2+x+1)^4}$　(7) $-\dfrac{12x^2}{(x^3+1)^5}$　(8) $-\dfrac{80}{(5x+1)^2}\left(\dfrac{2}{5x+1}\right)^7 = -\dfrac{5\cdot 2^{11}}{(5x+1)^9}$

【2.3】(1) $-10x^{-6} = -\dfrac{10}{x^6}$　(2) $-\dfrac{1}{4}x^{-5/4} = -\dfrac{1}{4x^{5/4}}$

(3) $-2(2x+1)(x^2+x+1)^{-2} = -\dfrac{2(2x+1)}{(x^2+x+1)^2}$　(4) $-\dfrac{5}{2}x^{-7/2} = -\dfrac{5}{2x^3\sqrt{x}}$

(5) $\dfrac{x}{\sqrt{x^2+1}}$　(6) $-\dfrac{3}{2}x^2(x^3+1)^{-3/2} = -\dfrac{3x^2}{2(x^3+1)\sqrt{x^3+1}}$　(7) $\dfrac{x(15x+8)}{2\sqrt{3x+2}}$

(8) $\dfrac{2(26x+11)(2x+5)^5}{\sqrt{4x+1}}$　(9) $-\dfrac{1}{3}(7x^2+18)(x^2+2)^{-2/3}x^{-4} = -\dfrac{7x^2+18}{3x^4(x^2+2)^{2/3}}$

【2.4】(1) $-3e^{-3x}$　(2) $\dfrac{2x}{x^2+1}$　(3) $\dfrac{2}{2x-1}$　(4) $x^4(5-2x)e^{-2x}$

(5) $\log(1-2\sqrt{x}) - \dfrac{\sqrt{x}}{1-2\sqrt{x}}$　(6) $-\dfrac{(2x^3+x^2+1)e^{1/x}}{x^2(x^2+1)^2}$　(7) $\dfrac{1}{\sqrt{x^2+1}}$

【2.5】(1) $2x^{2x}(\log x + 1)$　(2) $(x+1)^x\left(\log(x+1) + \dfrac{x}{x+1}\right)$

【2.6】(1) $3x^2\cos(x^3)$　(2) $-\tan x$　(3) $\tan 2x + \dfrac{2x}{\cos^2 2x} = \tan 2x + 2x + 2x\tan^2 2x$

(4) $e^{-x}(2\cos 2x - \sin 2x)$　(5) $5e^{2x}(\sin x - \cos x)$　(6) $-\dfrac{2\sin x + 1}{(2+\sin x)^2}$

(7) $\dfrac{2\cos x}{(1+\cos^2 x)^{3/2}}$　(8) $(\sin x)^x\left(\log(\sin x) + \dfrac{x}{\tan x}\right)$

【2.7】 (1) $\dfrac{1}{\sqrt{-x^2-x}}$ (2) $-\dfrac{3(\cos^{-1}x)^2}{\sqrt{1-x^2}}$ (3) $-\dfrac{1}{x^2+1}$
(4) $\dfrac{2}{\sqrt{1-4x^2}\sin^{-1}2x}$ (5) $2e^{2x}\left(\tan^{-1}x^2+\dfrac{x}{1+x^4}\right)$ (6) $\dfrac{1-2x\tan^{-1}x}{(1+x^2)^2}$
(7) $\dfrac{3}{(1+\cos^{-1}3x)^2\sqrt{1-9x^2}}$ (8) $2\sqrt{4-x^2}$

【2.8】 (1) $\dfrac{1}{12t^2\sqrt{t}}$ (2) $-\tan t$ (3) $-\dfrac{e^{-t}}{2t+1}$ $\left(t\neq -\dfrac{1}{2}\right)$ (4) $-\dfrac{3\cos 3t}{\sin t}$ $(t\neq 0)$

【2.9】 (1) $-\dfrac{1}{3y^2}$ $(y\neq 0)$ (2) $\dfrac{x^2}{y^2}$ $(y\neq 0)$ (3) $\dfrac{y-x^2}{y^2-x}$ $(y^2\neq x)$
(4) $\dfrac{y^2\cos(xy^2)}{1-2xy\cos(xy^2)}$ $(2xy\cos(xy^2)\neq 1)$

【2.10】 (1) $2(10x^3-3)$ (2) $48(2x+1)^2$ (3) $-2e^{-x}\cos x$ (4) $-\dfrac{\log x}{4x\sqrt{x}}$

【2.11】 (1) $3^n e^{3x}$ (2) $2^n\sin\left(2x+\dfrac{n\pi}{2}\right)$ (3) $-\dfrac{(n-1)!}{(1-x)^n}$ (4) $(\log 2)^n 2^x$
(5) $\dfrac{(-1)^n(2n-1)(2n-3)\cdots 3\cdot 1}{2^n}(1+x)^{-\frac{1}{2}-n}$

【2.12】 (1) $e^x\{x^2+2nx+n(n-1)\}$
(2) $x\cos\left(x+\dfrac{n\pi}{2}\right)+n\cos\left(x+\dfrac{(n-1)\pi}{2}\right)=x\cos\left(x+\dfrac{n\pi}{2}\right)+n\sin\left(x+\dfrac{n\pi}{2}\right)$
(3) $(-1)^n e^{-x}\{x^3-3nx^2+3n(n-1)x-n(n-1)(n-2)\}$
(4) $y'=\log(1-x)-\dfrac{x}{1-x}$ $(n=1)$

$$y^{(n)}=-\dfrac{(n-1)!\,x}{(1-x)^n}-\dfrac{n(n-2)!}{(1-x)^{n-1}}=\dfrac{(n-2)!\,(x-n)}{(1-x)^n}\quad (n\geqq 2)$$

$\left(\text{(4) はライプニッツの公式を使わなくてもできる：}y'=\log(1-x)-\dfrac{1}{1-x}+1\right)$

【2.13】 (1) 13 (2) 1 (3) $\dfrac{4\sqrt{3}}{9}$ (4) $(-1)^{n-1}(n-1)!$

【2.14】 (1) $y=x+1$ (2) $y=-\dfrac{1}{2}x+1$ (3) $y=2e(2x-1)$ (4) $y=x-\dfrac{\pi-2}{4}$
(5) $y=\sqrt{2}\,x-1$ (6) $y=-x+2\sqrt{2}$

【2.15】 (1) -1 (2) 1 (3) $\dfrac{1}{2}$ (4) 1 (5) 0 (6) 0 (7) 0 (8) $-\dfrac{1}{3}$

【2.16】 間違い指摘は略．(1) $-\infty$ (2) 2 　【2.17】 (1) 0 (2) 1 (3) $\dfrac{1}{2}$

【2.18】 (1) $\cos x \simeq 1 - \dfrac{1}{2}x^2 + \dfrac{1}{24}x^4$ (2) $\sqrt{1+x} \simeq 1 + \dfrac{1}{2}x - \dfrac{1}{8}x^2$

(3) $\dfrac{e^x - e^{-x}}{2} \simeq x + \dfrac{1}{6}x^3$ (4) $(x+1)\cos 2x \simeq 1 + x - 2x^2 - 2x^3$

(5) $e^x \sin x \simeq x + x^2 + \dfrac{1}{3}x^3$ (6) $e^{-x}\sin 2x \simeq 2x - 2x^2 - \dfrac{1}{3}x^3$

(7) $(x + \cos x)\log(1+x) \simeq x + \dfrac{1}{2}x^2 - \dfrac{2}{3}x^3 + \dfrac{1}{3}x^4$

(8) $\dfrac{1}{1+x^2} \simeq 1 - x^2 + x^4 - \cdots + (-1)^n x^{2n}$

(9) $xe^{-x} \simeq x - x^2 + \dfrac{x^3}{2} - \cdots + \dfrac{(-1)^{n-1}}{(n-1)!}x^n$

(10) $\log(2-x) \simeq \log 2 - \dfrac{x}{2} - \dfrac{x^2}{8} - \cdots - \dfrac{x^n}{2^n n}$

(11) $\tan^{-1} x \simeq x - \dfrac{x^3}{3} + \dfrac{x^5}{5} - \cdots + \dfrac{(-1)^n x^{2n+1}}{2n+1}$

【2.19】 (1) 極小値 0 ($x=-1$ のとき)；極大値 4 ($x=1$ のとき)

(2) 極小値 $\dfrac{1-\sqrt{2}}{2}$ ($x=-1-\sqrt{2}$ のとき)；極大値 $\dfrac{1+\sqrt{2}}{2}$ ($x=-1+\sqrt{2}$ のとき)

(3) 極小値 4 ($x=2$ のとき)；極大値 -4 ($x=-2$ のとき)

(4) 極小値 $-\dfrac{5}{4}$ ($x=-\dfrac{3}{4}$ のとき) (5) 極小値 $-\dfrac{1}{2e}$ ($x=-\dfrac{1}{2}$ のとき)

(6) 極小値 0 ($x=0$ のとき)

(7) 極小値 $\dfrac{-e^{\frac{3\pi}{4}}}{\sqrt{2}}$ ($x=-\dfrac{3\pi}{4}$ のとき)；極大値 $\dfrac{1}{\sqrt{2}e^{\frac{\pi}{4}}}$ ($x=\dfrac{\pi}{4}$ のとき)

【2.20】 (1) 極小値 0 ($x=-1$ のとき)；極大値 4 ($x=1$ のとき)

(2) 極小値 4 ($x=2$ のとき)；極大値 -4 ($x=-2$ のとき)

(3) 極値なし (4) $x=0$ のとき極大値 2   【2.21】 略

【2.22】 グラフ略．(1) $x=-1$ で極小，$x=1$ で極大，変曲点 $(0,2)$，
$\lim\limits_{x\to\pm\infty}(-x^3+3x+2) = \mp\infty$ （複号同順） (2) $x=1$ で極大，$x=-1$ で極小，
変曲点 3 点 $(0,0)$, $\left(\sqrt{3}, \dfrac{\sqrt{3}}{2}\right)$, $\left(-\sqrt{3}, -\dfrac{\sqrt{3}}{2}\right)$, $\lim\limits_{x\to\pm\infty}\dfrac{2x}{x^2+1}=0$

(3) $x=0$ で極大，変曲点 2 点 $\left(\dfrac{1}{\sqrt{2}}, e^{-1/2}\right)$, $\left(-\dfrac{1}{\sqrt{2}}, e^{-1/2}\right)$, $\lim\limits_{x\to\pm\infty}e^{-x^2}=0$

(4) 定義域 $x>0$, $x=e$ で極大，変曲点 $\left(e^{3/2}, \dfrac{3}{2e^{3/2}}\right)$,
$\lim\limits_{x\to\infty}\dfrac{\log x}{x}=0$, $\lim\limits_{x\to +0}\dfrac{\log x}{x}=-\infty$

【3章 問題の答え】 (C は積分定数)

【3.1】 (1) $\dfrac{1}{5}x^5 + C$ (2) $-\dfrac{1}{3}x^{-3} + C = -\dfrac{1}{3x^3} + C$ (3) $\dfrac{2}{5}x^{\frac{5}{2}} + C = \dfrac{2}{5}x^2\sqrt{x} + C$

(4) $\log|x| + C$ (5) $\dfrac{2^x}{\log 2} + C$ (6) $\sin x + C$ (7) $\dfrac{1}{2}\tan^{-1}\dfrac{x}{2} + C$ (8) $\sin^{-1}\dfrac{x}{2} + C$

【3.2】 (1) $f(x) + C$ (2) $f(x)g(x) + C$ (3) $\dfrac{1}{2}\{f(x)\}^2 + C$

【3.3】 (1) $\dfrac{1}{2}x^6 - \dfrac{5}{3}x^3 - x + C$ (2) $3e^x + 5\cos x + C$ (3) $\dfrac{1}{3}\log|x| + 2\sin x + C$

(4) $\dfrac{2\sqrt{3x}}{3} - \dfrac{2^{x+1}}{\log 2} + C$ (5) $\dfrac{1}{2}x^2 + 3x - \log|x| + C$ (6) $x - \sin x + C$

【3.4】 (1) $\dfrac{1}{15}(3x+1)^5 + C$ (2) $-\dfrac{1}{8}(2x+1)^{-4} + C = -\dfrac{1}{8(2x+1)^4} + C$

(3) $-\dfrac{1}{2}\log|1-2x| + C$ (4) $-e^{-x+2} + C$ (5) $\dfrac{1}{5}\sin(5x-1) + C$

(6) $\dfrac{2^{3x-1}}{3\log 2} + C$ (7) $\dfrac{2}{5}\sqrt{5x-1} + C$ (8) $-\dfrac{1}{2}\tan(1-2x) + C$

(9) $\dfrac{1}{4}(2x - \sin 2x) + C$

【3.5】 (1) $\dfrac{1}{8}\sin^8 x + C$ (2) $\dfrac{1}{25}(x^5-1)^5 + C$ (3) $e^{\sin x} + C$ (4) $\dfrac{1}{2}\log(x^2+1) + C$

(5) $-\dfrac{1}{4}e^{-2x^2} + C$ (6) $\dfrac{1}{4}\tan^4 x + \tan x + C$ (7) $-\log|\cos x| + C$

【3.6】 (1) $2\sqrt{x+1} - 2\log(\sqrt{x+1}+1) + C$ (2) $\tan^{-1}(\sqrt{x^2-1}) + C$

(3) $\dfrac{1}{2}\tan^{-1}\left(\dfrac{e^x}{2}\right) + C$ (4) $\dfrac{2}{5}(\sqrt{\cos x})^5 - 2\sqrt{\cos x} + C$ (5) $\dfrac{1}{2}\tan^{-1}\dfrac{x}{2} + C$

【3.7】 (1) $x\sin x + \cos x + C$ (2) $\dfrac{x^4}{16}(4\log x - 1) + C$ (3) $\dfrac{e^{2x}}{4}(2x-1) + C$

(4) $\dfrac{1}{4}(-2x\cos 2x + \sin 2x) + C$ (5) $(x^2-2)\sin x + 2x\cos x + C$

(6) $x\tan^{-1}x - \dfrac{1}{2}\log(1+x^2) + C$ (7) $\dfrac{1}{2}(\log x)^2 + C$

【3.8】 $I = \dfrac{e^x}{2}(\sin x + \cos x) + C,\ J = -\dfrac{e^{-x}}{2}(\sin x + \cos x) + C$

【3.9】 (1) $x - 2\tan^{-1}x + C$ (2) $\dfrac{2}{3}x^3 + \dfrac{3}{2}x^2 - 2x - \dfrac{3}{2}\log(x^2+1) + C$

(3) $\dfrac{1}{5}\log\left|\dfrac{x-3}{x+2}\right| + C$ (4) $-\log|x-1| + 2\log|x-2| + C$

(5) $\log|x+3| + \dfrac{3}{x+3} + C$ (6) $x - 2\log(x^2+6x+10) + 4\tan^{-1}(x+3) + C$

【3.10】 (1) $-\dfrac{x}{(x-1)^2} + C$ (2) $\log|x| - 6\tan^{-1}(x+3) + C$

【4章 問題の答え】

【4.1】 (1) $2f(2x)$ (2) $2xf(x^2)$ (3) $2xf(x^2) + f(-x)$

【4.2】 (1) $\dfrac{1}{6}$ (2) $-\dfrac{4}{5}$ (3) $\dfrac{2}{3}$ (4) $\dfrac{1}{2}$ (5) $4 - \log 3$ (6) 0 (7) $\dfrac{1}{3}(e^3 - 1)$

(8) $\dfrac{e^2}{2}(e^2 - 1) - 4\sqrt{2} + 4$ (9) $\dfrac{\pi}{4}$ (10) $\dfrac{\pi}{4}$ (11) $1 - \dfrac{\pi}{4}$

【4.3】 (1) $\dfrac{5}{2}$ (2) 1 (3) 2 【4.4】 (1) $\dfrac{14}{3}$ (2) $2(e - e^{-1})$ (3) 0

【4.5】 (1) 10 (2) 1 (3) $\log\dfrac{e+1}{2}$ (4) $\dfrac{1}{2}(e-1)$ (5) $\dfrac{2}{3}$ (6) $\dfrac{\pi}{4}$ (7) $\dfrac{\pi}{8}$

(8) $\dfrac{1}{\sqrt{ab}} \tan^{-1}\sqrt{b/a}$ ($\tan x = t$ とおく)

【4.6】 (1) 1 (2) $9\log 3 - \dfrac{26}{9}$ (3) $2\log 2 - 1$ (4) 1 (5) $\dfrac{1}{4}(1 - 3e^{-2})$ (6) -2π

【4.7】 (1) $\dfrac{1}{4}$ (2) ∞ (3) $-\dfrac{1}{2}$ (4) 0 (5) $\log 2$ (6) 1 (7) $-\infty$

【4.8】 (1) $\dfrac{3}{2}$ (2) 2 (3) ∞ (4) -1 (5) 4 (6) ∞

【4.9】 (1) $\dfrac{1}{6}$ (2) $\dfrac{1}{3}$ (3) $\sqrt{2} - 1$ (4) $e + e^{-1} - 2$

【4.10】 (1) $\dfrac{\pi R^2 h}{3}$ (2) $\dfrac{\pi^2}{4}$ (3) $\pi(e^2 - e^{-2} + 4)$

【4.11】 (1) $\sqrt{2}(e^{2\pi} - 1)$ (2) $4\pi\sqrt{R^2 + 1}$ (3) $\dfrac{13\sqrt{13} - 8}{27}$ (4) $\dfrac{4\pi + 3\sqrt{3}}{8}$

【5章 問題の答え】

【5.1】 (1) $z_x = 3x^2 y^2$, $z_y = 2x^3 y$ (2) $z_x = 2xy^5 + 1$, $z_y = y^2(5x^2 y^2 + 3)$

(3) $z_x = \dfrac{2x}{x^2 + y^2}$, $z_y = \dfrac{2y}{x^2 + y^2}$ (4) $z_x = \dfrac{1}{2\sqrt{x + 2y}}$, $z_y = \dfrac{1}{\sqrt{x + 2y}}$

(5) $z_x = -\dfrac{y}{x^2 + y^2}$, $z_y = \dfrac{x}{x^2 + y^2}$

(6) $z_x = \dfrac{1}{2\sqrt{x}}\{\cos(x^2 + y^2) - 4x^2 \sin(x^2 + y^2)\}$, $z_y = -2\sqrt{x}\, y \sin(x^2 + y^2)$

(7) $z_x = e^{x-2y}(x^2 + 2xy + 4y^2 + 2x + 2y + 1)$,

$z_y = -2e^{x-2y}(x^2 + 2xy + 4y^2 - x - 4y + 1)$

(8) $z_x = -\dfrac{xy}{(x^2 + 2y^2)^{3/2}}$, $z_y = \dfrac{x^2}{(x^2 + 2y^2)^{3/2}}$

【5.2】 (1) $f_x(3, -1) = -5$, $f_y(3, -1) = 48$ (2) $f_x(3, -1) = \dfrac{3}{5}$, $f_y(3, -1) = -\dfrac{1}{5}$

(3) $f_x(3, -1) = \dfrac{1}{2}$, $f_y(3, -1) = 1$ (4) $f_x(3, -1) = \dfrac{1}{10}$, $f_y(3, -1) = \dfrac{3}{10}$

【5.3】詳細略　(1) $z_x = 2f'(2x+3y)$, $z_y = 3f'(2x+3y)$

(2) $z_x = -\dfrac{y}{x^2}f'\left(\dfrac{y}{x}\right)$, $z_y = \dfrac{1}{x}f'\left(\dfrac{y}{x}\right)$　(3) $z_x = 2xf'(x^2+y^2)$, $z_y = 2yf'(x^2+y^2)$

【5.4】(1) $z_{xx} = 12xy^4$, $z_{xy} = z_{yx} = 24x^2y^3$, $z_{yy} = 2(12x^3y^2-1)$

(2) $z_{xx} = \dfrac{2(y^2-x^2)}{(x^2+y^2)^2}$, $z_{xy} = z_{yx} = -\dfrac{4xy}{(x^2+y^2)^2}$, $z_{yy} = \dfrac{2(x^2-y^2)}{(x^2+y^2)^2}$

(3) $z_{xx} = 2e^{x+y}\cos(x-y)$, $z_{xy} = z_{yx} = 2e^{x+y}\sin(x-y)$, $z_{yy} = -2e^{x+y}\cos(x-y)$

【5.5】(1) $f_{xx}(2,-1) = -2$, $f_{xy}(2,-1) = f_{yx}(2,-1) = 20$, $f_{yy}(2,-1) = -78$

(2) $f_{xx}(2,-1) = -\dfrac{6}{25}$, $f_{xy}(2,-1) = f_{yx}(2,-1) = \dfrac{8}{25}$, $f_{yy}(2,-1) = \dfrac{6}{25}$

(3) $f_{xx}(2,-1) = 4e^3$, $f_{xy}(2,-1) = f_{yx}(2,-1) = -9e^3$, $f_{yy}(2,-1) = 14e^3$

【5.6】(1) $z' = z_x + 2tz_y$　(2) $z' = -3\cos t \sin t(\cos t\, z_x - \sin t\, z_y)$

(3) $z' = (e^t - e^{-t})z_x + (e^t + e^{-t})z_y = yz_x + xz_y$

【5.7】(1) $z_u = z_x + 2z_y$, $z_v = -2z_x - z_y$　(2) $z_u = 2uz_x + vz_y$, $z_v = 2vz_x + uz_y$

(3) $z_u = \cos v\, z_x + \sin v\, z_y$, $z_v = u(-\sin v\, z_x + \cos v\, z_y) = -yz_x + xz_y$

(4) $z_u = e^u(\cos v\, z_x + \sin v\, z_y) = xz_x + yz_y$,

$z_v = e^u(-\sin v\, z_x + \cos v\, z_y) = -yz_x + xz_y$

【5.8】略

【5.9】(1) $z_{yy} = \sin^2\theta\, z_{rr} + \dfrac{2\sin\theta\cos\theta}{r}z_{r\theta} + \dfrac{\cos^2\theta}{r^2}z_{\theta\theta} + \dfrac{\cos^2\theta}{r}z_r - \dfrac{2\sin\theta\cos\theta}{r^2}z_\theta$

(2) 略

【5.10】(1) $(z_x)^2 + (z_y)^2 = 1$, $z_{xx} + z_{yy} = \dfrac{1}{r}\left(=\dfrac{1}{\sqrt{x^2+y^2}}\right)$

(2) $(z_x)^2 + (z_y)^2 = \dfrac{4}{r^2}\left(=\dfrac{4}{x^2+y^2}\right)$, $z_{xx} + z_{yy} = 0$

(3) $(z_x)^2 + (z_y)^2 = \dfrac{1}{r^2}\left(=\dfrac{1}{x^2+y^2}\right)$, $z_{xx} + z_{yy} = 0$

【5.11】(1) $dz = 2xy^3\, dx + (3x^2y^2 + 2)\, dy$　(2) $dz = e^x(\cos y\, dx - \sin y\, dy)$

(3) $dz = e^{xy}\{(x^2y + y^3 + y + 2x)\, dx + (x^3 + xy^2 + x + 2y)\, dy\}$

【5.12】(1) $z = x+y-1$　(2) $z = 2(x-y)$　(3) $z = e(x+2y)$　(4) $z = \dfrac{1}{\sqrt{2}}(x-y+4)$

【5.13】(1) 点 $(1,0)$ で極小値 -1　(2) 点 $(2,2)$ で極大値 6　(3) 点 $(0,0)$ で極小値 0

(4) 点 $(1,1)$ で極小値 3　(5) 点 $(\pm 1, 0)$ で極大値 1　(6) 点 $(0,0)$ で極小値 0

候補点　(1) $(1,0)$　(2) $(2,2)$　(3) $(0,0), (0,-2)$

(4) $(1,1)$　(5) $(0,0), (\pm 1, 0)$　(6) $(0,0)$

【5.14】最大値なし，最小値 0（点 $(0,0)$ で）

【5.15】(1) 2 点 $\left(\pm\dfrac{2}{\sqrt{5}}, \pm\dfrac{4}{\sqrt{5}}\right)$ （複号同順）

(2) 2 点 $\left(\pm\dfrac{2}{\sqrt{3}}, \pm\dfrac{1}{\sqrt{3}}\right)$ （複号同順） (3) 2 点 $(\pm 1, \pm 1)$ （複号同順）

(4) 6 点 $(\pm 1, 0)$, $(0, \pm 1)$, $\left(\pm\dfrac{1}{\sqrt{2}}, \pm\dfrac{1}{\sqrt{2}}\right)$ （複号同順）

【5.16】点 $\left(\dfrac{2}{\sqrt{3}}, \dfrac{1}{\sqrt{3}}\right)$ で極小値 $\sqrt{3}$，点 $\left(-\dfrac{2}{\sqrt{3}}, -\dfrac{1}{\sqrt{3}}\right)$ で極大値 $-\sqrt{3}$

【5.17】(1) $w_x = y^2 z^3$, $w_y = 2xyz^3$, $w_z = 3xy^2 z^2$

(2) $w_x = 2xy^5 \log(1-z)$, $w_y = 5x^2 y^4 \log(1-z)$, $w_z = -\dfrac{x^2 y^5}{1-z}$

(3) $w_x = 8x(x^2+y^2+z^2)^3$, $w_y = 8y(x^2+y^2+z^2)^3$, $w_z = 8z(x^2+y^2+z^2)^3$

(4) $w_x = e^{x+2y}\sqrt{y^2+z^2}$, $w_y = \dfrac{e^{x+2y}}{\sqrt{y^2+z^2}}(2y^2+2z^2+y)$, $w_z = \dfrac{ze^{x+2y}}{\sqrt{y^2+z^2}}$

【5.18】関数を $f(x,y,z)$ とおく．

(1) $f_x(2,-1,0) = 1$, $f_y(2,-1,0) = -2$, $f_z(2,-1,0) = 8$

(2) $f_x(2,-1,0) = 0$, $f_y(2,-1,0) = 0$, $f_z(2,-1,0) = 4$

(3) $f_x(2,-1,0) = 2000$, $f_y(2,-1,0) = -1000$, $f_z(2,-1,0) = 0$

(4) $f_x(2,-1,0) = 1$, $f_y(2,-1,0) = 1$, $f_z(2,-1,0) = 0$

【5.19】(1) $w_{xx} = 2y^5 \log(1-z)$, $w_{yy} = 20x^2 y^3 \log(1-z)$, $w_{zz} = -\dfrac{x^2 y^5}{(1-z)^2}$

$w_{xy} = w_{yx} = 10xy^4 \log(1-z)$, $w_{xz} = w_{zx} = -\dfrac{2xy^5}{1-z}$, $w_{yz} = w_{zy} = -\dfrac{5x^2 y^4}{1-z}$

(2) $w_{xx} = 8(x^2+y^2+z^2)^2 (7x^2+y^2+z^2)$, $w_{yy} = 8(x^2+y^2+z^2)^2 (x^2+7y^2+z^2)$,

$w_{zz} = 8(x^2+y^2+z^2)^2 (x^2+y^2+7z^2)$, $w_{xy} = w_{yx} = 48xy(x^2+y^2+z^2)^2$,

$w_{xz} = w_{zx} = 48xz(x^2+y^2+z^2)^2$, $w_{yz} = w_{zy} = 48yz(x^2+y^2+z^2)^2$

【5.20】(1) $x - 2y - 2z = -4$ (2) $x - y + z = -1$ (3) $\sqrt{3}x - y - z = 1$

【6 章 問題の答え】

【6.1】略　【6.2】(1) $0 \leqq y \leqq 1-x$, $0 \leqq x \leqq 1$ (2) $0 \leqq y \leqq x^2$, $0 \leqq x \leqq 1$

(3) $0 \leqq y \leqq 1-x^2$, $-1 \leqq x \leqq 1$ (4) $-\sqrt{4-x^2} \leqq y \leqq \sqrt{4-x^2}$, $-2 \leqq x \leqq 2$

【6.3】図は略．(1) $x - 1 \leqq y \leqq 1-x$, $0 \leqq x \leqq 1$ (2) $0 \leqq y \leqq x^3$, $0 \leqq x \leqq 1$

【6.4】 (1) $0 \leq x \leq 1-y, 0 \leq y \leq 1$ (2) $\sqrt{y} \leq x \leq 1, 0 \leq y \leq 1$
(3) $-\sqrt{4-y} \leq x \leq \sqrt{4-y}, 0 \leq y \leq 4$
(4) $-\sqrt{1-y^2} \leq x \leq \sqrt{1-y^2}, 0 \leq y \leq 1$

【6.5】 図は略. (1) $y-1 \leq x \leq 1-y, 0 \leq y \leq 1$ (2) $-\sqrt{y} \leq x \leq \sqrt{y}, 0 \leq y \leq 1$

【6.6】 (1) $0 \leq x \leq 3, 0 \leq y \leq 2$ (2) $y \leq x \leq 1, 0 \leq y \leq 1$
(3) $0 \leq x \leq \sqrt{2-y^2}, 0 \leq y \leq \sqrt{2}$ (4) $\log y \leq x \leq 1, 1 \leq y \leq e$

【6.7】 (1) $x \leq y \leq 1, 0 \leq x \leq 1$ (2) $x^2 \leq y \leq \sqrt{x}, 0 \leq x \leq 1$
(3) $0 \leq y \leq \sqrt{4-x^2}, 0 \leq x \leq 2$ (4) $\tan^{-1} x \leq y \leq \pi/4, 0 \leq x \leq 1$

【6.8】 図は略. (1) 3 (2) $\dfrac{16}{5}$ (3) $e-2$ (4) $\dfrac{1}{24}$ (5) $-\dfrac{8}{15}$ (6) $\dfrac{1}{2}(e-1)^2$ (7) $\dfrac{1}{3}$

【6.9】 図は略. (1) 3 (2) $\dfrac{3}{10}$ (3) $\dfrac{1}{24}$ (4) $-\dfrac{8}{5}$ (5) $\dfrac{1}{6}(2e^3 - 3e^2 + 1)$ (6) $\dfrac{1}{3}$ (7) 0

【6.10】 (1) $\int_0^1 \left(\int_y^1 f(x,y)\, dx \right) dy$ (2) $\int_0^1 \left(\int_y^{\sqrt{y}} f(x,y)\, dx \right) dy$
(3) $\int_0^1 \left(\int_0^{\sqrt{1-x}} f(x,y)\, dy \right) dx$ (4) $\int_0^2 \left(\int_{x/2}^x f(x,y)\, dy \right) dx + \int_2^4 \left(\int_{x/2}^2 f(x,y)\, dy \right) dx$

【6.11】 $\dfrac{2}{9}(2\sqrt{2}-1)$ 【6.12】 (1) -3 (2) $2(u^2 - v^2)$ (3) u

【6.13】 (1) $0 \leq r \leq 3, 0 \leq \theta < 2\pi$ (2) $0 \leq r \leq 2, \pi/2 \leq \theta \leq \pi$
(3) $1 \leq r \leq 3, 0 \leq \theta < 2\pi$ (4) $0 \leq r \leq \cos\theta, -\pi/2 \leq \theta \leq \pi/2$

【6.14】 (1) 0 (2) $\dfrac{4}{5}$

【6.15】 (1) 0 (2) 4π (3) 4π (4) $\dfrac{1}{8}$ (5) $\dfrac{\pi}{4}$ (6) $\sqrt{2}-1$ (7) $\dfrac{16}{9}$

【6.16】 (1) $\dfrac{1}{2}$ (2) $\dfrac{1}{24}$ (3) $\pi(e-1)$ (4) $\dfrac{16}{9}(3\pi - 4)$

【6.17】 (1) $\dfrac{1}{12}(5\sqrt{5}-1)$ (2) $\dfrac{\pi}{6}(2\sqrt{2}-1)$ (3) $8\pi(2-\sqrt{3})$

【6.18】 (1) $\left(\dfrac{9}{20}, \dfrac{9}{20}\right)$ (2) $\left(\dfrac{1}{2}, \dfrac{2}{5}\right)$ (3) $\left(0, -\dfrac{1}{3}\right)$

【6.19】 (1) 2 (2) $\dfrac{1}{36}$ (3) $\dfrac{\pi}{6}$ (4) $\dfrac{\pi}{4}$

【6.20】 (1) $\dfrac{4}{5}\pi$ (2) $\dfrac{\pi}{16}$ (3) $\dfrac{124}{15}\pi$ (4) $\dfrac{3}{2}\pi$

B.2 類題の答え

1章 類題の答え

[類 1.1] (1) $x \neq -2$ (2) $-\sqrt{3} < x < \sqrt{3}$ (3) $x \leqq 0,\ 2 < x$

[類 1.2] (1) $(g \circ f)(x) = \dfrac{2}{|x|}$, $(f \circ g)(x) = \dfrac{4}{x}$ (2) $(f \circ f)(x) = x$

[類 1.3] (1) 1 (2) -1 (3) -1 [類 1.4] (1) 81 (2) $\dfrac{1}{64}$ (3) 1

[類 1.5] 約 1.4×10^3 kg/m^3 [類 1.6] (1) 8 (2) 3 (3) -6

[類 1.7] (1) 4 (2) $\dfrac{1}{125}$ (3) 12 (4) $\dfrac{2}{3}$ (5) 4 (6) $\dfrac{1}{7}$ [類 1.8] (1) $a^{2/5}$ (2) $a^{-1/2}$

[類 1.9] (1) a^2 (2) a^{-9} (3) $a^{-6}b^4$ (4) $a^{-3}b^6$ (5) $a^{7/8}$ (6) a^{-1} (7) $a\,b^{1/6}$

[類 1.10] (1) 4 (2) $-\dfrac{3}{2}$ (3) $-\dfrac{1}{3}$ (4) $\dfrac{1}{9}$ (5) 12 (6) $\dfrac{1}{27}$

[類 1.11] (1) 4 (2) 5 (3) $-\dfrac{1}{2}$ (4) 1 (5) $\dfrac{6}{5}$ (6) 2   [類 1.12] (1) $\dfrac{1}{2}$ (2) 6 (3) 1

[類 1.13] (1) $150° = \dfrac{5}{6}\pi$, $36° = \dfrac{\pi}{5}$ (2) $\dfrac{2}{3}\pi = 120°$, $\dfrac{\pi}{12} = 15°$

[類 1.14] $\sin\left(-\dfrac{\pi}{6}\right) = -\dfrac{1}{2}$, $\cos\left(-\dfrac{\pi}{6}\right) = \dfrac{\sqrt{3}}{2}$, $\tan\left(-\dfrac{\pi}{6}\right) = -\dfrac{1}{\sqrt{3}}$

[類 1.15]   (1) (左辺) $= 1 + \dfrac{\cos^2\theta}{\sin^2\theta} = \dfrac{\sin^2\theta + \cos^2\theta}{\sin^2\theta} = \dfrac{1}{\sin^2\theta} = $ (右辺)

(2) (左辺) $= \dfrac{\dfrac{\sin^2\theta}{\cos^2\theta} \cdot \cos^2\theta}{1+\cos\theta} = \dfrac{\sin^2\theta}{1+\cos\theta} = \dfrac{1-\cos^2\theta}{1+\cos\theta} = \dfrac{(1+\cos\theta)(1-\cos\theta)}{1+\cos\theta}$

$= 1 - \cos\theta = $ (右辺)

[類 1.16] $\sin\alpha > 0$, $\cos\beta < 0$ となり, $\sin\alpha = \dfrac{\sqrt{5}}{3}$, $\cos\beta = -\dfrac{2\sqrt{2}}{3}$

加法定理を利用して $\sin(\alpha+\beta) = -\dfrac{2(\sqrt{10}-1)}{9}$, $\cos(\alpha+\beta) = -\dfrac{4\sqrt{2}+\sqrt{5}}{9}$

[類 1.17] (1) (左辺) $= 2\tan\theta \cdot \cos^2\theta = 2\dfrac{\sin\theta}{\cos\theta} \cdot \cos^2\theta = 2\sin\theta\cos\theta = \sin 2\theta = $ (右辺)

(2) (左辺) $= \dfrac{2\sin^2\theta}{2\cos^2\theta} = \left(\dfrac{\sin\theta}{\cos\theta}\right)^2 = \tan^2\theta = $ (右辺)

[類 1.18]

$\sin 3\theta = \sin 2\theta \cos\theta + \cos 2\theta \sin\theta$
$= 2\sin\theta\cos^2\theta + (1-2\sin^2\theta)\sin\theta$
$= 2\sin\theta(1-\sin^2\theta) + \sin\theta - 2\sin^3\theta$
$= 3\sin\theta - 4\sin^3\theta$

$\cos 3\theta = \cos 2\theta \cos\theta - \sin 2\theta \sin\theta$
$= (2\cos^2\theta - 1)\cos\theta - 2\sin^2\theta\cos\theta$
$= 2\cos^3\theta - \cos\theta - 2(1-\cos^2\theta)\cos\theta$
$= -3\cos\theta + 4\cos^3\theta$

[類 1.19] (1) $2\sin\left(\theta+\dfrac{\pi}{6}\right)$ (2) $\sqrt{2}\sin\left(\theta+\dfrac{3}{4}\pi\right)$
(3) $5\sin(\theta+\alpha)$ ただし $\cos\alpha=\dfrac{3}{5}$, $\sin\alpha=\dfrac{4}{5}$ [類 1.20] (1) $-\dfrac{\pi}{6}$ (2) $\dfrac{\pi}{4}$ (3) $\dfrac{\pi}{6}$

[類 1.21] (1) $\theta=\sin^{-1}\dfrac{1}{3}=\cos^{-1}x$ とおくと $\sin\theta=\dfrac{1}{3}$, $0<\theta<\dfrac{\pi}{2}$, $\cos\theta>0$
となり $x=\cos\theta=\sqrt{1-\sin^2\theta}=\sqrt{1-\left(\dfrac{1}{3}\right)^2}=\dfrac{2\sqrt{2}}{3}$

(2) $\theta=\tan^{-1}(-2)=\sin^{-1}x$ とおくと $\tan\theta=-2$, $x=\sin\theta$, $-\dfrac{\pi}{2}<\theta<0$,
$\sin\theta<0$ となり $\cos^2\theta=\dfrac{1}{1+\tan^2\theta}=\dfrac{1}{5}$ より $x=\sin\theta=-\sqrt{1-\cos^2\theta}=-\dfrac{2}{\sqrt{5}}$

(3) $\theta=2\tan^{-1}3=\cos^{-1}x$ とおくと $\tan\dfrac{\theta}{2}=3$, $x=\cos\theta$, $\dfrac{\pi}{2}<\theta<\pi$,
$x=\cos\theta=2\cos^2\dfrac{\theta}{2}-1=\dfrac{2}{1+\tan^2(\theta/2)}-1=\dfrac{2}{10}-1=-\dfrac{4}{5}$

[類 1.22] (1) $\sin^{-1}\dfrac{3}{5}=\theta$, $\sin^{-1}\dfrac{5}{13}=\varphi$ とおくと $\sin\theta=\dfrac{3}{5}$, $\sin\varphi=\dfrac{5}{13}$, $0<\theta,\varphi<\dfrac{\pi}{2}$
$\cos\theta=\sqrt{1-\sin^2\theta}=\sqrt{1-\left(\dfrac{3}{5}\right)^2}=\dfrac{4}{5}$, $\cos\varphi=\sqrt{1-\sin^2\varphi}=\sqrt{1-\left(\dfrac{5}{13}\right)^2}=\dfrac{12}{13}$
$\cos(\theta+\varphi)=\cos\theta\cos\varphi-\sin\theta\sin\varphi=\dfrac{4}{5}\cdot\dfrac{12}{13}-\dfrac{3}{5}\cdot\dfrac{5}{13}=\dfrac{33}{65}$, $0<\theta+\varphi<\pi$
したがって $\theta+\varphi=\cos^{-1}\dfrac{33}{65}$ つまり $\sin^{-1}\dfrac{3}{5}+\sin^{-1}\dfrac{5}{13}=\cos^{-1}\dfrac{33}{65}$

(2) $\tan^{-1}x=\theta$ $(x>0)$ とおくと $\tan\theta=x$, $0<\theta<\dfrac{\pi}{2}$
$0<\dfrac{\pi}{2}-\theta<\dfrac{\pi}{2}$ であり $\tan\left(\dfrac{\pi}{2}-\theta\right)=\dfrac{1}{\tan\theta}=\dfrac{1}{x}$ より $\dfrac{\pi}{2}-\theta=\tan^{-1}\dfrac{1}{x}$
$\theta+\tan^{-1}\dfrac{1}{x}=\dfrac{\pi}{2}$, $\tan^{-1}x+\tan^{-1}\dfrac{1}{x}=\dfrac{\pi}{2}$ $(x>0)$

[類 1.23] (1) 2 (2) 4 (3) 0 (4) e (5) 0 (6) 0 (7) $-\infty$ (8) 0 (9) e^{-1}

2章 類題の答え

[類 2.1] (1) $6x^2-1$ (2) $x^2(4x-9)$ (3) $25x^4-4x^3+5$ (4) $x(21x^5+5x^3-12)$
(5) $\dfrac{-2x^2+8x-1}{(2x^2-1)^2}$ (6) $-\dfrac{x(x^3-2)}{(x^3+1)^2}$ (7) $-\dfrac{2x+1}{(x^2+x+1)^2}$ (8) $\dfrac{10}{(1-2x)^2}$

[類 2.2] (1) $-7(2-x)^6$ (2) $6(2x^3-1)(x^4-2x-2)^2$ (3) $2(5x^4+1)^5(125x^4-60x^3+1)$
(4) $4x(x^2+1)^3(x^4-2)^4(7x^4+5x^2-4)$ (5) $-4\left(\dfrac{x+2}{x^2-1}\right)^3\dfrac{x^2+4x+1}{(x^2-1)^2}$
(6) $\dfrac{x^2(-17x^4+3)}{(x^4+1)^6}$ (7) $-\dfrac{3(2x+1)}{(x^2+x+1)^4}$ (8) $\dfrac{42}{(1-2x)^8}$

[類 2.3] (1) $-15x^{-4} = -\dfrac{15}{x^4}$ (2) $\sqrt{2}\,x^{\sqrt{2}-1}$ (3) $-18x(3x^2+4)^{-2} = -\dfrac{18x}{(3x^2+4)^2}$

(4) $-\dfrac{4}{3}x^{-7/3} = -\dfrac{4}{3x^2\sqrt[3]{x}}$ (5) $\dfrac{3x}{\sqrt{3x^2+4}}$ (6) $-3x(3x^2+4)^{-3/2} = -\dfrac{3x}{(3x^2+4)\sqrt{3x^2+4}}$

(7) $\dfrac{x^5(13x+24)}{2\sqrt{x+2}}$ (8) $-\dfrac{3(1-2x)^2(14x+3)}{2\sqrt{3x+1}}$ (9) $-\dfrac{2(x^4+3)}{3x^3(x^4+1)^{2/3}}$

[類 2.4] (1) $4e^{4x}$ (2) $\dfrac{2x+1}{x^2+x+1}$ (3) $\dfrac{1}{x\log x}$ (4) $\dfrac{1+\sqrt{x}}{2\sqrt{x}}e^{\sqrt{x}}$

(5) $e^x\left(\dfrac{2}{1+2x}+\log(1+2x)\right)$ (6) $\dfrac{(2x-x^2)e^x - (2x+x^2)e^{-x}}{(e^x-e^{-x})^2}$ (7) $\dfrac{1}{x^2-1}$

[類 2.5] (1) $(2x+1)^x\left(\log(2x+1)+\dfrac{2x}{2x+1}\right)$ (2) $x^{3x}\sqrt{2x+1}\left(3\log x + 3 + \dfrac{1}{2x+1}\right)$

[類 2.6] (1) $\sin x \sin(\cos x)$ (2) $\dfrac{1}{2\tan(x/2)\cos^2(x/2)} = \dfrac{1}{\sin x}$ (3) $2x\sin\dfrac{1}{x} - \cos\dfrac{1}{x}$

(4) $-e^{-3x}(3\cos 2x + 2\sin 2x)$ (5) $e^x(7\sin 3x + \cos 3x)$

(6) $\dfrac{2\sin x - \sin^3 x + 3x\cos x - x\cos^3 x}{(1+\cos^2 x)^2}$ (7) $\dfrac{3-2\cos x}{(1+\cos x)^3}$

(8) $(\sin x)^{\sin x}\cos x(1+\log(\sin x))$

[類 2.7] (1) $\dfrac{4x}{\sqrt{1-4x^4}}$ (2) $-\dfrac{1}{2\sqrt{(1-x^2)\cos^{-1}x}}$ (3) $-\dfrac{1}{x^2+2x+2}$

(4) $2x\cos^{-1}\dfrac{x}{2} - \dfrac{x^2}{\sqrt{4-x^2}}$ (5) $\dfrac{2e^{\sin^{-1}2x}}{\sqrt{1-4x^2}}$ (6) $c^{-x}\left(\dfrac{2x}{1+x^4} - \tan^{-1}x^2\right)$

(7) $-\dfrac{1}{(\sin^{-1}x)^2\sqrt{1-x^2}}$ (8) $-\dfrac{1}{2\sqrt{1-x^2}}$ [類 2.8] (1) $\dfrac{4(t+1)^3}{3t^2}$ $(t\neq 0)$

(2) $\dfrac{\sin t + t\cos t}{\cos t - t\sin t}$ $(\cos t \neq t\sin t)$ (3) $\dfrac{\cos t - \cos 2t}{-\sin t + \sin 2t}$ $(t\neq 0,\pm\pi/3)$

[類 2.9] (1) $\dfrac{x}{y}$ $(y\neq 0)$ (2) $\dfrac{2x(2x^2-y)}{x^2-3y^2}$ $\left(y\neq 0,\dfrac{2}{9}\right)$ (または $x^2\neq 3y^2$)

(3) $-\dfrac{y^2\sin(xy^2)}{1+2xy\sin(xy^2)}$ $(1+2xy\sin(xy^2)\neq 0)$ [類 2.10] (1) $12x^2+2 = 2(6x^2+1)$

(2) $4\sin^2 x(3\cos^2 x - \sin^2 x) = 4\sin^2 x(3-4\sin^2 x)$ (3) $2e^{-2x}(2x^2-4x+1)$

[類 2.11] (1) $(-2)^n e^{-2x}$ (2) $3^n\cos\left(3x+\dfrac{n\pi}{2}\right)$ (3) $\dfrac{(-1)^{n-1}2^n(n-1)!}{(1+2x)^n}$

(4) $(\sqrt{2})^n e^x \sin\left(x+\dfrac{n\pi}{4}\right)$

(5) $y' = -2x - 1 + \dfrac{1}{(1-x)^2}$, $y'' = -2 + \dfrac{2}{(1-x)^3}$, $y^{(n)} = \dfrac{n!}{(1-x)^{n+1}}$ $(n\geqq 3)$

[類 2.12] (1) $x^2 \cos\left(x + \dfrac{n\pi}{2}\right) + 2nx\cos\left(x + \dfrac{(n-1)\pi}{2}\right) + n(n-1)\cos\left(x + \dfrac{(n-2)\pi}{2}\right)$
$= \{x^2 - n(n-1)\}\cos\left(x + \dfrac{n\pi}{2}\right) + 2nx\sin\left(x + \dfrac{n\pi}{2}\right)$

(2) $e^x\{x^3 + 3nx^2 + 3n(n-1)x + n(n-1)(n-2)\}$

(3) $y' = \dfrac{1 - \cos 2x}{2} + x\sin 2x \quad (n = 1)$

$y^{(n)} = -2^{n-2}\left\{2x\cos\left(2x + \dfrac{n\pi}{2}\right) + n\cos\left(2x + \dfrac{(n-1)\pi}{2}\right)\right\}$
$= -2^{n-2}\left\{2x\cos\left(2x + \dfrac{n\pi}{2}\right) + n\sin\left(2x + \dfrac{n\pi}{2}\right)\right\}$ $(n \geqq 2)$

[類 2.13] (1) $\dfrac{1}{2}$ (2) $-\dfrac{1}{2}$ (3) $-\dfrac{4}{3}$ (4) 0 [類 2.14] (1) $y = 7x + 8$ (2) $y = x$
(3) $y = \dfrac{8\sqrt{3}}{9}x - \dfrac{4\sqrt{3}}{27}\pi + \dfrac{1}{3}$ (4) $y = -\dfrac{\sqrt{2}}{2}x + 2$ (5) $y = -\dfrac{2}{\pi}x + \dfrac{1}{2}$

[類 2.15] (1) 2 (2) -1 (3) 1 (4) 0 (5) 3 (6) 2

[類 2.17] (1) 0 (2) 0 (3) 1 (4) 1 (5) $-\dfrac{1}{2}$

[類 2.18] (1) $\log(1+x) \simeq x - \dfrac{x^2}{2} + \dfrac{x^3}{3} - \dfrac{x^4}{4}$ (2) $(1+x)^{-1} \simeq 1 - x + x^2$

(3) $\dfrac{1}{2}(e^x + e^{-x}) \simeq 1 + \dfrac{x^2}{2} + \dfrac{x^4}{24}$ (4) $(x+1)e^{2x} \simeq 1 + 3x + 4x^2 + \dfrac{10}{3}x^3$

(5) $e^{-x}\log(1-x) \simeq -x + \dfrac{1}{2}x^2 - \dfrac{1}{3}x^3$ (6) $e^x\sqrt{1+x} \simeq 1 + \dfrac{3}{2}x + \dfrac{7}{8}x^2 + \dfrac{17}{48}x^3$

(7) $(1+x^2)^{-1}\cos 2x \simeq 1 - 3x^2 + \dfrac{11}{3}x^4$ (8) $e^{-2x} \simeq 1 - 2x + 2x^2 - \cdots + \dfrac{(-2)^n}{n!}x^n$

(9) $\sqrt{1-x^2} \simeq 1 - \dfrac{1}{2}x^2 - \dfrac{1}{8}x^4 - \cdots + (-1)^n \binom{\frac{1}{2}}{n}x^{2n}$

(10) $(1+x^2)\cos x \simeq 1 + \dfrac{1}{2}x^2 - \dfrac{11}{24}x^4 + \cdots + (-1)^n\left(\dfrac{1}{(2n)!} - \dfrac{1}{(2n-2)!}\right)x^{2n}$

(11) $\log(1 - x - 2x^2) \simeq -x - \dfrac{5}{2}x^2 - \dfrac{7}{3}x^3 - \cdots - \dfrac{2^n + (-1)^n}{n}x^n$

[類 2.19] (1) 極小値 5 $(x = 0, 2$ のとき$)$；極大値 6 $(x = 1$ のとき$)$

(2) 極小値 -2 $(x = 1$ のとき$)$；極大値 6 $(x = -1$ のとき$)$

(3) 極小値 -1 $(x = -1$ のとき$)$；極大値 1 $(x = 1$ のとき$)$

(4) 極小値 $\dfrac{9 - 4\sqrt{2}}{7}$ $(x = \sqrt{2}$ のとき$)$；極大値 $\dfrac{9 + 4\sqrt{2}}{7}$ $(x = -\sqrt{2}$ のとき$)$

(5) 極小値 2 $(x = 1$ のとき$)$ (6) 極小値 1 $(x = 1$ のとき$)$

(7) 極小値 2 $(x = 0$ のとき$)$ (8) 極大値 e^{-1} $(x = e$ のとき$)$

[類 2.20]　(1)　極小値 5 ($x=0,2$ のとき)；極大値 6 ($x=1$ のとき)

(2)　極小値 -1 ($x=-1$ のとき)；極大値 1 ($x=1$ のとき)

(3)　極小値 $-\frac{2}{3}\pi - \sqrt{3}$ ($x=-\frac{2}{3}\pi$ のとき)；極大値 $\frac{2}{3}\pi + \sqrt{3}$ ($x=\frac{2}{3}\pi$ のとき)

(4)　$x=0$ のとき極小値 1

[類 2.21]　(1)　$f(x) = 2\sqrt{x} - \log x$ とおく．$f'(x) > 0$ ($x > 1$), $f(1) = 2 > 0$ より $f(x) > 0$ ($x > 1$) となる．

(2) $f(x) = e^{-x} - (1-x)$ とおく．$f'(x) > 0$ ($x > 0$), $f(0) = 0$ より $f(x) > 0$ ($x > 0$)

(3) $f(x) = 1 - x + \frac{x^2}{2} - e^{-x}$ とおく．$f''(x) > 0$ ($x > 0$), $f'(0) = 0$ より $f'(x) > 0$ ($x > 0$) となる．このことと $f(0) = 0$ より $f(x) > 0$ が成り立つ．((2) の結果を使ってもよい．)

(4) $f(x) = \tan^{-1} x + \tan^{-1}(1/x)$ ($x < 0$)　とおく．$f'(x) = 0$ より $x < 0$ で定数関数．$f(-1) = -\frac{\pi}{2}$ より $f(x) = -\frac{\pi}{2}$ ($x < 0$) となる．

[類 2.22]

(1)

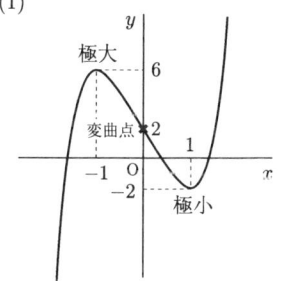

(2)

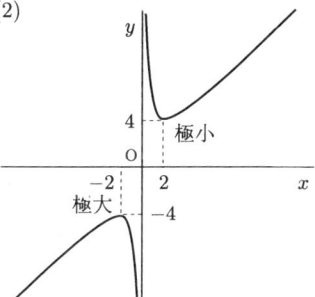

(3)

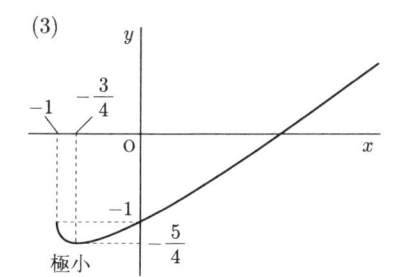

(4)

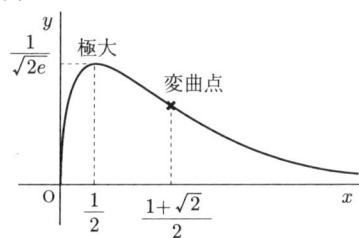

3章 類題の答え

[類 3.1] (1) $\frac{1}{4}x^4 + C$ (2) $-\frac{1}{5}x^{-5} + C$ (3) $-\frac{2}{\sqrt{x}} + C$ (4) $e^x + C$
(5) $\cos x + C$ (6) $\tan x + C$ (7) $\frac{1}{\sqrt{3}}\tan^{-1}\frac{x}{\sqrt{3}} + C$ (8) $\sin^{-1}\frac{x}{\sqrt{5}} + C$

[類 3.2] (1) $f'(x) + C$ (2) $\log|f(x)| + C$

[類 3.3] (1) $-\frac{1}{5}x^5 - 2x^3 + \frac{1}{2}x^2 + 2x + C$ (2) $-3\cos x - e^x + C$
(3) $-\frac{3}{4x} + \frac{2^{x-1}}{\log 2} + C$ (4) $\frac{1}{3}\sin x - 2\tan x + C$ (5) $\frac{2}{5}x^{5/2} - 2\sqrt{x} + C$
(6) $\tan x - x + C$

[類 3.4] (1) $\frac{1}{12}(4x+1)^3 + C$ (2) $-\log|1-x| + C$ (3) $-\frac{1}{2(2x+1)} + C$
(4) $\frac{2}{15}(5x-1)^{3/2} + C$ (5) $-\frac{1}{2}e^{-2x} + C$ (6) $-\frac{5^{1-2x}}{2\log 5} + C$
(7) $-\frac{1}{3}\cos(3x-1) + C$ (8) $\frac{1}{4}(2x + \sin 2x) + C$

[類 3.5] (1) $\frac{1}{4}(x^4+2)^4 + C$ (2) $\log(e^x+1) + C$ (3) $\frac{1}{2}(\sin^{-1}x)^2 + C$
(4) $-\frac{1}{6}e^{-3x^2+1} + C$ (5) $e^{\tan x} + C$ (6) $\log|\log x| + C$ (7) $2\sin(\sqrt{x}) + C$
(8) $-\cos(\log x + 1) + C$

[類 3.6] (1) $2\tan^{-1}(\sqrt{x-1}) + C$ (2) $2\sqrt{x+4} + 2\log\left|\frac{\sqrt{x+4}-2}{\sqrt{x+4}+2}\right| + C$
(3) $-\frac{1}{2(e^{2x}+1)} + C$ (4) $2\sqrt{\sin x} - \frac{2}{5}(\sqrt{\sin x})^5 + C$ (5) $\sin^{-1}\frac{x}{2} + C$

[類 3.7] (1) $-x\cos x + \sin x + C$ (2) $\frac{x^6}{36}(6\log x - 1) + C$ (3) $-\frac{e^{-2x}}{4}(2x+1) + C$
(4) $\frac{1}{9}(3x\sin 3x + \cos 3x) + C$ (5) $(2-x^2)\cos x + 2x\sin x + C$
(6) $e^x(x^3 - 3x^2 + 6x - 6) + C$ (7) $x\sin^{-1}x + \sqrt{1-x^2} + C$
(8) $x\log(1+x^2) - 2x + 2\tan^{-1}x + C$

[類 3.9] (1) $2x - \tan^{-1}x + C$ (2) $\frac{1}{3}x^3 + x^2 - x - \log(x^2+1) - \tan^{-1}x + C$
(3) $\frac{1}{4}\log\left|\frac{x-3}{x+1}\right| + C$ (4) $\frac{1}{2}(3\log|x-3| - \log|x-1|) + C$
(5) $\log|x+1| + \frac{1}{x+1} + C$ (6) $x - \log(x^2+4x+5) + \tan^{-1}(x+2) + C$

[類 3.10] (1) $\log|x+2| + \frac{4}{x+2} - \frac{2}{(x+2)^2} + C$
(2) $\log|x| - \frac{1}{2}\log(x^2+4x+5) + \tan^{-1}(x+2) + C$

$\boxed{4\text{章 類題の答え}}$

[類 4.2] (1) $\dfrac{2}{7}$　(2) $\dfrac{3}{4}+3\log 2$　(3) $2(\sqrt{2}-1)$　(4) $\dfrac{1}{2}(1-e^{-2})$

(5) $\dfrac{2\sqrt{3}}{3}+2e^{-1}-2$　(6) 0　(7) $\dfrac{1}{5}$　(8) $\dfrac{\pi}{12}$　(9) $-\dfrac{\pi}{4}$

[類 4.3] (1) $e^2-e+\dfrac{1}{2}$　(2) π　(3) $\dfrac{1}{2}$　(4) $\dfrac{31}{6}$　(5) $\log 2$

[類 4.4] (1) $-\dfrac{68}{3}$　(2) 0　(3) 0

[類 4.5] (1) $\dfrac{1}{6}$　(2) 0　(3) $\dfrac{2}{3}$　(4) $\dfrac{1}{2}\log 2$　(5) $\log 2$　(6) $\dfrac{\pi}{6}$

[類 4.6] (1) $\dfrac{\pi}{2}-1$　(2) $4\log 2-\dfrac{15}{16}$　(3) $-2e^{-1}$　(4) $\dfrac{1}{4}(\pi-2\log 2)$　(5) π^2-4

[類 4.7] (1) $\dfrac{3}{5}$　(2) ∞　(3) $\dfrac{\pi}{4}$　(4) $\dfrac{\pi}{2}$　(5) $\log 2$　(6) $\dfrac{1}{2}$　(7) 2

[類 4.8] (1) $\dfrac{4}{3}$　(2) ∞　(3) 1　(4) π　(5) -1　(6) -2

[類 4.9] (1) $\dfrac{1}{2}$　(2) $2\log 2-1$　(3) $2\sqrt{2}$

$\boxed{5\text{章 類題の答え}}$

[類 5.1] (1) $z_x=3(x^2+y)$, $z_y=3(x+y^2)$　　(2) $z_x=-\dfrac{y}{x^2}$, $z_y=\dfrac{1}{x}$

(3) $z_x=\dfrac{x}{\sqrt{x^2+y^2}}$, $z_y=\dfrac{y}{\sqrt{x^2+y^2}}$　(4) $z_x=-\dfrac{4xy}{x^4+4y^2}$, $z_y=\dfrac{2x^2}{x^4+4y^2}$

(5) $z_x=\dfrac{y(x^2+y^2)\cos(xy)-2x\sin(xy)}{(x^2+y^2)^2}$, $z_y=\dfrac{x(x^2+y^2)\cos(xy)-2y\sin(xy)}{(x^2+y^2)^2}$

(6) $z_x=\dfrac{3(\log(x-y-1))^2}{x-y-1}$, $z_y=-\dfrac{3(\log(x-y-1))^2}{x-y-1}$

(7) $z_x=e^{x^2+y^2}\{2x\cos(x-3y)-\sin(x-3y)\}$,

$z_y=e^{x^2+y^2}\{2y\cos(x-3y)+3\sin(x-3y)\}$

(8) $z_x=2e^{2xy}(3x^2y-2xy^2+y^3+3x-y)$, $z_y=2e^{2xy}(3x^3-2x^2y+xy^2-x+y)$

[類 5.2] (1) $f_x(1,-2)=-3$, $f_y(1,-2)=15$　(2) $f_x(1,-2)=\dfrac{1}{\sqrt{5}}$, $f_y(1,-2)=-\dfrac{2}{\sqrt{5}}$

(3) $f_x(1,-2)=\dfrac{3}{2}(\log 2)^2$, $f_y(1,-2)=-\dfrac{3}{2}(\log 2)^2$

(4) $f_x(1,-2)=-34e^{-4}$, $f_y(1,-2)=16e^{-4}$

[類 5.3] (1) $z_x=f'(x-3y)$, $z_y=-3f'(x-3y)$　(2) $z_x=y^2f'(xy^2)$, $z_y=2xyf'(xy^2)$

(3) $z_x=\dfrac{x}{\sqrt{x^2+y^2}}\,f'(\sqrt{x^2+y^2})$, $z_y=\dfrac{y}{\sqrt{x^2+y^2}}\,f'(\sqrt{x^2+y^2})$　　（詳細略）

[類 5.4] (1) $z_{xx} = 6x$, $z_{xy} = z_{yx} = -2$, $z_{yy} = -6y$

(2) $z_{xx} = \dfrac{y^2}{(x^2+y^2)^{3/2}}$, $z_{xy} = z_{yx} = -\dfrac{xy}{(x^2+y^2)^{3/2}}$, $z_{yy} = \dfrac{x^2}{(x^2+y^2)^{3/2}}$

(3) $z_{xx} = 2y^3\{2\cos(xy) - xy\sin(xy)\}$,

$z_{xy} = z_{yx} = 2y\{(2 - x^2y^2)\sin(xy) + 4xy\cos(xy)\}$,

$z_{yy} = 2x\{(2 - x^2y^2)\sin(xy) + 4xy\cos(xy)\}$

[類 5.5] (1) $f_{xx}(1,2) = -8$, $f_{xy}(1,2) = f_{yx}(1,2) = 12$, $f_{yy}(1,2) = 10$

(2) $f_{xx}(1,2) = -\dfrac{1}{4}$, $f_{xy}(1,2) = f_{yx}(1,2) = -\dfrac{1}{8}$, $f_{yy}(1,2) = -\dfrac{1}{16}$

(3) $f_{xx}(1,2) = \dfrac{4\sqrt{5}}{25}$, $f_{xy}(1,2) = f_{yx}(1,2) = -\dfrac{2\sqrt{5}}{25}$, $f_{yy}(1,2) = \dfrac{\sqrt{5}}{25}$

[類 5.6] (1) $z' = 2z_x + 3t^2 z_y$ (2) $z' = -2(\sin 2t\, z_x - \cos 2t\, z_y) = -2(yz_x - xz_y)$

[類 5.7] (1) $z_u = 2z_x + z_y$, $z_v = 3z_x - z_y$ (2) $z_u = v(2uz_x + vz_y)$, $z_v = u(uz_x + 2vz_y)$

(3) $z_u = e^{-u}\{(-u-v+1)z_x + (-u+v+1)z_y\}$, $z_v = e^{-u}(z_x - z_y)$

[類 5.10] (1) $z = \dfrac{1}{r}$, $(z_x)^2 + (z_y)^2 = \dfrac{1}{r^4}$, $z_{xx} + z_{yy} = \dfrac{1}{r^3}$

(2) $z = \log r$, $(z_x)^2 + (z_y)^2 = \dfrac{1}{r^2}$, $z_{xx} + z_{yy} = 0$

(3) $z = \tan\theta$, $(z_x)^2 + (z_y)^2 = \dfrac{1}{r^2\cos^4\theta}$, $z_{xx} + z_{yy} = \dfrac{2\sin\theta}{r^2\cos^3\theta}$

[類 5.11] (1) $dz = y(9x^2y - 1)\,dx + x(6x^2y - 1)\,dy$

(2) $dz = -e^{-x}\{(\cos(xy) + y\sin(xy))\,dx + x\sin(xy)\,dy\}$

(3) $dz = \left(\log(x^2+y^2+1) + \dfrac{2x(x-y)}{x^2+y^2+1}\right)dx + \left(-\log(x^2+y^2+1) + \dfrac{2y(x-y)}{x^2+y^2+1}\right)dy$

[類 5.12] (1) $z = 3x + 3y - 4$ (2) $z = x + 3y - 1$ (3) $z = -x + 2y + 4$

[類 5.13] (1) 点 $(2,0)$ で極小値 -4 (2) 点 $(0,0)$ で極小値 0

(3) 点 $(-2,-2)$ で極大値 8 (4) 点 $(1,1)$ で極小値 9

(5) 点 $(\pm 1/2, \pm 1/2)$ （複号同順）で極小値 $-\dfrac{1}{8}$,

点 $(\pm 1/2, \mp 1/2)$ （複号同順）で極大値 $\dfrac{1}{8}$

$\left(\begin{array}{l}\text{候補点}\quad (1)\,(2,0)\quad (2)\,(0,0),(-2,0)\quad (3)\,(0,0),(-2,-2)\quad (4)\,(1,1)\\ \qquad\quad (5)\ 9\ \text{点}\quad (0,0),(\pm 1,0),(0,\pm 1),(\pm 1/2, \pm 1/2)\end{array}\right)$

[類 5.14] 最大値なし，点 $(0,0)$ で最小値 2

[類 5.15] (1) 2 点 $\left(\pm\dfrac{1}{\sqrt{2}}, \pm\dfrac{1}{\sqrt{2}}\right)$ （複号同順） (2) 6 点 $\left(\pm\dfrac{1}{2}, \pm\dfrac{\sqrt{3}}{2}\right), (\pm 1, 0)$

(3) 2 点 $(\pm 1, \pm 1)$ （複号同順）   [類 5.16] $(1,1)$ で極小値 2 ，$(-1,-1)$ で極大値 -2

[類 5.17] (1) $w_x = 2xz^4 \sin y$, $w_y = x^2 z^4 \cos y$, $w_z = 4x^2 z^3 \sin y$

(2) $w_x = \dfrac{x}{\sqrt{x^2+y^2+z^2}}$, $w_y = \dfrac{y}{\sqrt{x^2+y^2+z^2}}$, $w_z = \dfrac{z}{\sqrt{x^2+y^2+z^2}}$

(3) $w_x = e^{xy^2}\left(y^2 \log(x^2+y^2+z^2) + \dfrac{2x}{x^2+y^2+z^2}\right)$

$w_y = e^{xy^2}\left(2xy \log(x^2+y^2+z^2) + \dfrac{2y}{x^2+y^2+z^2}\right)$, $w_z = \dfrac{2z e^{xy^2}}{x^2+y^2+z^2}$

[類 5.18] 関数を $f(x,y,z)$ とおく.

(1) $f_x(-1,0,1) = 0$, $f_y(-1,0,1) = 1$, $f_z(-1,0,1) = 0$

(2) $f_x(-1,0,1) = -\dfrac{1}{\sqrt{2}}$, $f_y(-1,0,1) = 0$, $f_z(-1,0,1) = \dfrac{1}{\sqrt{2}}$

(3) $f_x(-1,0,1) = -1$, $f_y(-1,0,1) = 0$, $f_z(-1,0,1) = 1$

[類 5.19] (1) $w_{xx} = 2z^4 \sin y$, $w_{yy} = -x^2 z^4 \sin y$, $w_{zz} = 12 x^2 z^2 \sin y$

$w_{xy} = w_{yx} = 2xz^4 \cos y$, $w_{xz} = w_{zx} = 8xz^3 \sin y$, $w_{yz} = w_{zy} = 4x^2 z^3 \cos y$

(2) $w_{xx} = \dfrac{y^2+z^2}{(x^2+y^2+z^2)^{3/2}}$, $w_{yy} = \dfrac{x^2+z^2}{(x^2+y^2+z^2)^{3/2}}$, $w_{zz} = \dfrac{x^2+y^2}{(x^2+y^2+z^2)^{3/2}}$

$w_{xy} = w_{yx} = -\dfrac{xy}{(x^2+y^2+z^2)^{3/2}}$, $w_{xz} = w_{zx} = -\dfrac{xz}{(x^2+y^2+z^2)^{3/2}}$

$w_{yz} = w_{zy} = -\dfrac{yz}{(x^2+y^2+z^2)^{3/2}}$

[類 5.20] (1) $2x+y+z = 5$ (2) $2x+y-2z = 1$ (3) $4x+y-\sqrt{2}z = 1$

---

6 章　類題の答え

[類 6.1] 略　　[類 6.2] (1) $1-x \leqq y \leqq 1$, $0 \leqq x \leqq 1$ (2) $x^3 \leqq y \leqq 8$, $0 \leqq x \leqq 2$

(3) $x \leqq y \leqq \sqrt{1-x^2}$, $0 \leqq x \leqq \dfrac{1}{\sqrt{2}}$

[類 6.3] (1) $-\sqrt{1-x^2} \leqq y \leqq \sqrt{1-x^2}$, $-1 \leqq x \leqq 0$ (2) $\sqrt{x} \leqq y \leqq 1$, $0 \leqq x \leqq 1$

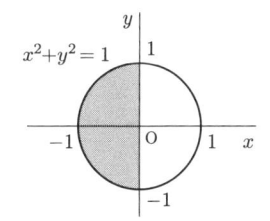

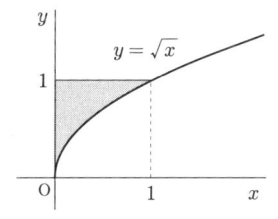

[類 6.4] (1) $1-y \leqq x \leqq 1$, $0 \leqq y \leqq 1$ (2) $0 \leqq x \leqq y^{1/3}$, $0 \leqq y \leqq 1$

(3) $0 \leqq x \leqq \sqrt{1-y^2}$, $0 \leqq y \leqq 1$

[類 6.5] (1) $-\sqrt{1-y^2} \leqq x \leqq \sqrt{1-y^2}$, $-1 \leqq y \leqq 0$

(2) $0 \leqq x \leqq y^2$, $0 \leqq y \leqq 1$

(1) は右図, (2) の図は [類 6.3] (2) と同じ.

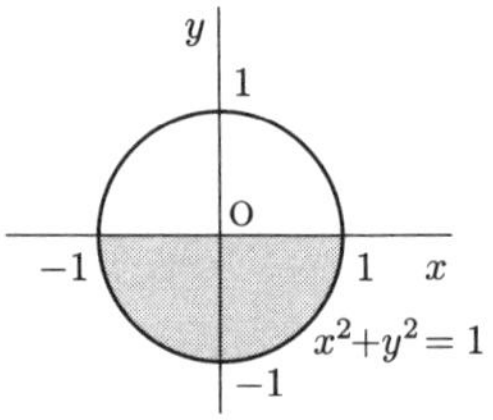

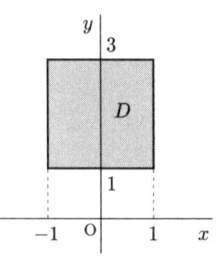

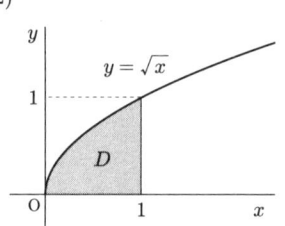

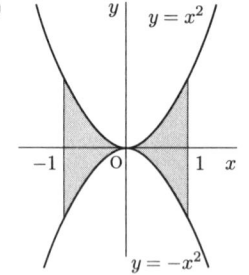

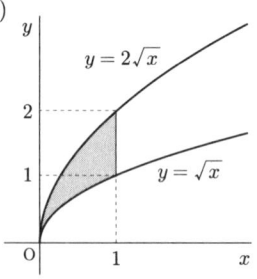

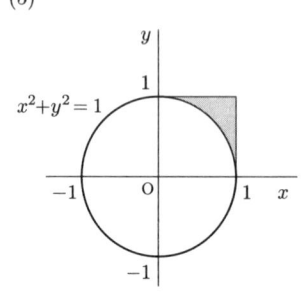

[類 6.6] (1) $\sqrt{y} \leqq x \leqq 1$, $0 \leqq y \leqq 1$

(2) $y^2 \leqq x \leqq y$, $0 \leqq y \leqq 1$

(3) $-\sqrt{1-y} \leqq x \leqq y-1$, $0 \leqq y \leqq 1$

[類 6.7] (1) $\sqrt{x} \leqq y \leqq 1$, $0 \leqq x \leqq 1$ (2) $x^2 \leqq y \leqq x$, $0 \leqq x \leqq 1$

(3) $e^x \leqq y \leqq e^2$, $0 \leqq x \leqq 2$

[類 6.8]　(1) -8　(2) $\dfrac{1}{20}$　(3) $\dfrac{4}{21}$　(4) $-\dfrac{19}{60}$　(5) $\dfrac{1}{3}$　(6) 2

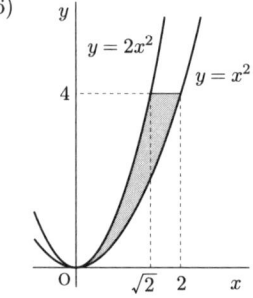

[類 6.9]　(1) -8　(2) $\dfrac{2}{7}$　(3) $\dfrac{4}{21}$　(4) $\dfrac{1}{2}$　(5) $\dfrac{1}{8}$　(6) $\dfrac{2-\sqrt{2}}{6}$

(1) の図は [類 6.8] (1) と同じ，(4) の図は [類 6.8] (5) と同じ．

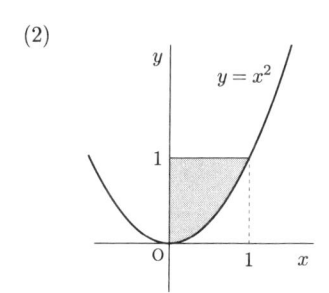

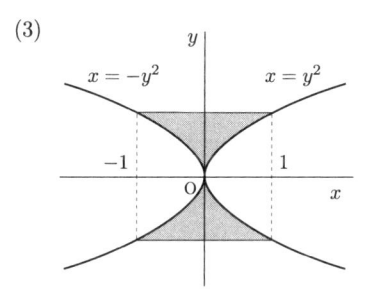

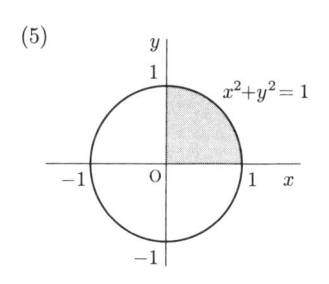

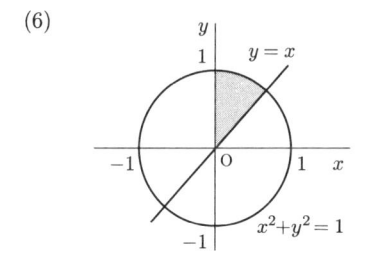

(2)

(3)

(5)

(6)

[類 6.10]　(1) $\displaystyle\int_0^1\left(\int_0^{\frac{1-y}{2}} f(x,y)\,dx\right)dy$　(2) $\displaystyle\int_0^1\left(\int_{-\sqrt{1-y}}^{y-1} f(x,y)\,dx\right)dy$

(3) $\displaystyle\int_0^1\left(\int_{x^2}^{\sqrt{x}} f(x,y)\,dy\right)dx$　(4) $\displaystyle\int_0^1\left(\int_{x^2/4}^{x^2} f(x,y)\,dy\right)dx+\int_1^2\left(\int_{x^2/4}^{1} f(x,y)\,dy\right)dx$

[類 6.11]　$\dfrac{1}{2}$　　[類 6.12]　(1) -3　(2) $-2e^{2u}(u+1)$　(3) e^{2u}

[類 6.13] (1) $0\leqq r\leqq\sqrt{3}$, $0\leqq\theta<2\pi$　(2) $0\leqq r\leqq 2$, $\dfrac{\pi}{4}\leqq\theta\leqq\dfrac{3}{4}\pi$

(3) $1\leqq r\leqq 3$, $\dfrac{\pi}{4}\leqq\theta\leqq\dfrac{5}{4}\pi$　(4) $0\leqq r\leqq\sin\theta$, $0\leqq\theta\leqq\pi/2$

[類 6.14]　(1) $\dfrac{3}{2}$　(2) $\dfrac{3}{2}$　[類 6.15]　(1) 0　(2) π　(3) $-\dfrac{1}{8}$　(4) $\dfrac{\pi}{4}(e-1)$

(5) $-2\sqrt{2}$　(6) $\dfrac{\pi}{2}$　(7) 18π　[類 6.16]　(1) $2(e-2)$　(2) $\dfrac{\pi}{2}$

[類 6.17]　(1) $\dfrac{\sqrt{14}}{2}$　(2) $2(2-\sqrt{2})\pi$　[類 6.18] (1) $\left(\dfrac{1}{2},\dfrac{8}{5}\right)$　(2) $\left(\dfrac{4}{3\pi},\dfrac{4}{3\pi}\right)$

[類 6.19]　(1) $18(e-1)$　(2) $\dfrac{1}{8}$　(3) $\dfrac{\pi}{8}$　[類 6.20]　(1) 16π　(2) $\dfrac{1}{15}$　(3) $\dfrac{15}{8}\pi$

B.3　章末問題の略解，方針（発展／応用／トピックス）

【2章】

[2–1]　点 (a,b) での接線を考える（$a^{2/3}+b^{2/3}=1$）．陰関数の微分法より $y'=-(y/x)^{1/3}$ で，接線は $y=-(b/a)^{1/3}(x-a)+b$，y 切片は $b^{1/3}$，x 切片は $a^{1/3}$ より線分の長さは $\sqrt{a^{2/3}+b^{2/3}}=1$ となり一定．

[2–2]　$\dfrac{dx}{dy}=-\dfrac{\sqrt{1-y^2}}{y}$ より点 P (a,b) とすると接線は $y=-\dfrac{b}{\sqrt{1-b^2}}(x-a)+b$．$x$ 軸との交点は Q $(a+\sqrt{1-b^2},0)$ となり，線分 PQ の長さは $\sqrt{(\sqrt{1-b^2})^2+b^2}=1$．

[2–3]　$\dfrac{dy}{dx}=\dfrac{dy}{dt}\cdot\dfrac{dt}{dx}$

$\dfrac{d^2y}{dx^2}=\dfrac{d}{dx}\left(\dfrac{dy}{dx}\right)=\dfrac{d}{dt}\left(\dfrac{dy}{dt}\right)\dfrac{dt}{dx}\cdot\dfrac{dt}{dx}+\dfrac{dy}{dt}\cdot\dfrac{d}{dt}\left(\dfrac{dt}{dx}\right)=\dfrac{d^2y}{dt^2}\left(\dfrac{dt}{dx}\right)^2+\dfrac{dy}{dt}\cdot\dfrac{d^2t}{dx^2}$

[2–4]　極小値 0（$x=0$ のとき）；極大値 e^{-1}（$x=1$ のとき）

[2–5]　(1)「解1」マクローリン近似を利用する．$x-1=t$ とおくと

$$f(x)=f(t+1)=e^{t+1}=e\cdot e^t\simeq e\left(1+t+\dfrac{t^2}{2!}+\cdots+\dfrac{t^n}{n!}\right)$$

この式に $t=x-1$ を代入．

「解2」$f(t)=e^x$, $f(1)=e$, $f^{(n)}(t)=e^t$, $f^{(n)}(1)=e$　これらを次式に代入する．

$$f(x)\fallingdotseq f(1)+f'(1)(x-1)+\dfrac{f''(1)}{2!}(x-1)^2+\cdots\dfrac{f^{(n)}(1)}{n!}(x-1)^n\quad(x\sim 1)$$

(2)　$x=1.1$ を代入すると　$e^{1.1}\fallingdotseq e(1+0.1+0.005+0.0001666\cdots)$

$e^{0.1}\fallingdotseq 1.105167$　　$e\fallingdotseq(1.105167)^{10}=2.718\cdots$

(3)　$x=1.01$ を代入すると　$e^{1.01}\fallingdotseq e(1+0.01+0.00005)$

$e^{0.01}\fallingdotseq 1.01005$　　$e\fallingdotseq(1.01005)^{100}=2.718\cdots$

[2–6]　(1)　$\tan^{-1}\alpha=\theta$, $\tan^{-1}\beta=\varphi$ とおく．$(\tan\theta=\alpha,\ \tan\varphi=\beta)$

$\tan(\theta+\varphi)=\dfrac{\tan\theta+\tan\varphi}{1-\tan\theta\tan\varphi}=\dfrac{\alpha+\beta}{1-\alpha\beta}$　より $\theta+\varphi=\tan^{-1}\left(\dfrac{\alpha+\beta}{1-\alpha\beta}\right)$

(2)　$\alpha=\beta=\dfrac{1}{5}$ とおく．　(3)　$\alpha=\beta=\dfrac{5}{12}$ とおく．

(4)　$\alpha=1$, $\beta=\dfrac{1}{239}$ とおく．また，(2),(3) の結果も使う．

(5)　$(\tan^{-1}x)'=\dfrac{1}{1+x^2}\simeq 1-x^2+x^4-x^6$　を利用する．

(6)　(5) の近似式に $x=\dfrac{1}{5},\dfrac{1}{239}$ を代入し，(4) の公式を使う．$\pi\fallingdotseq 3.141592\cdots$

[2–7]
(1) 極大, 最大; 変曲点 $m-\sigma$, $m+\sigma$; 中心 m

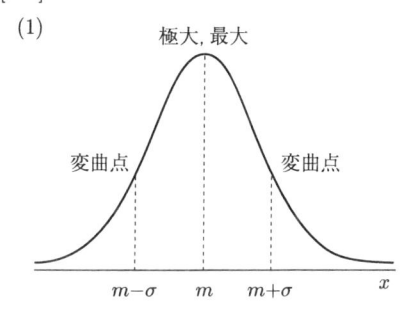

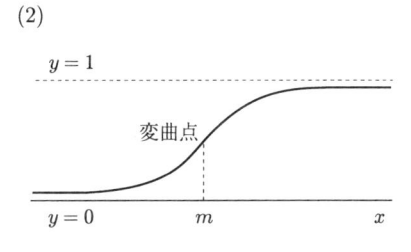

(2) $y=1$ 漸近; 変曲点 m; $y=0$ 漸近

[2–8] (1) $f(x) = \log x - \log \alpha - \dfrac{1}{\alpha}(x-\alpha)$ の増減を調べる．(2) $\alpha = \dfrac{1}{n}(a_1 + \cdots + a_n)$ の場合に $x = a_1, a_2, ..., a_n$ を代入した n 個の不等式の両辺の和を計算する．

[2–9] (1) $\{e^{-2x}y\}' = 0$ より $e^{-2x}y = c$ (c は定数) となり $y = ce^{2x}$ で，$y(0) = 1$ より $c = 1$, $y = e^{2x}$ となる．

(2) 両辺に x を掛けて $(xy)' = 2x = (x^2)'$, $(xy - x^2)' = 0$ と変形できる． $xy - x^2 = c$ (c は定数) となり $y = x + \dfrac{c}{x}$, $y(1) = 3$ より $c = 2$, $y = x + \dfrac{2}{x}$ となる．

[2–10] (1) $\dfrac{dT}{dx} = \dfrac{x}{v_1\sqrt{a^2+x^2}} - \dfrac{\ell-x}{v_2\sqrt{b^2+(\ell-x)^2}}$

(2) $\sqrt{a^2+x^2}\sin\theta_1 = x$, $\sqrt{b^2+(\ell-x)^2}\sin\theta_2 = \ell - x$ より
$\dfrac{dT}{dx} = \dfrac{\sin\theta_1}{v_1} - \dfrac{\sin\theta_2}{v_2}$ となり $\dfrac{\sin\theta_1}{v_1} = \dfrac{\sin\theta_2}{v_2}$ のときのみ $\dfrac{dT}{dx} = 0$ となる．

(3) $\dfrac{\sin\theta_1}{v_1} = \dfrac{\sin\theta_2}{v_2}$ のとき $\dfrac{d^2T}{dx^2} = \dfrac{a^2}{v_1(a^2+x^2)^{3/2}} + \dfrac{b^2}{v_2\{b^2+(\ell-x)^2\}^{3/2}} > 0$
より極小となる．$\dfrac{\sin\theta_1}{v_1} = \dfrac{\sin\theta_2}{v_2}$ をみたす x は 1 点のみ (θ_1, θ_2 の単調性) よりここで最小．

[2–11] (1) 略 (2) $\boldsymbol{r} = r\boldsymbol{e_1}$ を使って内積：$\dfrac{d^2\boldsymbol{r}}{dt^2}\cdot\boldsymbol{e_1}$, $\dfrac{d^2\boldsymbol{r}}{dt^2}\cdot\boldsymbol{e_2}$ を変形する．

(3) $(r^2\theta')' = 0$ より $r^2\theta' =$「定数」 (4) 略

(5) (♯4) より $\dfrac{du}{d\theta} = -\dfrac{r'}{k}$, これをもう一度微分して (♯4), (♯5) を使う． (6) 略

(7) $r = \sqrt{x^2+y^2}$, $x = r\cos\theta$ より $(1-\varepsilon^2)\left\{x + \dfrac{\varepsilon^2}{C(1-\varepsilon^2)}\right\}^2 + y^2 = \dfrac{\varepsilon^2}{C^2(1-\varepsilon^2)}$

【3章】

[3–1]　$y = \int e^{-2x}\,dx = -\dfrac{1}{2}e^{-2x} + C$,　$y(0)=3$ より $c = \dfrac{7}{2}$,　$y = \dfrac{1}{2}(7 - e^{-2x})$

[3–2]　(1)　右図より

$x^2(y')^2 + x^2 = 1$,　$y' < 0$,　$0 < x < 1$

$y' = -\dfrac{\sqrt{1-x^2}}{x}$

(2)　$\sqrt{1-x^2} = t$ とおいて置換積分.

$y = -\sqrt{1-x^2} - \dfrac{1}{2}\log\left|\dfrac{1-\sqrt{1-x^2}}{1+\sqrt{1-x^2}}\right| + C$

$ = -\sqrt{1-x^2} - \log\dfrac{1-\sqrt{1-x^2}}{x} + C$

$x = 1$ のとき $y = 0$ より $C = 0$

$y = -\sqrt{1-x^2} - \log\dfrac{1-\sqrt{1-x^2}}{x}$

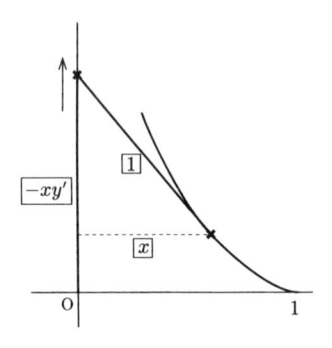

[3–3]　$x = c\log(p + \sqrt{1+p^2}) + \alpha$,　$x = 0$ のとき $p = 0$ より $\alpha = 0$,

$x = c\log(p + \sqrt{1+p^2})$　これを変形して　$p = y' = \dfrac{1}{2}(e^{x/c} - e^{-x/c})$

積分して $y = \dfrac{c}{2}(e^{x/c} + e^{-x/c}) + A$,　$x = \pm 1$ のとき $y = 2$ より

$A = 2 - \dfrac{ce^{1/c} + ce^{-1/c}}{2}$,　$y = \dfrac{c}{2}(e^{x/c} + e^{-x/c} - e^{1/c} - e^{-1/c}) + 2$

[3–4]　(1)　$\dfrac{T(y'(x+\Delta x) - y'(x))}{\Delta x} = a$　で $\Delta x \to 0$ とすると　$Ty'' = a$, $y'' = \dfrac{a}{T}$

(2)　2回積分して $y = \dfrac{a}{2T}x^2 + bx + d$ となり, $x = 0$ のとき $y = 0$, $y' = 0$ より

$b = d = 0$. したがって　$y = \dfrac{a}{2T}x^2$

[3–5]　(1)　円柱底面の半径を R とすると, 水量変化率は $\dfrac{d}{dt}(\pi R^2 h)$, また流出速が

$\sqrt{2gh}$ だから　$\dfrac{d}{dt}(\pi R^2 h) = -\sqrt{2gh}$　で, $\dfrac{\sqrt{2g}}{\pi R^2} = a$ とおくと　$\dfrac{dh}{dt} = -a\sqrt{h}$

(2)　$z = \sqrt{h}$ とおくと　$\dfrac{dz}{dt} = \dfrac{dz}{dh}\cdot\dfrac{dh}{dt}$　より　$\dfrac{dz}{dt} = -\dfrac{a}{2}$

(3)　$a = 1$ を代入して積分すると $z = \sqrt{h} = -\dfrac{t}{2} + C$

$t = 0$ のとき $h = 16$ より $C = 4$ となり　$h = \left(-\dfrac{t}{2} + 4\right)^2$

(4)　$h = 9$ とおくと $t = 2$, つまり 2 秒後.

[3–6]　(1)　$\sqrt{1+(y')^2}\cdot\sqrt{2gy}=c$ の両辺を2乗して計算．$a=c^2/2g$ とおく．

(2)　$0<t<\pi$ で $\dfrac{dy}{dt}=a\sin\dfrac{t}{2}\cos\dfrac{t}{2}$ ，$\dfrac{dy}{dx}=\dfrac{dy}{dt}\Big/\dfrac{dx}{dt}$ と (1) より

$\dfrac{dx}{dt}=a\sin^2\dfrac{t}{2}=\dfrac{a}{2}(1-\cos t)$ ，$x=\dfrac{a}{2}(t-\sin t)+A$　（A は定数）．

条件より $A=0$ となり，$x=\dfrac{a}{2}(t-\sin t)$ となる．$\left(y=\dfrac{a}{2}(1-\cos t)\right)$

【4章】

[4–1]　(1)　$\dfrac{1}{n}\left\{\left(1+\dfrac{1}{n}\right)^2+\left(1+\dfrac{2}{n}\right)^2+\cdots+\left(1+\dfrac{n}{n}\right)^2\right\}=\displaystyle\sum_{j=1}^{n}\left(1+\dfrac{j}{n}\right)^2\Delta x_j$

$\left(\text{ここで}\quad \Delta x_j=\dfrac{1}{n}\right)$　$n\to\infty$ のとき $\displaystyle\int_0^1(1+x)^2dx=\dfrac{7}{3}$ に収束する．

(2)　$\dfrac{1}{n}\left\{\dfrac{1}{1+0}+\dfrac{1}{1+\frac{1}{n}}+\dfrac{1}{1+\frac{2}{n}}+\cdots+\dfrac{1}{1+\frac{n-1}{n}}\right\}=\displaystyle\sum_{j=1}^{n}\dfrac{1}{1+\frac{j}{n}}\Delta x_j$　$\left(\Delta x_j=\dfrac{1}{n}\right)$

$n\to\infty$ のとき $\displaystyle\int_0^1\dfrac{1}{1+x}dx=\log 2$ に収束する．

[4–2]　$e^{-1/2}-e^{-1}$　　[4–3]　$-|f(x)|\leqq f(x)\leqq |f(x)|$ と【定理 4.2】(4) を利用．

[4–4]　【定理 4.4】を利用．

[4–5]　[4–4] より　$y=3+\displaystyle\int_0^x e^t\,dt,\ y=e^x+2$　（不定積分を使ってもよい）

[4–6]　$f(x)=x$ は奇関数，$f(x)\cos nx$ も奇関数より $a_0=0,\ a_n=0$

$f(x)\sin nx$ は偶関数より $b_n=\dfrac{2}{\pi}\displaystyle\int_0^\pi x\sin nx\,dx$

部分積分法を使って計算すると $b_n=\dfrac{2(-1)^{n+1}}{n}$　（$\cos n\pi=(-1)^n$ に注意）．

[4–7]　(1)　x 軸についての対称性より上半部分を2倍する．

$S=2\left\{\dfrac{1}{2}ab-\displaystyle\int_1^a\sqrt{x^2-1}\,dx\right\}=a\sqrt{a^2-1}-2\displaystyle\int_1^a\sqrt{x^2-1}\,dx=\log(a+\sqrt{a^2-1}\,)$

（$\displaystyle\int_1^a\sqrt{x^2-1}\,dx$ は積分公式を利用するか，$x+\sqrt{x^2-1}=t$ とおいて置換積分する．）

(2)　$\log(a+\sqrt{a^2-1}\,)=t$ より $a+\sqrt{a^2-1}=e^t$ となり，これを変形して

$a=\dfrac{e^t+e^{-t}}{2}=\cosh t,\quad b=\sqrt{a^2-1}=\dfrac{e^t-e^{-t}}{2}=\sinh t$

[4–8]　(1)　$t^2\displaystyle\int_a^b\{f(x)\}^2\,dx-2t\displaystyle\int_a^b f(x)g(x)\,dx+\displaystyle\int_a^b\{g(x)\}^2\,dx\geqq 0$　がすべての

実数 t について成り立つから，判別式 $\leqq 0$ であることから導く．

(2)　展開して t について区間 $[a,b]$ で積分する．

(3) まず $|AB| = \sqrt{A^2B^2} = \sqrt{\varepsilon A^2}\sqrt{\dfrac{B^2}{\varepsilon}} \leq \dfrac{1}{2}\left(\varepsilon A^2 + \dfrac{B^2}{\varepsilon}\right)$

$A = f(x), B = g(x)$ とおいて区間 $[a,b]$ で積分すると

$$\left|\int_a^b f(x)g(x)\,dx\right| \leq \int_a^b |f(x)g(x)|\,dx \leq \dfrac{1}{2}\left(\varepsilon\int_a^b \{f(x)\}^2\,dx + \dfrac{1}{\varepsilon}\int_a^b \{g(x)\}^2\,dx\right)$$

$f(x) = 0$ または $g(x) = 0$ $(a \leq x \leq b)$ ならばシュワルツの不等式は成り立つので $f(x) \not\equiv 0$ かつ $g(x) \not\equiv 0$ (値が 0 の定数関数でない) という場合を考え,

$\varepsilon = \sqrt{\displaystyle\int_a^b \{g(x)\}^2\,dx \Big/ \int_a^b \{f(x)\}^2\,dx}$ とおけばよい.

[4-9] (1) $\displaystyle\int_0^{\pi/2} \sqrt{x}\cdot\sqrt{\sin x}\,dx$ についてシュワルツの不等式を使う.

(2) $\displaystyle\int_0^1 1\,dx = \int_0^1 \sqrt{f(x)}\cdot\dfrac{1}{\sqrt{f(x)}}\,dx$ についてシュワルツの不等式を使う.

[4-10] $0 \leq x \leq \pi/2$ で $0 \leq \sin x \leq 1$ より $\sin^{2n+1} x \leq \sin^{2n} x \leq \sin^{2n-1} x$

これより $\displaystyle\int_0^{\pi/2} \sin^{2n+1} x\,dx \leq \int_0^{\pi/2} \sin^{2n} x\,dx \leq \int_0^{\pi/2} \sin^{2n-1} x\,dx$ が成り立つ.

【ex.4.7】より

$$\dfrac{(2n)!!}{(2n+1)!!} \leq \dfrac{(2n-1)!!}{(2n)!!}\cdot\dfrac{\pi}{2} \leq \dfrac{(2n-2)!!}{(2n-1)!!}$$

これを変形して

$$\pi \leq \left(\dfrac{(2n)!!}{\sqrt{n}\,(2n-1)!!}\right)^2 \leq \dfrac{2n+1}{2n}\pi$$

はさみうちの原理を利用してウォリスの公式を得る.

[4-11] $A_n = \dfrac{n!}{\sqrt{n}\,n^n e^{-n}}$, $\displaystyle\lim_{n\to\infty} A_n = \alpha$ とおく.

$\displaystyle\lim_{n\to\infty} A_n^2 = \lim_{n\to\infty}\dfrac{(n!)^2}{n\,n^{2n}e^{-2n}} = \alpha^2$, $\displaystyle\lim_{n\to\infty} A_{2n} = \lim_{n\to\infty}\dfrac{(2n)!}{\sqrt{2n}\,(2n)^{2n}e^{-2n}} = \alpha$

$\alpha = \displaystyle\lim_{n\to\infty}\dfrac{A_n^2}{A_{2n}} = \sqrt{2}\lim_{n\to\infty}\dfrac{2^{2n}(n!)^2}{\sqrt{n}\,(2n)!} = \sqrt{2}\lim_{n\to\infty}\dfrac{(2n)!!}{\sqrt{n}\,(2n-1)!!} = \sqrt{2\pi}$

[4-12] (1) $f(x) = e^x - (x+1)$ とおいて増減を調べる.

(2) (1) より $1 - x^2 < e^{-x^2}$ が成り立ち $(1-x^2)^n < e^{-nx^2}$ $(0 < x \leq 1)$ となる.

また $e^{-x} < (1+x)^{-1}$ $(x > 0)$ が成り立ち, $e^{-x^2} < (1+x^2)^{-1}$, $e^{-nx^2} < (1+x^2)^{-n}$

したがって $\displaystyle\int_0^1 (1-x^2)^n\,dx < \int_0^1 e^{-nx^2}\,dx < \int_0^\infty e^{-nx^2}\,dx < \int_0^\infty (1+x^2)^{-n}\,dx$

(3) $\sqrt{n}\,x = t$ とおいて置換積分し文字を x に戻すと $\displaystyle\int_0^\infty e^{-nx^2}\,dx = \dfrac{1}{\sqrt{n}}\int_0^\infty e^{-x^2}\,dx$

$x = \cos t$ とおいて置換積分すると (文字 x) $\displaystyle\int_0^1 (1-x^2)^n\,dx = \int_0^{\pi/2} \sin^{2n+1} x\,dx$

$x = \tan t$ とおいて置換積分すると（文字 x）

$$\int_0^\infty (1+x^2)^{-n}\,dx = \int_0^{\pi/2} \cos^{2n-2} x\,dx = \int_0^{\pi/2} \sin^{2n-2} x\,dx$$

これらを使って (2) の不等式を書き換える．

(4)　(3) と【ex.4.7】より　$\dfrac{\sqrt{n}\,(2n-1)!!}{(2n+1)!!} < \displaystyle\int_0^\infty e^{-x^2}\,dx < \dfrac{\sqrt{n}\,(2n-3)!!}{(2n-2)!!} \cdot \dfrac{\pi}{2}$

これを変形すると

$$\frac{(2n)!!}{\sqrt{n}(2n-1)!!} \cdot \frac{n}{2n+1} < \int_0^\infty e^{-x^2}\,dx < \frac{\sqrt{n}\,(2n-1)!!}{(2n)!!} \cdot \frac{2n}{2n-1} \cdot \frac{\pi}{2}$$

ウォリスの公式より　$\displaystyle\int_0^\infty e^{-x^2}\,dx = \dfrac{\sqrt{\pi}}{2}$　を得る．

【5章】

[5-1]　(1) $z_{xx} = e^x \cos y$, $z_{yy} = -e^x \cos y$　(2) $z_{xx} = \dfrac{2y(3x^2-y^2)}{(x^2+y^2)^3}$, $z_{yy} = -\dfrac{2y(3x^2-y^2)}{(x^2+y^2)^3}$

「(2) の別解」　極座標を用いて $z = \dfrac{\sin\theta}{r}$ と表し，【定理 5.5】を利用する．

$$z_r = -\frac{\sin\theta}{r^2},\quad z_{rr} = \frac{2\sin\theta}{r^3},\quad z_{\theta\theta} = -\frac{\sin\theta}{r}$$

[5-2]　(1) $w_{xx} = \dfrac{2x^2-y^2-z^2}{(x^2+y^2+z^2)^{5/2}}$, $w_{yy} = \dfrac{-x^2+2y^2-z^2}{(x^2+y^2+z^2)^{5/2}}$, $w_{zz} = \dfrac{-x^2-y^2+2z^2}{(x^2+y^2+z^2)^{5/2}}$

(2) $w = \dfrac{1}{r}$ と表し，$w_r = -\dfrac{1}{r^2}$, $w_{rr} = \dfrac{2}{r^3}$, $w_\theta = w_{\theta\theta} = w_{\varphi\varphi} = 0$ を公式に代入．

[5-3]　$P_{xx} = Q_{yx} = Q_{xy}$, $P_{yy} = -Q_{xy}$, $Q_{xx} = -P_{yx} = -P_{xy}$, $Q_{yy} = P_{xy}$

[5-4]　(1) 連鎖律を使うと　$z_{tt} = c^2(z_{uu} - 2z_{uv} + z_{vv})$, $z_{xx} = z_{uu} + 2z_{uv} + z_{vv}$

これらを $z_{tt} = c^2 z_{xx}$ に代入．　(2)　$(z_u)_v = 0$ より $z_u = f(u)$ (f は 1 変数関数)，$z = F(u) + G(v)$ (F, G は 1 変数関数)．　(3)　(2) を t, x で書き換える．

[5-5]　$dM = \dfrac{1}{\log 10}\left(\dfrac{dA}{A} + 1.73\dfrac{dB}{B}\right)$

[5-6]　$f(x,y) = |z|^2 = x^2 y^6$ の最大値／最小値を求める．

条件：$g(x,y) = x^2 + y^2 - 4 = 0$ の下で $f(x,y) = x^2 y^6$ の極値を求める．候補点は $(\pm 1, \pm\sqrt{3}), (0, \pm 2), (\pm 2, 0)$ の 8 点．$g(x,y) = 0$ は有界閉集合で $f(x,y)$ の連続性より最大値，最小値が存在し，$f(\pm 1, \pm\sqrt{3}) = 27$, $f(0, \pm 2) = 0$, $f(\pm 2, 0) = 0$, $f(x,y) \geqq 0$ から $(0, \pm 2), (\pm 2, 0)$ で最小，$(\pm 1, \pm\sqrt{3})$ で最大．したがって $|z|$ について $(\pm 1, \pm\sqrt{3})$ で最大値 $3\sqrt{3}$, $(0, \pm 2), (\pm 2, 0)$ で最小値 0 をとる．

[5–6] （別解） $x^2+y^2=4$ より $f(x,y)=x^2y^6=(4-y^2)y^6$ となり，$-2\leqq y\leqq 2$ で増減を調べて最大値／最小値を求める．

[5–7] $f(p,q)=(p+q-1)^2+(2p+q-9)^2+(3p+q-7)^2$
候補点は $\left(3,-\dfrac{1}{3}\right)$ で，判定法（【定理 5.12】）よりここで極小となり，【定理 5.13】よりここで最小となる．$p=3, q=-\dfrac{1}{3}$．

【6 章】

[6–1] (1) $M=\dfrac{1}{3}$, $\iiint_D x\,dxdydz=\dfrac{1}{12}$, $\iiint_D y\,dxdydz=\dfrac{1}{12}$, $\iiint_D z\,dxdydz=\dfrac{1}{6}$
重心は $\left(\dfrac{1}{4},\dfrac{1}{4},\dfrac{1}{2}\right)$

(2) （2 次元極座標を利用）$\iiint_D x\,dxdydz=\iiint_D y\,dxdydz=0$, $\iiint_D z\,dxdydz=\dfrac{\pi}{12}$
$M=\dfrac{\pi}{3}$, 重心は $\left(0,0,\dfrac{1}{4}\right)$

(3) （2 次元極座標を利用）$\iiint_D x\,dxdydz=\iiint_D y\,dxdydz=0$, $\iiint_D z\,dxdydz=\dfrac{\pi}{4}$
$M=\dfrac{2\pi}{3}$, 重心は $\left(0,0,\dfrac{3}{8}\right)$

[6–2] 3 次元極座標を利用．$\dfrac{2\pi\alpha}{3}$ 　　[6–3] 3π

[6–4] 2 次元極座標を利用．$1-e^{-1/2}$ 　　[6–5] $1-2e^{-1}$

[6–6] (1) $A_R\subset D_R\subset A_{\sqrt{2}R}$ と $e^{-x^2-y^2}>0$ より示される．

(2) $\iint_{D_R} e^{-x^2-y^2}dxdy=\int_0^R e^{-x^2}dx\int_0^R e^{-y^2}dy=\left(\int_0^R e^{-x^2}dx\right)^2$

(3) 2 次元極座標を利用．$\dfrac{\pi}{4}\left(1-e^{-R^2}\right)$

(4) (1),(2),(3) とはさみうちの原理より $\left(\int_0^\infty e^{-x^2}dx\right)^2=\dfrac{\pi}{4}$, $\int_0^\infty e^{-x^2}dx=\dfrac{\sqrt{\pi}}{2}$

(5) $\int_{-\infty}^0 e^{-x^2/2}dx=\int_0^\infty e^{-x^2/2}dx$ を示し，$x=\sqrt{2}\,t$ とおいて置換積分．

付録 C 参考文献

[1] 理科年表 平成 19 年版（2007，第 80 冊）　国立天文台 編　丸善
[2] 解析教程（上）　E. ハイラー／G. ワナー　シュプリンガー・フェアラーク東京
[3] 解析入門 Part1（アルキメデスからニュートンへ）
    A.J. ハーン　シュプリンガー・フェアラーク東京
[4] 解析入門 Part2（微積分と科学）
    A.J. ハーン　シュプリンガー・フェアラーク東京
[5] 微分方程式で数学モデルを作ろう　D. バージェス／M. ボリー　日本評論社
[6] 岩波数学公式 I（微分積分・平面曲線）　森口繁一／宇田川銈久／一松信　岩波書店
[7] 岩波理化学辞典（第 5 版）
    長倉三郎／井口洋夫／江沢洋／岩村秀／佐藤文隆／久保亮五　編　岩波書店
[8] 図説ウェーブレット変換ハンドブック　ポール S. アジソン
    新誠一／中野和司　監訳　朝倉書店
    (The Illustrated Wavelet Transform Handbook, Introductory Theory and
    Applications in Science, Engineering, Medicine and Finance/Paul S. Addison)
[9] 解析入門　田島一郎　岩波書店
[10] 岩波数学辞典（第 4 版）　日本数学会編　岩波書店
[11] 解析概論　高木貞治　岩波書店
[12] 基礎課程解析学　水野克彦　学術図書出版社
[13] 微分積分学　笠原晧司　サイエンス社
[14] 解析入門 I　杉浦光夫　東京大学出版会
[15] 橋梁工学（第 5 版）　橘善雄 著／中井博，北田俊行　改訂　共立出版
[16] Proof Without Words; Area of the Parallelogram Determined by Vectors (a,b)
and $(c,d) = \pm \begin{vmatrix} a & b \\ c & d \end{vmatrix} = \pm(ad-bc)$, Yihnan David Gau, Mathematics Magazine,
Vol.64, No.5 (1991) pp339
[17] 改訂 工科の数学 1，微分・積分　田島一郎／渡部隆一／宮崎浩　培風館
[18] 微積分入門　西村健　学術図書出版社

索引

【ア行】

アステロイド ……… 49, 78
e
　ネイピアの– …… 18, 79
1次関数 ………………… 7
1次変換 ……………… 172
1対1変換 ……… 171, 184
一般角 ………………… 19
陰関数 ………………… 50
陰関数定理 …………… 203
上に凸 ………………… 72
ウォリスの公式 ……… 122

【カ行】

片側極限 ………………… 6
カテナリー …………… 97
加法定理 ……………… 22
関数 …………………… 1
　多変数– …………… 125
ガンマ関数 …………… 114
奇関数 …………… 106, 194
逆関数 ………………… 3
逆関数の微分公式 …… 40
逆三角関数 ………… 25, 29
逆変換 ………………… 171
球座標 ………………… 151
極限
　関数の– …… 4, 31, 126
　数列の– ……… 6, 193
極限値 …………… 4, 6, 126
極座標 …………… 135, 151
極座標変換 ……… 136, 151, 173, 184
極小 ……………… 68, 141
極小値 …………… 68, 141
曲線の長さ …………… 118

曲線表示 ……………… 194
極大 ……………… 68, 141
極大値 …………… 68, 141
極値 ……………… 68, 141
極表示 ………………… 195
曲面積 ………………… 180
曲面積（回転体）…… 200
曲率 …………………… 196
曲率半径 ……………… 196
近傍 ……………… 4, 126
偶関数 …………… 106, 194
区間 …………………… 1
区分的になめらか …… 158
原始関数 ……………… 82
減少（→ 単調減少）… 67
広義積分 ………… 111, 207
高次導関数 …………… 51
高次微分係数 ………… 51
高次偏導関数 ………… 131
合成
　三角関数の– ……… 23
合成関数 ……………… 2
合成関数の微分公式 … 39
候補点 …………… 68, 142
弧度法 ………………… 19

【サ行】

サイクロイド ……… 48, 99
最速降下線 …………… 99
三角関数 ……………… 20
3重積分 ……………… 182
C^n 級 …………… 51, 131
C^∞ 級 …………… 51, 131
指数関数 ……………… 14
指数法則 ……………… 11

自然対数 ……………… 18
下に凸 ………………… 72
重心 …………… 181, 200, 201
収束 ………… 4, 6, 111, 126
収束判定 ……………… 202
シュワルツの不等式 … 122
順序交換
　2重積分の– …… 169
条件付き極値問題 …… 145
商の微分公式 ………… 38
常用対数 ……………… 18
初等関数 ……………… 7
真数 …………………… 15
スターリングの公式 … 122
積の微分公式 ………… 38
積分可能 …… 101, 102, 158, 182
積分区間 ……………… 101
積分する ……………… 82
積分定数 ……………… 83
積分領域 ………… 158, 182
接線 ……………… 36, 55
接平面 …………… 140, 152
全微分 ………………… 139
増加（→ 単調増加）… 67
相加相乗平均の不等式… 80
双曲線関数 ………… 30, 122

【タ行】

対数 …………………… 15
対数関数 ……………… 17
対数微分法 …………… 43
体積 …………… 159, 178
体積（回転体）……… 117
多項式関数 …………… 7
縦線型領域 …………… 162
単位円 ………………… 19

単調関数······················ 3
単調減少················ 3, 193
単調数列····················193
単調増加················ 3, 193
チェインルール ··········134
置換積分法 ····88, 107, 198
逐次積分····················166
直柱領域··············159, 178
底 ·················14, 15, 17
定積分·······················101
テイラー級数···············67
テイラー近似······· 66, 138
テイラー展開···············67
テイラーの定理···········66
天体運動······················81
導関数························37
特異積分····················111
特異点·······················145
トラクトリクス ······ 78, 97
トリチェリの流法則 ····· 99

【 ナ行 】
なめらか······· 51, 131, 149
2項係数（一般の）······61
2次関数·······················7
2次曲線····················195
2次曲面····················206
2重積分····················157
2倍角の公式···············23
ネイピア数··················18

【 ハ行 】
πの近似値··················79
はさみうちの原理··31, 193
発散··········5, 6, 111, 126
パラメータ表示 ···· 48, 194
光の屈折······················80

微積分学の基本定理 ··· 103
被積分関数···83, 101, 158,
                        182
左側極限······················6
微分·······················37, 139
微分可能················ 36, 37
微分係数／微係数··· 36, 54
微分する······················37
非有界
　−関数·················113
　−集合·················127
負角公式······················21
不定形の極限···············56
不定積分······················82
部分積分法············90, 109
部分分数分解········92, 199
平均値の定理
　コーシー ···········197
　積分の−············103
　ラグランジュ ······ 67
閉集合··············127, 158
平方完成······················7
ベータ関数···············114
ベキ··························9
ベキ関数················7, 13
ベキ根関数··················13
ベクトル解析···········204
偏角····················19, 135
変換···················170, 184
変曲点························73
変数変換88, 107, 170, 175,
                    184, 186
偏導関数··············128, 148
偏微分可能··········128, 147
偏微分係数··········128, 147
偏微分する················129
偏微分方程式············205
補角公式······················21

【 マ行 】
マクローリン級数·········65
マクローリン近似·········60
マクローリン展開·········65
マクローリンの定理····· 60
右側極限······················6
未定乗数法
　ラグランジュ− ···145
無理関数······················13
面積············ 102, 115, 159

【 ヤ行 】
ヤコビアン ·········171, 184
有界
　−関数···············102
　−集合·······127, 158
　−数列···············193
有界閉集合···············127
有理関数················ 13, 92
余角公式······················21
横線型領域···············164

【 ラ行 】
ライプニッツの公式····· 53
ラジアン······················19
リーマン積分············101
リーマン和········101, 158
領域···························139
両側極限······················6
累次積分····················166
果乗··························9
連鎖律························134
連続·················31, 127
ロピタルの定理···········57
ロルの定理················196

【 ワ行 】
和積公式····················22

著 者

服部 哲也(はっとり てつや)　大阪工業大学　工学部

教科書サポート

正誤表などの教科書サポート情報を
以下の本書ホームページに掲載する．

http://www.gakujutsu.co.jp/text/isbn978-4-7806-0160-2/

理工系の 微分・積分入門

2008 年 2 月 20 日　第 1 版　第 1 刷　発行
2009 年 3 月 20 日　第 1 版　第 2 刷　発行
2010 年 2 月 20 日　第 2 版　第 1 刷　発行
2012 年 3 月 20 日　第 2 版　第 3 刷　発行

著　者　　服部　哲也
発 行 者　　発田寿々子
発 行 所　　株式会社　学術図書出版社

〒113−0033　　東京都文京区本郷 5 丁目 4 の 6
TEL 03−3811−0889　　振替 00110−4−28454
印刷　三和印刷（株）

定価はカバーに表示してあります．

本書の一部または全部を無断で複写（コピー）・複製・転載することは，著作権法でみとめられた場合を除き，著作者および出版社の権利の侵害となります．あらかじめ，小社に許諾を求めて下さい．

　　Ⓒ T. HATTORI　　2008, 2010　　Printed in Japan
　　　ISBN978−4−7806−0160−2　　C3041